PÊCHES

DANS

L'AMÉRIQUE DU NORD

PAR

BÉNÉDICT-HENRY RÉVOIL

TOURS

ALFRED MAME ET FILS

ÉDITEURS

PÊCHES

DANS

L'AMÉRIQUE DU NORD

2ᵉ SÉRIE IN-4ᵒ

CHASSE AUX MORSES

PÊCHES

DANS

L'AMÉRIQUE DU NORD

PAR

BÉNÉDICT-HENRY RÉVOIL

NOUVELLE ÉDITION

ILLUSTRÉE PAR YAN'DARGENT

TOURS

ALFRED MAME ET FILS, ÉDITEURS

M DCCC LXXXVI

I

AVANT-PROPOS

LES PÊCHES AMÉRICAINES

J'étends aux pieds de mes lecteurs le manteau de Méphistophélès, et, m'élançant avec eux sur ce drap magique, je les entraîne à ma suite aux rives américaines, entre le 21e et le 50e degré de latitude. Qu'aucun de ceux qui se confieront à l'appât de ce trajet rapide ne s'inquiète de la longueur du chemin; nous allons être arrivés avant d'avoir eu le temps de lire ce premier chapitre. Du train que l'on va de nos jours, par la grande vitesse ou l'électricité, les kilomètres sont franchis en peu de temps.

J'étends donc mon manteau sur le balcon de ma demeure, ombragé de clématites, de cobæas, de houblons et de vignes sauvages, embaumé par les parfums des résédas, des rosiers, des jasmins et des géraniums, et, muni de la baguette d'or de la Fantaisie, une fée bien autrement rapide que tous les Méphistophélès de l'enfer, je dirige notre frêle embarcation, proue sur les États-Unis..., une qualification bien menteuse à la date où ce livre a paru.

Adieu, Paris...

Salut, Amérique! terre bénie du sportsman, du vrai chasseur et surtout du pêchéur, pays des grandes chasses et des grandes pêches. Tout est grand dans ce territoire géant, même les institutions, auxquelles on a jugé à propos, ces derniers temps, de faire un accroc : oubli fatal, mépris impardonnable, j'ose le dire, des préceptes de l'immortel Washington. Les fleuves, les lacs, les forêts, les montagnes, les déserts, les ruisseaux même, tout inspire un respect, comme le fait la grandeur et la noblesse à tout être infime et à tout poète.

J'ai décrit, dans les *Chasses de l'Amérique du Nord*, la faune et la chasse des grands animaux et des admirables oiseaux de ce pays; dans ce nouveau volume, je vais donner l'aperçu des principales pêches pratiquées sur les fleuves et dans les baies innombrables des rivages de l'Atlantique. Le seul mérite de ce livre est celui de l'exactitude. Je ne suis point pêcheur dans l'acception du mot, c'est-à-dire que la patience ne m'a point été donnée en partage. Du reste, la pêche est une vocation; et de même qu'on a le goût de l'escrime, de même on a le sentiment inné, la passion de la pêche. Mais, en ma qualité de chasseur enragé, j'aime la pêche aux filets, au trident, au fusil même; et pendant mes excursions sur les côtes de l'Amérique du Nord, le long de ses cours d'eau, ou bien encore sur ses grands lacs, j'ai maintes fois « pris un plaisir extrême », non pas à entendre « conter *Peau-d'âne* », mais à me laisser raconter des faits de pêche qui me faisaient éprouver le plus grand désir de prendre part à quelque sport du même genre. Il faut avoir soi-même pratiqué la pêche américaine pour comprendre les joies excentriques qu'elle peut procurer. Cela a pour causes le nombre illimité de poissons qui visitent ces parages, et la liberté dont l'homme jouit sur toute l'étendue de ce continent, à la condition cependant de ne froisser en rien les Yankees sur ce qui concerne leur politique.

Par bonheur, la chasse et la pêche n'ont pas d'opinion: c'est pour cela qu'on n'a point songé à leur imposer certaines restrictions, le moindre *veto*; c'est à cause de cette raison que le braconnage n'existe pas dans l'Amérique du Nord, chacun étant libre de chasser ou de pêcher comme bon lui semble. Seulement le respect de l'usage et des lois de la reproduction arrête ceux qui songeraient à chasser ou à pêcher en temps prohibé. Ils suspendent d'eux-mêmes aux murailles de leurs demeures les armes et les engins de destruction, et attendent patiemment le jour consacré à la réouverture de la chasse et de la pêche. Je n'affirme pas qu'il ne se trouve point dans le nombre quelque réfractaire, quelque personne oublieuse de ses devoirs; mais le nombre en est rare, et puis, — à vrai dire, — le dol n'est pas grand, tant la population quadrupède, ailée et écaillée est nombreuse dans ce pays encore primitif.

L'Amérique du Nord est la terre promise du pêcheur, qui y trouve des variétés de poissons de toutes sortes, inconnues en Europe. Mes lecteurs vont en juger par eux-mêmes.

D'abord voici le *poisson-tambour (pogonias chromis)*, ainsi appelé par le bruit qu'il fait en nageant, bruit qui ressemble au roulement d'une baguette sur une peau d'âne bien tendue.

Par un temps calme, l'après-midi, on entend ce roulement à plus de deux cents mètres. Le *drumming fish* se trouve sur les côtes des deux Carolines, des Florides, et même dans le fleuve Hudson, le long des quais de New-York. Ce n'est, du reste, qu'à l'époque du frai que ce poisson se livre à son *boniment;* le reste de l'année il est muet: la basane est détendue. C'est à l'énergie de la passion amoureuse que les naturalistes attribuent ce bruit insolite.

Le poisson-tambour est généralement énorme: il pèse de 15 à 40 kilos, et mesure d'un mètre à un mètre et demi de longueur. Les deux côtés de ce squale fantastique sont marqués de larges bandes noires disposées en lignes transversales alternant avec des rubans d'écailles à la fois argentées et dorées.

Quelques planteurs de Charleston m'ont raconté avoir pêché dans une saison 12,000 poissons-tambours qui furent, par leurs soins, salés et distribués l'hiver aux nègres et aux pauvres du pays.

Le *diable* ou *l'ange,* si mieux vous aimez, est un autre habitant des eaux américaines à qui j'ai dû consacrer un chapitre tout entier.

Voici maintenant le *bass,* le plus succulent de tous les poissons du monde entier. Sa grosseur varie de 50 à 80 centimètres, et sa couleur est irisée de la tête à la queue; c'est, en un mot, une carpe de mer admirable dans sa forme, sans pareille comme agilité, et gloutonne plus qu'aucun des poissons de son espèce.

Et le poisson-musicien!... Oui certes, la sirène des temps fabuleux n'est plus un mythe. J'ai vu, j'ai touché et j'ai même mangé, malgré la représentation d'un nègre expert, un de ces mulets harmonieux et n'en fus point trop incommodé. Je n'eusse pas osé en faire autant de certains êtres vénéneux, critiques eunuques de la littérature.

Un jour, revenant d'une excursion de chasse sur les côtes de la Floride et rentrant à Talahassé, je longeais la plage au coucher du soleil. Tout à coup un son étrange, grave et prolongé vint frapper mes oreilles; je crus d'abord à la présence de quelque bourdon, ou d'une mouche d'une grosseur extraordinaire; mais, n'apercevant rien autour de moi, je questionnai mon guide.

« Massa, me répondit-il, c'est un poisson qui chante de la sorte: les uns l'appellent *syren* ou *mermaid,* les autres *musico.* »

A quelques coups de rames plus loin, une multitude de voix prirent part à ce singulier concert, imitant à s'y méprendre les sons de l'orgue d'une église.

Je fis arrêter le canot, afin de mieux jouir du phénomène ; puis, sur ma demande, le nègre rameur jeta un filet à l'eau et déposa bientôt au fond de l'embarcation une vingtaine de petits poissons n'ayant pas dix pouces de long, et dont la conformation extérieure, n'offrant rien de particulier, ressemblait fort à celle d'un mulet.

« Voilà les *mermaids,* me dit alors le nègre. Mais, au nom du Ciel ! n'en mangez pas, massa.

— Pourquoi cela, mon Dieu ?

— Parce que ! parce que... ça rend fou, et l'on danse ! l'on danse, après y avoir goûté, si bien que l'on tombe mort. C'est un poison, croyez-moi. »

J'avais bien entendu parler de certains poissons vénéneux ; mais celui-ci me paraissait si affriolant, que je ne pouvais croire aux assertions de mon moricaud. J'adressai quelques objections à ce pauvre ilote noir ; mais il ne démordit pas de son raisonnement. Quant à moi, le soir même je faisais frire mes *musicos,* et ne m'en suis pas si mal trouvé que j'aurais eu à le craindre si j'eusse ajouté foi à l'avertissement de mon rameur.

Le poisson-musicien est blanc, avec quelques taches bleues vers le dos ; tel est du moins le poisson que l'on prend sur le lieu même du chant.

C'est vers le coucher du soleil que ces poissons commencent à chanter, et ils continuent leur musique pendant la nuit, en imitant les sons graves et moyens de l'orgue, entendus non en dedans, mais du dehors, comme lorsque l'on est près de la porte d'une église. La présence d'un auditoire n'intimide nullement ces petits musiciens.

Est-ce assez curieux ? est-ce assez incroyable ? Et pourtant rien n'est plus vrai ; le fait que je rapporte ici a été consigné dans les *Annales de l'Académie des sciences.*

Voulez-vous que je vous présente un autre poisson dont l'espèce est encore peu connue ? C'est celui qui existe sur les côtes du Texas, l'*ejaculator,* ainsi nommé à cause de son aptitude à jeter de l'eau sur les insectes pour les étourdir et les dévorer avant qu'ils aient repris l'usage de leurs ailes. Voici dans quelles circonstances ce poisson fantastique fut découvert au bord de la mer. Un chasseur s'était endormi sur le sable brûlant, le long de la plage ; tout à coup il se réveille, de larges gouttes d'eau tombaient sur sa poitrine nue. Quel ne fut pas son étonnement, lorsqu'il ouvrit les yeux, de voir un ciel serein, d'une pureté irréprochable ! Tandis qu'il cherchait à se rendre compte de cette bizarrerie atmosphérique, il se sentit encore la poitrine inondée. Quelques mouches voltigeaient autour de lui, et deux ou trois vinrent se poser sur son visage ; il les chassa :

l'une d'elles persista, et au même moment un filet d'eau de mer vint pour la troisième fois frapper le chasseur sur la joue où se cramponnait l'insecte. Le Texien examina alors machinalement quelques petits poissons d'une couleur étrange, d'une forme bizarre, de la grosseur d'une forte ablette, qui semblaient se chauffer tout au bord du sable; et au moment où plusieurs d'entre eux sortaient la tête hors de l'eau, il se sentit les mains inondées. Il n'y avait plus à en douter, cette eau lui était lancée par ces poissons. Le chasseur était pêcheur aussi; sa cabane était près de la rive; il y courut, saisit un filet et parvint à s'emparer de quelques-uns de ces poissons inconnus, qu'il plaça aussitôt dans un grand vase de terre au-dessus

duquel il fixa au niveau de l'eau, par travers, une baguette enduite de mélasse. Bientôt les mouches vinrent se poser sur ce bâton, et, dès que l'eau fut calme, chacun des poissons à son tour sortit sa tête et déchargea avec une adresse extrême un jet liquide sur les insectes, qui, étant entraînés, retombaient dans le vase et servaient aussitôt de pâture aux poissons *ejaculators*. Le chasseur texien fit part de sa découverte à un naturaliste de la Nouvelle-Orléans, qui renouvela les expériences et reconnut une espèce nouvelle. Ce poisson passe à juste titre pour un des meilleurs du golfe du Mexique. Du reste, on le trouve partout sur les rives de la zone torride, dans les eaux de l'Océan et dans celles de la mer Pacifique.

Ce n'est pas seulement le long des côtes de l'Atlantique que la pêche américaine est productive, mais encore dans les eaux de tous les lacs et des grands fleuves de ce pays immense. J'aime à me rappeler, pour regretter cette heureuse époque de ma vie, les jours heureux que j'ai passés sur les rives du Mississipi, de l'Hudson, de l'Ohio, du Missouri, du Saint-Laurent et d'autres affluents de ces vastes courants d'eau. Rien qu'à ce souvenir mes membres re-

couvrent leur élasticité, mes muscles leur souplesse, mon esprit sa
sève et sa vigueur, et mon cœur sa vie. Qu'elle était belle, la forêt
dont les cimes touffues ombrageaient ma tête ! Qu'il était limpide, le
ciel bleu de ces terres auxquelles la nature a prodigué tous ses trésors ! Qu'ils étaient harmonieux, les chants du moqueur, de la grive
babillarde ! Qu'ils étaient mûrs, les fruits suspendus en grappes à la
portée de mon bras ! Hélas ! le rêve s'est évanoui, et la réalité me
retrouve à Paris, assis devant ma table de vieux chêne et traçant la
préface de ce songe, qui fut une vérité il y a douze années.

Parmi les poissons d'eau douce que recèlent les ondes des grands
fleuves de l'Amérique du Nord, je compterai le *cat-fish* (poisson-
chat), qui pèse de 1 à 100 livres, glouton par tempérament et ne se
montrant pas le moins du monde difficile sur le choix de ses morceaux. A l'exemple du vautour, il se contente de charogne quand il
n'a rien de mieux ; mais c'est surtout avec des crapauds qu'il se laisse
attraper de préférence. Aussi les pêcheurs de *cat-fishes* font-ils
provision de crapauds, et c'est à l'aide de lignes de fond attachées à
un petit câble long quelquefois de 100 à 150 mètres qu'on fait la
« tendue » à ces poissons. Le crapaud, embroché vivant, se débat
et saute dans l'eau. Il va servir de pâture à ces gloutons d'eau douce.
Ces lignes de fond, tendues le matin, sont relevées à midi, puis le
soir, et bien souvent la prise est considérable.

Il y a plusieurs espèces de « poissons-chats » dans les fleuves de
l'Amérique du Nord, entre autres la bleue, la blanche et celle couleur de vase, qui diffèrent autant par les habitudes que par la colo-
ration. La dernière est celle dont la chair est préférable ; mais elle
atteint rarement la taille des autres. L'espèce bleue est la plus grosse ;
et quand elle ne dépasse pas 4 à 6 livres, elle fournit un assez bon
manger. La blanche est préférable et moins commune. On a souvent
pris aux États-Unis des *cat-fishes* qui pesaient 50 kilogrammes ;
mais ces poissons passaient à juste titre pour des phénomènes.

La forme d'un *cat-fish* est celle d'un cône : sa tête est démesurément large, tandis que le corps se termine en pointe, de la racine à
la queue... *Desinit in piscem.* Les yeux, petits, très écartés, sont placés sur le devant de la tête, par côté ; la gueule, large et armée de
nombreuses dents acérées, est en outre défendue par des épines qui,
lorsque le poisson se débat dans les convulsions de l'agonie, se
dressent à angle droit pour ne plus se baisser. Le « poisson-chat »
porte aussi des barbes, d'une longueur proportionnée, à l'aide desquelles il se guide au fond de l'eau, tandis que ses yeux surveillent
ce qui se passe au-dessus de lui.

Il me souvient qu'un certain soir, sur les bords de l'Hudson, à Hastings, ayant tendu une ligne de fond, je voulus attendre jusqu'à minuit, en compagnie de deux amis, le résultat de mes tentatives de pêche. De temps à autre je tâtais la ligne pour savoir si elle « tirait ». Vers dix heures il me sembla que la résistance devenait plus grande: je ne m'étais pas trompé, et, m'y prenant avec douceur, j'amenai bientôt sur les galets du fleuve un énorme *cat-fish* qui pesait 23 livres. C'était un vrai monstre dans le corps duquel, outre le crapaud de ma ligne, je trouvai une belle perche blanche qu'il avait goulûment avalée quelques secondes avant d'engloutir le batracien ; car ce Jonas écaillé était aussi frais que s'il fût sorti de l'Hudson. Je mangeai la perche et fis quatre parts de mon « chat », avec lesquelles mes amis préparèrent de splendides « gibelottes » sous la forme de matelotes.

La perche blanche [1], dont je viens de parler, est un des meilleurs poissons des fleuves et des lacs américains. Sa pêche est un des passe-temps favoris des citadins, qui s'en vont le dimanche célébrer leur *sabbath day* loin des villes, où l'hypocrisie les forcerait à aller au prêche, de peur d'être montrés au doigt et marqués d'un mauvais point. Aussi le dimanche matin les bords de l'Hudson, à 10 milles au-dessus de New-York, sont-ils émaillés de pêcheurs se livrant au plaisir d'un *perch fishing*.

Examinez-les attentivement. Aucun souffle ne ride le courant du fleuve, l'atmosphère est limpide, le silence n'est troublé ni par les vagues, ni par la présence terrifiante d'un steamboat. Chaque pêcheur a apporté un panier contenant plusieurs crabes ou quelques écrevisses. C'est là l'appât le plus favorable à la capture des « grondeurs ». On enfile le crustacé en dessus de la queue en enfonçant la pointe du fer jusque dans sa tête, de façon que ses pattes s'agitent en toute liberté. Puis on jette la ligne à l'eau, et dès qu'elle a touché le fond, mollement entraînée par le courant, elle ne tarde pas à se placer au fil de l'eau. Tout à coup le poisson mord; le pêcheur a donné un coup sec, il ramène la ligne à lui. La perche est arrachée

---

1 Ce poisson, surnommé par quelques pêcheurs *the grumbler* (le grondeur), à cause du bruit qu'il produit en se balançant dans l'eau, près du fond d'une barque, sorte de murmure sourd qui ressemble fort à un grognement, offre au gourmand une chair ferme et succulente. Cette spécialité de « gronder » est vraiment fort bizarre. Dès qu'on fait le moindre bruit dans l'embarcation en frappant au fond ou sur le bord, il cesse à l'instant; mais aussitôt que tout est redevenu tranquille, il se fait encore entendre. Cela n'arrive pourtant que par un temps calme. La longueur de la perche blanche varie de quinze à vingt pouces. J'en ai cependant vu maintes fois de plus grosses, dont le poids était de quatre et même de six livres. Six semaines après leur entrée dans les fleuves, leur chair acquiert une blancheur éblouissante; mais pendant les chaleurs de l'été les perches deviennent maigres et perdent leur goût de mer très prononcé.

à son élément; elle miroite dans l'air pour retomber aussitôt pante-
lante sur le sable de la rive. Quel admirable poisson ! que ses écailles
sont richement argentées, irisées et vert-de-grisées! quels beaux
yeux ! et quelle gloutonnerie ! Cette pêche est une bénédiction pour
qui s'y adonne. En deux heures on peut attraper un quintal de
poisson, et la ménagère se délecte à la vue de tant de plats à préparer
pour sa famille ou à offrir à des voisins.

J'ai parlé des écrevisses, et je leur dois une mention toute particulière. Il y en a de deux sortes aux États-Unis : l'une appartenant
à l'espèce d'Europe; l'autre, — variété du genre, — originaire exclusivement de l'Amérique du Nord : cette dernière, c'est le *gri-gri*,
petit sobriquet d'amitié ou plutôt de tendresse donné à ces crustacés
par les moricauds des États du Sud. Le gri-gri est plus gros que
l'écrevisse d'eau douce; il se plaît plus sur la terre que dans l'élément des poissons, et se creuse généralement un trou dans le sol
humide. On dirait un fossoyeur qui a façonné une fosse et qui y a
fait élection de domicile, attendant là le cadavre dont il doit faire
sa nourriture, non point au figuré, mais bien au naturel. Ces trous
de gri-gris sont plus ou moins profonds, suivant la nature du sol.
Le crustacé reste là tout le jour, exposé souvent aux rayons du soleil; mais dès que la nuit est venue il s'élance hors de son logis et
s'en va à la chasse, *quærens quem devoret.* Si le terrain est dur, le
trou n'a tout au plus que quelques pouces d'épaisseur; mais, si la
terre est molle, il atteint quelquefois 2 à 3 pieds. Ce n'est plus un
trou, c'est un terrier, et pour s'emparer du gri-gri on emploie une
ficelle à laquelle on fixe un morceau de charogne, — le cadavre
exigé. — Crac! le gri-gri s'est jeté sur sa proie; on tire doucement
et on s'empare de lui sans plus de cérémonie.

Le plus grand pêcheur de gri-gris est l'ibis blanc du Texas et de
la Louisiane, qui s'approche à pas d'...ibis, très doucement, démolit
les tas de boue qui s'élèvent autour de la demeure du crustacé et en
rejette les débris dans la cavité où il se tient. Cela fait, il s'éloigne et
attend patiemment que le gri-gri, cherchant à réparer le dégât et à
sortir de sa prison souterraine, rouvre le trou et se montre au grand
jour. Au même instant la petite bête est prise et bien vite croquée.

Qui est le plus ingénieux, de l'homme ou de l'ibis? Ce que je dois
dire avant de quitter nos gri-gris, c'est que leur chair est exquise,
que leur taille ressemble à celle d'une langouste; mais, hélas! hélas!
on les trouve près des égouts et... des cimetières !

Oublierai-je le homard américain, dont la race est tellement nombreuse, qu'elle est une des nourritures les plus fréquentes et les plus.

aimées non seulement des gens riches, mais encore du bas peuple ?
Un de ces énormes crustacés coûte au plus de 80 centimes à 1 franc
25 centimes ; c'est pour rien. Les homards et les crabes sont exquis ;
ces derniers surtout, à l'époque où ils changent de carapace, sont
un des mets les plus succulents que je connaisse. Les Américains
les font frire, et l'on mange tout, pieds
et pattes : c'est comme si l'on croquait
un goujon.

La province de New-Brunswick passe
à juste raison pour la plus poissonneuse
de toutes celles de l'Amérique du Nord.
C'est probablement à la nombreuse variété d'herbes marines qui croissent le
long des côtes et de plantes fluviales
dont les lits de chaque courant d'eau
sont tapissés que l'on doit la prédilection de la « gent écaillée » pour ce pays
aimé de tous les pêcheurs. Dans ces
eaux limpides et d'une fraîcheur raisonnable, ils trouvent les saumons, les
esturgeons, les *bass (perca labrax)*, une
perche fort recherchée par les gourmets ; les gaspereaux (*clupea vermalis*),
les aloses, les truites, les anguilles, les
goujons, les ablettes, les carpes, les
tanches, etc. etc., y compris d'autres
espèces inconnues même à Audubon et
à Wilson.

La pêche aux saumons, telle qu'elle
est pratiquée par les Peaux-Rouges du New-Brunswick, est une
véritable partie de plaisir. Dès que ces poissons se montrent dans les
eaux de la Nashwak, on voit le courant d'eau sillonné la nuit par
de nombreux canots, à bord desquels brûle une torche de sapin.
Deux Indiens montent cette embarcation, l'un qui rame, l'autre qui
tient en sa main un harpon. La torche brûle à l'avant, et, l'œil atten-
tif, le pêcheur attend le moment favorable où le poisson vient, attiré
par la flamme, présenter son échine à la surface du fleuve. A l'instant
même il est transpercé ; la corde se déroule, le canot est entraîné
souvent par-dessus les rapides, franchissant ainsi des passages bien
dangereux ; mais qu'importe, les Peaux-Rouges sont d'une adresse
et d'une ténacité incroyables ; ils dédaignent le danger. Ce qu'ils

veulent, c'est d'arriver à leur but, et ils y arrivent presque toujours. Le poisson harponné leur échoit en partage.

Les esturgeons de New-Brunswick sont d'une espèce monstrueuse, et l'on en voit fréquemment de dix et douze pieds de long. C'est plaisir à les voir se livrer à des sauts de carpe prodigieux par-dessus les rapides, pour monter d'un niveau à un autre. On raconte dans le pays qu'un matin un de ces poissons, en sautant de la sorte, retomba tout de son long dans le canot d'écorce d'une Indienne nommée par ses compatriotes Molly Greenbaize. Celle-ci, sans se déconcerter, s'élança sur le monstre, se coucha sur lui pour l'empêcher de remuer et de faire chavirer sa frêle embarcation, et dans cette position se mit à pagayer avec les deux mains dans la direction du rivage, où elle parvint sans encombre et où elle put mettre en sûreté cette manne tombée du ciel.

Les truites sont fort communes aux États-Unis, dans tous les fleuves, au milieu des eaux limpides des lacs, dans les trous profonds des ruisseaux. Les pêcheurs des villes, ceux qui ont lu leur Isaac Walton et qui mettent ses préceptes en pratique, sé servent de la ligne et de mouches artificielles. Les Indiens emploient des moyens plus primitifs qui leur réussissent aussi bien, pour ne pas dire mieux, que ceux inventés par la civilisation. Lorsqu'il gèle, à l'aide d'une hache ils pratiquent un trou dans la glace, le débarrassent de tous les débris, et jettent un appât quelconque auquel les truites mordent à l'instant. La meilleure truite connue est celle de la rivière Redhead, et l'on attribue le goût tout particulier de ce poisson à l'eau de mer qui pénètre fort avant dans les courants au moment des grandes marées. Il y a encore, parmi les rendez-vous de pêche les plus fréquentés, les lacs Lough-Lomond, derrière les montagnes Chauves (*Bald mountains*), et les Masquash, du même pays.

Le *bass* rayé remonte de la mer dans les grands affluents, particulièrement pendant l'hiver; car il préfère le calme des fleuves et des lacs à l'agitation de l'Atlantique. Jusqu'au printemps il réside dans les eaux douces et y « fait son lard ». On a pris des bass de 30 à 40 livres dans les rivières de New-Brunswick; mais en moyenne ils ne pèsent que d'un demi-kilo à trois kilos. Dans le Richibucto et le Gemseg, petites rivières du même État, on pêche les bass tantôt à la ligne de fond, tantôt à l'aide de grands filets que l'on fait glisser sous la glace, et que l'on retire d'heure en heure. Ces pêches sont toujours fort destructives. Je n'en veux pour preuve que celle que je raconterai en terminant ce premier chapitre.

Je vais mettre en scène un personnage historique dont la vie est peu connue de ce côté-ci des mers. Ce personnage, c'est une femme, jeune encore, quoiqu'elle ait dix-huit années de plus depuis l'époque où se passa l'incident dont je vais parler.

Vers le milieu de l'année 1843 arriva à Washington une femme d'une grande beauté, âgée de dix-sept ans, blonde comme les blés et que l'on eût pu comparer à ces peintures du Titien, ou bien encore à ces déesses ou nymphes qui embellissent les tableaux de Rubens.

Descendante d'Amerigo Vespucci, qui eut l'honneur de donner son nom aux deux Amériques, au détriment de Christophe Colomb, la belle America Vespucci, orpheline, sans fortune, venait réclamer du sénat et de la chambre des représentants une pension qui lui permît de noblement relever sa maison et de faire revivre sa famille historique dans sa personne et ses descendants, si elle en avait jamais.

Par malheur, les Yankees sont peu donneurs par goût et par instinct ; l'Italienne perdit son procès par-devant les délégués de la nation ; mais elle le gagna près d'un Crésus anglais, qui lui offrit son cœur et sa main, et l'emmena au milieu d'un domaine seigneurial s'étendant sur la rive du lac Ontario, aux environs de Rochester. America Vespucci ne pouvait mieux trouver, surtout après avoir vu toutes ses espérances s'écrouler devant les pères conscrits de Washington.

L'union se fit sans pompe, tout simplement, et les conjoints se retirèrent dans leur domaine sans plus songer à la société qui les entourait.

America Vespucci, désormais Mme P..., ne vivait plus que pour celui qui l'avait retirée de la misère. Ses seules distractions étaient la chasse et la pêche. Nemrod aux petits pieds, on la voyait parcourir hardiment le royaume qui lui était échu en partage, chassant le cerf, les « partridges », les bécasses, les « quails » et toute la gent ailée des marécages. Walton en jupons, elle tendait ses lignes et ses filets le long des ruisseaux et dans les eaux de l'Ontario.

Le hasard m'avait mis en rapport avec le mari de l'Italienne illustre, et j'avais été à même de lui rendre un léger service. Aussi, me trouvant de passage à Rochester, à mon retour du Canada, je crus pouvoir me présenter au Manoir du Lac (*Lake Manor*), et, sur la réponse que me fit un domestique que son maître ne recevait pas, je lui enjoignis d'un ton péremptoire de lui porter ma carte.

Cinq minutes après, M. P... ouvrait une porte, me tendait la main en souriant, et m'exprimait tout le plaisir qu'il éprouvait à me recevoir chez lui.

« Vous allez venir passer avec moi tout le temps que bon vous
semblera, me dit-il. Je veux vous garder.

— Merci, répondis-je, merci de votre accueil, mon cher P....; mais
je ne suis ici qu'en passant, une hirondelle, un pigeon voyageur,
forcé de rapporter des nouvelles à mon rédacteur en chef.

— Bah ! il prendra patience. Vous pouvez, du reste, lui envoyer
par la poste ce qu'il attend. Demeurez quinze jours avec moi.

— Impossible.

— Une semaine.

— Je ne puis... Cependant...

— Allons, c'est dit. J'envoie chercher votre valise. Vous voilà mon
hôte. Je vais vous présenter à America. » Et M. P..., ouvrant la porte
par laquelle il était venu me joindre, me prit par la main et m'introduisit dans un salon doré, au milieu duquel la jeune femme était
étendue nonchalamment sur une causeuse de satin ponceau capi-
tonné. Sa voix sympathique me souhaita la bienvenue.

Je restai deux semaines chez M. P... Connaissant ma passion pour
la chasse et pour la pêche, M. P... et America s'ingéniaient chaque
jour à m'initier à un sport nouveau pour moi.

Un soir, pendant le souper, qui se prolongeait fort tard à la veillée, il fut question d'une pêche aux truites. Dans un des ruisseaux
qui sillonnaient la propriété princière de M. P... coulait un *stream*
impétueux, se transformant, d'étape en étape jusqu'au lac, en abîmes
profonds au-dessous de chacune de ces cataractes. Ces trous étaient
de vrais réservoirs à truites, et ces poissons atteignaient là des proportions gigantesques. Le fait est qu'on avait souvent servi sur la
table des truites de vingt-cinq livres, dont la taille et le goût m'a-
vaient étonné.

Le lendemain, après déjeuner, les deux maîtres de Lake Manor et
moi, nous nous rendîmes au lieu de pêche dans un élégant wagon
à quatre places, qu'America conduisait elle-même avec une adresse
telle, qu'à mes yeux elle représentait une de ces triomphatrices des
cirques grecs ou romains guidant leur char sur l'arène. Ses blondes
tresses au vent, sous un chapeau de paille, rappelaient à s'y méprendre la coiffure de Daphnis, le beau berger fils de Mercure.

Enfin nous touchâmes au but de notre excursion. Le ruisseau écu-
mant tombait d'une hauteur de vingt pieds dans un bassin naturel,
aux lèvres tapissées de mousse, de pervenches et d'orchidées. De
temps à autre, au frémissement de l'eau, on devinait la présence du
poisson venant à la surface humer l'air ou happer un insecte.

Par les ordres de M. P..., on avait transporté en cet endroit des lignes, un épervier et une traîne. Chacun de nous essaya d'abord son adresse à la mouche artificielle.

La jeune femme ne se laissait distraire par rien du plaisir qu'elle prenait à la pêche; ses efforts étaient couronnés à presque tous les coups, et les truites s'amoncelaient à ses pieds dans un filet-réservoir, où elle les plaçait elle-même après les avoir décrochées de ses blanches mains.

Quant à M. P..., il était descendu plus bas, à un autre *pond*, et faisait disposer la traîne de façon à s'en servir dans un moment donné.

« Monsieur, me dit tout à coup America Vespucci, avec cet accent italien qui seyait si bien à sa voix, voulez-vous que nous jetions l'épervier? La pêche à la ligne vous ennuie, je le vois, et je vais vous montrer un tour de ma façon. Je vous institue mon rameur ordinaire et extraordinaire. C'est moi qui jetterai le *cast-net*.

— Vous, Madame?

— Certainement. *E voi vedrete la mia abilità,* ajouta-t-elle en italien.

— Madame, je vous crois d'avance. Cependant...

— Vous ne serez pas fâché de vous assurer par vous-même? soit. En barque et conduisez-moi là-bas, bien au milieu

du courant, doucement surtout : faisons le moins de bruit possible. »

Il y avait là un canot élégant, dans lequel nous montâmes, America et moi. Debout sur l'avant, elle disposa son filet sur ses épaules, se balança ensuite à trois ou quatre reprises et lança les mailles dans l'eau, au-dessus de laquelle elles s'arrondirent avec la régularité d'un cercle parfait. Onques pêcheur expérimenté ne réussit mieux un coup de filet. La prise devait être importante; car pour relever l'épervier il me fallut venir en aide à ma compagne. Entre les mailles du *cast-net* nous trouvâmes sept truites énormes, neuf petites, une anguille et un jeune saumon de deux kilos.

America battait des mains, criait, appelait son mari : on eût dit un enfant pour la joie, un saint Michel pour la force. M. P... s'était bientôt rendu à cet appel, répercuté par les échos du Mahoqua, — tel était le nom de la rivière aux truites, — et quand il vit America si joyeuse, il m'adressa un de ces regards qui signifient pour tout homme intelligent : « Je suis heureux : puissiez-vous l'être bientôt comme moi ! »

J'abrège ; car j'écrirais un volume si je voulais sur ce sujet gracieux, bien fait pour inspirer un poète.

La pêche à la traîne réussit au gré de tous les désirs de mes hôtes. Le total de la journée fut de quarante-cinq truites, dont onze pesaient de huit à neuf livres, de quinze anguilles, de cent et quelques goujons, de trois saumons d'une taille inférieure et de dix-neuf bass.

Le lendemain de cette pêche miraculeuse, je me vis forcé, par une lettre fulminante et menaçante de mon rédacteur en chef, de rejoindre mon poste ou d'opter pour mon remplacement.

M. P..., qui tenait le célèbre James Gordon Bennett, rédacteur en chef et propriétaire du *New-York Herald,* dont j'étais alors l'homme lige, pour un cuistre et un *old scamp,* m'engageait fort à le planter là ; mais la nécessité du travail me forçait à ne pas penser comme lui. M. P... me serra cordialement les deux mains, et America Vespucci me tendit cordialement ses deux joues, et nous nous séparâmes.

J'ai bien souvent, depuis mon retour en France, demandé des nouvelles des hôtes de Lake Manor à tous les Américains récemment débarqués des États-Unis. Aucun d'eux n'a pu répondre à mes questions. Si jamais ces lignes tombent sous les yeux d'America ou de M. P..., elles leur prouveront qu'il y a à Paris, en l'an 1862, un ami qui ne les a point oubliés.

II

LA PÊCHE A LA LIGNE

Je suis intimement convaincu que la lecture du *Robinson Crusoé*, du *Robinson suisse*, des œuvres de Cooper, de Mayne-Reid et autres auteurs du même genre, — des miennes peut-être, — a entraîné hors de la maison paternelle un grand nombre de nos marins célèbres, et produira le même effet sur d'autres dès que l'occasion se présentera à eux. Mais ce dont je suis encore plus certain, c'est que la plupart des pêcheurs qui émaillent les bords de la Seine, de la Marne et autres affluents, comme aussi tous les courants d'eau du monde, ont été amenés à la pratique de cette « funeste » passion par la lecture des *Manuels de pêche* et les promesses formelles des moyens de prendre beaucoup de poisson en peu de temps, dont ces livres développent la théorie, — en oubliant un peu trop la pratique, — avec accompagnement d'anecdotes, de prises miraculeuses et souvent même d'illustrations « épatantes ».

Moi qui vous parle, ami pêcheur, je vous avouerai avoir lu mon *Roret*, — il y a, hélas ! bon nombre d'années, — pour la première fois, en compagnie de trois amis de mon âge. A la suite de cette lecture captivante, nous nous sentîmes aussitôt entraînés vers un étang voisin de la maison paternelle. Nous étions munis de lignes, de scions, d'hameçons, de vers rouges et de morceaux de fromage de Gruyère, comme de vrais don Quichottes de l'art de pêcher.

La saison était propice ; le printemps commençait à se fondre dans l'été ; une brise tiède, embaumée de parfums de sauge, de thym et de lavande, caressait nos fronts et se jouait dans nos cheveux bouclés, — je parle de loin, comme ceux qui me connaissent personnellement pourront le comprendre, — et c'était plaisir à nous voir doubler le pas pour franchir plus vite la distance qui nous séparait du château de S... à l'étang des Baux.

L'un de nous, — je le vois encore comme si c'était hier, — s'était accoutré d'une façon tout à fait artistique et pittoresque. Il arriva au manoir de famille revêtu d'un habit de cadis façonné en veste longue, à grandes poches devant et derrière, les pieds chaussés de bottes de marais, tenant d'une main un panier anglais pour mettre le poisson et de l'autre une ligne à rouet et une trouble.

Les bonnes gens qui nous rencontraient le long du chemin se regardaient avec étonnement, et ne comprenaient pas comment M. Max de C..., qu'ils connaissaient tous, avait eu la pensée de se déguiser ainsi en « comédien ». A leurs yeux, il produisait le même effet que celui du héros de la Manche, lorsqu'il parut bardé de fer, le heaume sur la tête et la lance au poing, devant les chevriers de la Sierra-Morena.

Nous arrivâmes bientôt tous les quatre sur les bords de l'étang qui baignait de ses eaux bleues un bouquet de chênes verts dont le feuillage nous offrit un abri contre les furies d'un soleil méridional. A quelques pas de l'endroit que nous avions choisi pour notre première tentative de pêche, coulait tout doucement un ruisseau limpide, venant des montagnes de la Vacquière et rechauffant ses ondes glacées aux eaux tièdes de la vaste plaine liquide.

Souvent, en compagnie de mes oncles, — debout encore à cette époque, — j'avais cherché des poules d'eau, des marouettes et quelquefois des bécasses le long de ce ruisseau de Santa-Fé, bondissant tout d'abord de rocher en rocher, et s'engouffrant enfin sous une allée d'arbres projetant leurs branches de façon à intercepter la lumière, de connivence avec des pampres verts, des lianes et des guis de toutes sortes et de toutes grandeurs, tandis que de hautes herbes, des joncs aux panaches acajou et des nymphæas aux boutons de gomme-gutte cachaient le limpide élément sous une masse de verdure.

C'était là, en effet, un admirable asile pour la gent ailée, et, à certains frémissements de l'eau, devenue dormante dans son lit profond, on devinait que le poisson grouillait entre les racines de cette végétation aquatique.

J'avais oublié de dire que, sans connaître alors les préceptes de chasse de du Fouilloux, dont je n'ai lu que plus tard les pages curieuses, nous avions emporté de nombreux « harnais de gueule », afin de jouir du plaisir d'un déjeuner sur l'herbe.

Mais, avant de prendre notre repas, il avait été convenu qu'on pêcherait, et nous nous mîmes en devoir de pêcher.

Max fut le premier qui jeta sa ligne à l'eau. Ses deux amis et moi nous avions à ajuster nos lignes primitives et rustiques, travail dont nous nous acquittâmes avec assez de gaucherie, mais qui enfin se termina à la satisfaction générale.

La pêche de notre camarade Max était heureuse. Déjà il avait pris deux tanches et un carpillon, lorsque Gabriel, — l'ami n° 2, — jeta sa ligne flottante dans l'angle droit de l'embouchure du ruisseau. Coup sur coup le liège s'enfonça sous l'eau, et Gabriel, retirant avec prudence la ligne, déposait sur le gazon, frétillantes et frémissantes, des carpes, des tanches et une anguille.

Il y avait là un engagement tacite à nous hâter; aussi, quelques secondes après la sixième prise, avions-nous réussi à jeter à l'eau nos hameçons amorcés avec art.

De prime abord le poisson mordit à mon appât, et je réussis à ajouter à la provision du panier trois perches et un petit brochet; puis tout à coup la chance tourna contre moi.

J'avouerai à ma honte que si j'aime la pêche aux filets avec frénésie, en revanche la pêche à la ligne m'est peu sympathique, par cette seule raison qu'elle est souvent infructueuse. Et puis d'ailleurs je suis assez maladroit à manier cet engin. Je l'accrochais donc souvent en retirant l'hameçon pour changer l'appât; j'embarrassais ma ligne dans les branches d'arbre, je cassais mon scion et je m'impatientais.

Désespéré de ma maladresse, j'abandonnai l'entreprise, et, me jetant sur le lit de mousse qui croissait au pied des chênes, je me contentai de voir pêcher mes trois camarades, qui tantôt changeaient de place et s'avançaient le long d'un « cannier » du milieu duquel, troublé dans sa retraite, s'élançait un énorme bihoreau ou bien un martin-pêcheur, allant se percher sur un vieux saule d'où il épiait avec anxiété nos moindres mouvements.

On déjeuna à midi, on fit la sieste, puis la pêche recommença, et, quand vint le soir, le panier était si lourd, qu'il nous fallut recourir aux épaules d'un paysan pour le porter au logis.

Nous revînmes au même endroit le lendemain matin; mais moi seul ne pris point part à la pêche de mes amis; j'avais emporté un trident, et, grâce à quelques leçons que m'avait données un pêcheur du village, connu sous le nom de Jean « n'en mangeras », je réussis en peu de temps à harponner quelques belles anguilles dans le ruisseau de Santa-Fé. Ce succès m'enhardit, et, dès que notre repas eut été savouré avec tout l'appétit que donnent à la jeunesse l'exercice, l'air pur et un bon estomac, abandonnant mes camarades au sommeil que la chaleur et la fatigue appelaient sur leurs paupières, je me glissai sous l'arcade verdoyante et touffue qui couvrait le *gaudre* poissonneux, et continuai ma pêche avec un tel bonheur, que le soir j'étais proclamé le roi de la journée, comme Max l'avait été la veille — *ex æquo* — avec l'un de nos deux amis.

Heureux souvenirs, réminiscences d'un temps passé, enfui trop vite, hélas! et que rien ne peut ramener.

Je vis de souvenirs évoqués dans mon cerveau aux casiers multiples, et voici encore l'un d'eux, relatif à la pêche, que j'ai rapporté de mon lointain voyage dans le nouveau monde.

Un matin, en me promenant au lever du soleil, le long des rives du Ford'ham's Brook, par delà le Croton-Aqueduc près de New-York, mon attention fut attirée par un pêcheur près duquel se groupaient deux individus au visage étrange.

Le premier, celui qui paraissait enseigner l'art de la pêche aux autres, était un vieux soldat de l'armée de Washington, débris d'une armée qui fit des prodiges de bravoure, et l'on devinait à la forme de ses vêtements, quelque peu semblables à ceux d'un invalide, qu'il

était aussi soigneux de ses effets que du contenu de sa bourse. Une large balafre coupait en deux sa joue droite, et donnait quelque chose de dur aux traits de son visage; mais, à le regarder de près, on se convainquait facilement que le fond était meilleur que la forme. Un perpétuel sourire arrondissait les angles de ses lèvres; ses cheveux gris descendaient en boucles soyeuses le long de ses oreilles ornées d'anneaux d'or, comme au temps passé. En un mot, ce pêcheur me parut être un philosophe disposé à prendre le monde tel qu'il était, et à accrocher à son hameçon autant de poissons qu'il le pourrait dans sa journée.

Le personnage qui se tenait à sa droite était un de ces Irlandais faisant ce qu'on appelle aux États-Unis *all sorts of works*, et ce que les Italiens désignent sous la qualification de *tutte sorte di mestieri;*

braconnier, spadassin, contrebandier, trappeur, et au besoin fossoyeur. Il passait par là, et avait regardé.

Le troisième individu était ce que l'on appelle à New-York un *b'hoy*, autrement dit, en parisien, un de ces « bohêmes » qui n'ont qu'une seule occupation, celle de travailler à ne rien faire. Maigre, efflanqué, l'air gauche, les allures paresseuses, les yeux bistrés et les vêtements négligés, quoique sans reprises : habit, gilet et pantalon noirs, linge d'un blanc douteux, cravate de couleur et chapeau sur l'oreille.

Le vétéran de l'armée de 1777 était gravement occupé à examiner l'estomac d'une truite saumonée qu'il avait prise à l'aide de sa ligne, et, tout en cherchant à découvrir, au milieu des débris contenus dans cette poche, les insectes dont aimait à se nourrir le poisson, il donnait une leçon à ses compagnons, qui paraissaient très attentifs à ce qu'il leur disait.

J'écoutai moi-même religieusement les paroles de cet homme, dont le regard sympathique trahissait un contentemeut inexprimable.

Je me décidai à le suivre, en admirant l'adresse avec laquelle il courait d'un endroit du ruisseau de Ford'ham à l'autre, tenant sa ligne élevée de façon à empêcher le fil de traîner par terre ou de s'embarrasser dans les buissons. Le brave homme jetait sa mouche aux bons endroits, l'amenait souvent à la surface du courant, et la laissait tomber ensuite dans une de ces profondes cavités creusées sous les racines d'un tronc d'arbre ou dans le tuf dont sont formés les bords d'un torrent qui s'est frayé un passage entre deux montagnes; c'est là, chacun le sait, que se tiennent d'ordinaire les grosses truites.

Tout en agissant de la sorte, le pêcheur émérite démontrait à ses deux acolytes la manière de tenir la ligne, d'y fixer les mouches et de les promener de façon à irriter l'appétit du poisson prêt à se jeter sur une proie facile.

J'avais lu, peu de jours avant cette promenade, quelques chapitres de mon Isaac Walton, et n'eus pas grand'peine à me rappeler les avis du sage « Piscator » à son disciple bien-aimé. Rien n'était plus facile que d'évoquer mes souvenirs; car je me trouvais en présence d'un paysage parfaitement identique à celui décrit par le poète-pêcheur.

Qu'on se figure une vallée profonde, non loin d'une magnifique habitation où résident les jésuites du collège de Ford'ham, abritée par des arbres touffus croissant sur les pentes abruptes des collines qui continuent en moutonnant jusqu'aux monts Catskill, et aboutissent aux prairies vertes et parfumées du Connecticut.

Walton décrivait dans son ouvrage les charmes d'une journée éclairée par un soleil brillant, dont la chaleur était de temps en temps attiédie par une pluie rafraîchissante qui saupoudrait les herbes d'une myriade de diamants.

Je m'approchai enfin à mon tour, et voulus lier conversation avec le vieux pêcheur, qui m'accueillit d'un air gracieux et sut m'intéresser à tel point, que, sous le prétexte de lui demander quelques conseils sur son art, je restai tout le jour en sa compagnie, suivant les méandres du ruisseau de Ford'ham, et prêtant une oreille attentive à tous ses discours.

Ce maître ès art de pêcher était fort communicatif; il babillait volontiers, comme tous les vieillards enjoués; et puis d'ailleurs il manifestait un certain orgueil à prouver que nul mieux que lui ne connaissait la science de pêcher un poisson et de le happer dans les règles.

Il se fit un vrai plaisir de me raconter de lui-même les premières années de sa vie, ses commencements, ses guerres avec le héros de l'indépendance américaine, et enfin la célèbre bataille de Bunker's Hill, pendant laquelle un boulet de canon lui avait effleuré le gras du mollet, dont il avait emporté la moitié sans toucher au tibia. Plusieurs autres blessures graves l'avaient enfin mis hors d'état de gagner sa vie; aussi le président-général Washington, voulant mettre son fidèle soldat à l'abri du besoin, lui avait-il fait accorder une pension de trois cents dollars, que l'État lui payait tous les trois mois.

Daniel Tucker, — tel était le nom du vieux brave, — s'était alors retiré dans une ferme près de Harlem, et vivait là d'une façon fort simple, s'adonnant avec passion au doux passe-temps de la pêche à la ligne.

Comme moi, il connaissait son Walton par cœur, et semblait avoir puisé dans cette lecture attrayante un fonds de bonne humeur et de franchise qui s'était inoculé dans toute sa personne, et avait déteint sur son caractère. Je ne tardai pas à deviner tout cela après une heure de conversation avec maître Daniel, que l'on connaissait dans le pays sous le nom abrégé de *Dan*.

Le *b'hoy* dont j'ai parlé plus haut était, comme me l'apprit le pêcheur, le fils et l'héritier présomptif d'une brave femme de soixante ans qui tenait un cabaret à Mac-Combs-Dam, et possédait une certaine aisance. Dan, qui trouvait toujours une place privilégiée dans

le « salon » de la taverne et un verre d'ale sans bourse délier, en sa
qualité d'ami de la matrone, dont le mari défunt avait été son compagnon d'armes, protégeait le jeune bohême américain, et se faisait
un plaisir de l'emmener pendant ses excursions de pêche. D'une
part, il entretenait ainsi ses relations d'amitié; de l'autre, il trouvait un moyen de satisfaire sa vanité bien naturelle, et de démon-
trer d'une façon pratique un art dans lequel il était vraiment expert.

La pêche à la ligne, je le dis hautement, sans craindre le ridicule,
est un art. Les Américains le vénèrent à l'égal des Anglais, ce qui
n'est pas peu dire; et du reste c'est là pour eux une distraction singulièrement en harmonie avec la culture « peignée » de l'Amérique
du Nord, sosie de la Grande-Bretagne, où les champs sont régulièrement labourés, où le paysage est placide et l'ombre touffue,
sans être hérissée d'épines et d'encrochements fatals aux fils de la
ligne.

Que de belles journées j'ai passées aux États-Unis, à errer le long
de ces ruisseaux limpides qui se fraient un chemin au sein de cette
admirable contrée, comme le fait une sémillante couleuvre à travers
le marécage couvert de joncs et de fers de lance !

Tantôt le courant d'eau scinde en deux une large prairie où les
fleurs sont aussi nombreuses que les herbes fourragères ; tantôt il

s'enfonce sous une feuillée si touffue, que les rayons du soleil ne peuvent plus se mirer sur sa surface; et puis tout à coup il se hasarde au pied d'un moulin, près d'une villa ou d'un hameau, auquel il fournit l'élément le plus nécessaire aux besoins de l'homme.

Oui, la pêche à la ligne est un art charmant, et la vigilance placide qu'elle exige vous entraîne, sans qu'on s'en doute, dans une rêverie de temps à autre interrompue par les concerts d'un oiseau, la chanson d'un laboureur, ou bien encore les ébats capricieux d'un poisson qui trouve plaisant de s'élancer hors de l'onde assoupie et de raser une ou deux secondes sa surface ridée.

Et puis, quelle joie n'éprouve pas celui qui aime la botanique et qui peut recouvrir, le soir en rentrant au logis, son panier plein de poissons d'un énorme bouquet composé des fleurs diaprées de la flore aquatique : narcisses, orchis, lis de toutes couleurs, nymphæas, jacinthes pourprées, violettes et anémones! On peut ainsi, à peu de frais, parer la table sur laquelle paraîtra, — au second service, — la truite saumonée ou la carpe aux blanches laitances, conquête de la journée.

Lorsque je pris congé du vieux Dan Tucker, je lui demandai son adresse et la permission d'aller lui faire visite. Le pêcheur accueillit ma demande en me remerciant de ma politesse, et, à quelques jours de là, ayant terminé de bonne heure mon cours de littérature française au collège de Ford'ham, je partis de mon pied léger pour aller à la recherche du disciple d'Isaac Walton.

Dan habitait un fort joli cottage situé à l'extrême limite du village de Harlem. Sa demeure, composée de deux larges pièces, se dressait au milieu d'un jardin contenant dans ses plates-bandes l'utile et l'agréable, des fleurs et des légumes. Un immense chèvrefeuille tapissait la façade de la maison, sur les côtés de laquelle couraient des lierres, des rosiers grimpants et des glycines aux grappes de fleurs azurées.

L'intérieur du premier compartiment de cette demeure était meublé simplement, mais avec un goût tel, qu'on l'aurait facilement pris pour du luxe. D'abord, sur la cheminée, style ancien, assez vaste pour y abriter une troupe d'amis, l'ancien militaire avait disposé avec une symétrie remarquable une panoplie de vieux fusils du temps de Washington, des sabres, des épées entremêlées de tomahawks indiens, d'arcs et de flèches, le tout surmonté, en guise de casque, d'une de ces coiffures de Peaux-Rouges fabriquées avec des fourrures de loutre, et ornées de plumes d'aigle.

Puis, sur une sorte de piédestal entouré de palmes, se dressait, simple et digne, une statue en plâtre de Washington, sur le front duquel Dan avait posé une couronne d’immortelles.

Sur toutes les murailles, blanchies à la chaux, on voyait, encadrées dans des baguettes d’érable, d’étranges lithographies, d’un dessin peu correct et d’une exécution digne de celle d’Épinal, qui n’avaient d’autre mérite que celui d’avoir eu l’intention d’illustrer les campagnes du héros de l’indépendance américaine.

J’allais oublier un trophée d’ustensiles de pêche, où tout ce qui est utile à un pêcheur expérimenté se trouvait sous la main dans l’ordre le plus parfait.

Le mobilier de cette première pièce se composait d’une table de chêne, d’un fauteuil à dossier élevé, de deux *rocking chairs* et de quatre escabelles de bois.

Sur la table était placé un grand vase de grès rempli de fleurs aquatiques; puis, d’un côté, une Bible recouverte d’un papier bleu, pour conserver le chagrin qui lui servait de reliure, et de l’autre, une douzaine de journaux politiques empilés les uns sur les autres. La seconde pièce était la chambre à coucher.

Toute la famille du vieux Dan Tucker se composait d’un chien griffon, bon gardien du cottage, qu’il ne quittait pas même lors des absences de son maître, accoutumé qu’il avait été à rester sur le seuil de la porte, sentinelle protectrice de la demeure du pêcheur. Tom aboyait pour annoncer une visite; mais il montrait les dents, — un râtelier respectable, — toutes les fois qu’on franchissait la palissade du jardin, à moins que Dan ne lui imposât silence, et le maître était obéi à l’instant.

C’est ce qui arriva au moment où je me présentai devant le cottage de Tucker. Il apaisa la colère de Tom, qui me voyait pour la première fois, et m’invita à entrer en m’adressant un geste amical.

J’avais trouvé le pêcheur assis sur un banc, près de sa porte, et fumant sa pipe avec une sorte de religion, ou plutôt de fétichisme. Tom se tenait à sa droite, sur une natte de paille affectée à sa personne, pour qu’il ne prît pas froid sur le sol toujours humide.

Tucker avait passé toute la journée à pêcher, et il me raconta chacun de ses exploits avec autant de détails que l’eût fait un chasseur au retour d’une excursion cynégétique dans les tirés de Versailles ou de Rambouillet. Il s’anima surtout au plus haut degré lorsqu’il me dépeignit de quelle façon il s’était emparé d’une énorme truite, qui l’avait forcé à déployer toute sa science, et dont il avait fait hommage à mistress Slocum, la digne matrone de la taverne de Harlem.

J'aime à voir un vieillard exempt d'infirmités et à la figure riante ;
aussi je me sentis tout joyeux de rencontrer ce pauvre diable, qui,
après avoir été un des défenseurs de sa patrie, avait su mettre de
côté toute ambition et vivait content dans une chaumière, sans rien
envier des honneurs de la patrie.

J'appris à Harlem que Dan Tucker était le Benjamin de tous les
braves gens de village et l'oracle des tavernes de l'endroit, où il
charmait les habitués par le récit des grandes gloires du pays,
ainsi qu'au moyen de quelques chansons récitées d'une voix juste et
sympathique.

Dans certaines villas appartenant à de riches négociants, on appré-
ciait également l'honnête pêcheur, qui, pour prix d'une leçon donnée
aux enfants de la maison, était invité à la table du maître et abreuvé
d'excellent vin de Porto ou de Xérès.

Or donc, cela va sans dire, la vie de Dan s'écoulait sans tracasse-
ries, heureuse et calme. Lorsque le temps et la saison étaient propices, il vivait du soir au matin aux bords des ruisseaux et des
fleuves. En hiver, il s'occupait à préparer, au coin de son feu d'an-
thracite, des engins de pêche pour la campagne prochaine, ou bien
il inventait des mouches artificielles bonnes à attraper les truites
les plus rusées.

Chaque dimanche, Dan fréquentait le temple de Harlem ; mais
généralement il s'endormait pendant l'oraison du vénérable pasteur,
qui ne lui en voulait pas de ce manque de décorum, car il estimait
au plus haut point ce vieux débris des guerres de l'indépendance.
Dan l'avait, du reste, supplié de ne point oublier ceci : qu'il désirait être enseveli sous le tertre, couvert de gramens et ombragé
de deux thuyas, où reposaient depuis de longues années son père et
sa mère.

Je termine ici ce chapitre préliminaire d'une série de pêches. Il m'a semblé que le portrait du pêcheur américain était bon à montrer à l'humanité; car, selon les préceptes d'Isaac Walton, « il était l'ami de la vertu, se confiant à la Providence, d'un esprit calme et ne pêchant... qu'à la ligne. »

III

L'AIGLE PÊCHEUR DE SARATOGA-SPRINGS

Un soir, par le plus beau clair de lune qui ait jamais éclairé les rives géantes du fleuve Hudson, je m'étais embarqué à bord d'une de ces maisons flottantes qui remontent cette mer intérieure des États-Unis, partant, en mission de journaliste, pour me rendre dans un lieu de plaisir où se groupent chaque été les « beaux » et les belles de toute l'Amérique du Nord, ce que l'on appelle en bon anglais *the cod-fish aristocracy* [1]. Il va sans dire que je m'étais couché le plus tard possible, après avoir admiré le paysage jusqu'à West-Point et fumé bon nombre de panatellas.

Lorsque je me réveillai, nous arrivions à Albany. Il était cinq heures du matin ; les brouillards du fleuve disputaient encore l'horizon aux rayons du soleil levant ; la nature à demi réveillée étalait devant moi cette scène éternellement nouvelle en dépit de toutes les descrptions. Nous avions trouvé la ville endormie, mais dans la campagne les maisons éparses commençaient à s'animer ; on voyait apparaître aux croisées entr'ouvertes de frais visages alanguis par un resté de sommeil.

---

[1] « L'aristocratie de la morue, » allusion à la manière dont la plupart de ces parvenus yankees ont fait fortune.

A West-Troy, je traversai l'Hudson sur un *ferry-boat,* dans lequel cependant la vapeur n'est pour rien. Deux chevaux, renfermés à droite et à gauche du pont, dans une boîte qui simule au premier abord le tambour des roues ordinaires, tel est le système moteur de ce bateau tout primitif. Ces malheureux quadrupèdes, condamnés à marcher sans bouger de place, font mouvoir sous leurs pieds une plate-forme tournante dont la base va se perdre dans l'eau : c'est l'hélice réduite à son expression la plus simple.

Durant cette courte traversée, mes regards embrassaient les deux parties de Troy assises sur la droite et la gauche de la rivière. Les bâtiments amarrés au quai, les toits groupés en masses pressées, et les cheminées de fabriques qui se détachent çà et là, dénotent une ville très populeuse, active et particulièrement industrielle.

Mais on peut à peine l'examiner d'un coup d'œil ; le bateau a touché l'autre rive, où vous attend le chemin de fer, ce tyran qui n'accorde point de répit, et qui vous dispute lui-même le temps nécessaire pour avaler un semblant de déjeuner.

Soit dit sans vouloir trop de mal à l'administration, la ligne de Troy à Whitehall est bien une des plus exécrablement organisées qu'aient jamais pu affronter les voyageurs. A la vérité, elle vient galamment vous prendre à la porte même de votre hôtel ; mais le temps qu'elle prétend ainsi épargner aux passagers, elle le leur fait amplement reperdre par l'incurie avec laquelle les bagages sont emballés pêle-mêle et sans nul signe de reconnaissance. Arrivé à destination, il faut que chacun se mette au plus vite en quête de sa malle, sous peine de la voir emporter à la station prochaine, ou, qui pis est encore, escamoter par quelqu'un de ces industriels contre lesquels vous met charitablement en garde l'affiche de rigueur : *Beware of the picpockets;* traduisez : Gare à vos poches !

Mais à la guerre comme à la guerre : on se met en route pour Saratoga, et le convoi, s'enfonçant sous un immense pont couvert qui traverse l'Hudson, franchit coup sur coup trois bras du Mohawk. Au delà, le pays revêt un nouvel aspect, qu'il ne doit plus quitter. L'homme n'a pas encore complètement pris possession de ce vaste domaine : les bouquets de bois restés debout et les défrichements à peine accomplis se succèdent par séries nettement tranchées. Deux ou trois fois le point de vue s'élargit sur un vallon au fond duquel s'éparpillent des maisons blanches ; aux approches de Saragota surtout, on a, pendant quelques minutes, un vaste et beau panorama sur la droite. Presque aussitôt après la locomotive s'arrête, jette voyageurs et bagages sous une sorte de hangar et reprend sa course bruyante. Ce hangar représente l'entrée de Saratoga.

Au premier abord, Saratoga n'a rien qui le distingue des autres villes de campagne (*country-towns*) des État-Unis. Vous avez devant les yeux un gros bourg aux maisons en bois, aux rues bordées d'arbres, jeté en partie au fond d'une petite vallée, en partie étagé sur le penchant d'une colline. Au milieu, un Broadway bordé de magasins ; sur les côtés, des rues non pavées, dont l'extrémité va se perdre dans la campagne ou dans les bois. En un mot, rien de saillant, rien d'exceptionnel.

Bientôt cependant on reconnaît, à certains signes, que ce ne doit point être là un village comme un autre. On cherche, sans les trouver, les traces d'une industrie, d'un commerce quelconque. On ne voit à l'horizon ni moulins ni usines ; on n'aperçoit pas à la station des ballots de marchandises attendant le convoi ; nulle part ce bruit industrieux, ce mouvement affairé qui révèle une population ouvrière ou trafiquante. Saratoga a, en effet, pour commerce unique ses eaux minérales, comme il a pour seule fortune la vogue qu'elles lui ont attirée.

Une fois qu'on se trouve ainsi amené à regarder de plus près, on saisit rapidement les caractères distinctifs d'un rendez-vous de plaisance : les hôtels multipliés dans une proportion tout à fait en dehors des besoins d'une semblable localité ; l'oisiveté, l'air étranger, la toilette recherchée de tous les promeneurs qui battent les rues de leurs pas indolents ; la richesse des étalages dans le petit nombre de magasins auxquels les maisons publiques ont laissé un coin du Broadway de New-York ; enfin les voitures de luxe stationnant aux portes ou sillonnant la route, sur laquelle les chariots de campagne font exception et presque tache.

Le voyageur qui traverserait Saratoga sans s'y arrêter pourrait donc n'y rien voir d'extraordinaire, et croire qu'il a passé par un gros village tirant sa richesse de quelque industrie avoisinante ; mais, pour l'homme qui s'est promené, ne fût-ce que deux heures, dans ses rues, Saratoga est marqué au front du sceau de nonchalance, d'ennui, de désordre même que portent infailliblement toutes les villes condamnées à vivre aux dépens d'une population éphémère et flottante ; pour celui-là, ce n'est plus un village, mais bien un immense caravansérail.

C'est dans ce site charmant que la gent fashionable qui émigre l'été vient établir ses pénates, non seulement dans les vastes hôtels disposés à cet effet, mais encore dans les cottages disséminés tout autour de l'*United-States Hotel*.

A Saratoga, célèbre par ses eaux minérales, comme je viens de le dire, le touriste trouve à droite et à gauche, dans un cercle de deux kilomètres, au milieu de la petite vallée au centre de laquelle s'élève le village, des bassins recouverts dans lesquels, suivant son goût, ou bien d'après l'ordonnance du médecin, il peut, le verre à la main, puiser ici à une source d'eau ferrugineuse, là à un ruisseau de manganèse, plus loin à un jet continu d'un liquide saturé d'acide sulfurique. En un mot, les sources du Saratoga sont à la fois laxatives, astringentes, curatives et agréables. La fontaine de *Congress,* entre autres, est la plus célèbre, et chaque matin on voit réunis autour d'elle les malades, les oisifs et les visiteurs du pays.

Je me trouvais là certain jour de juillet, en 1848, causant avec mon ami le capitaine Mayne-Reid, auteur de tous ces charmants ouvrages parmi lesquels je citerai *les Chasseurs de chevelures* et *les Chasseurs de bisons,* que je me suis fait un vrai plaisir de traduire en notre langue française. Nous devisions chasses, pêches, excursions lointaines au milieu de ces vastes forêts de l'Ouest, à travers ces steppes incultes du Sahara américain, et certes la matinée m'avait paru d'aussi courte durée qu'elle avait semblé longue à tous les *idlers* de Saratoga.

« Parbleu! fit tout à coup Mayne-Reid, puisque vous aimez la chasse et la pêche, il faut que je vous procure un de ces soirs un vrai plaisir de roi.

— Merci à l'avance, mon cher capitaine : et de quoi s'agit-il?

— D'une pêche aux saumons.

— Tôpe! j'accepte; et où cela, s'il vous plaît?

— Dans le lac de Saratoga.

— Des saumons dans un lac! répondis-je avec étonnement; je croyais que ce magnifique poisson ne se trouvait à son aise que dans les fleuves ou au sein des grandes rivières.

— Et vous aviez raison; mais le lac de Saragota ressemble en diminutif à celui que traverse votre Rhône à Genève, avec cette seule différence que c'est un des points les plus pittoresques de l'État de New-York. Du reste, nous ne sommes qu'à cinq milles et demi de cette magnifique nappe d'eau, et si rien ne vous empêche de me suivre demain soir, à la condition expresse qu'il fera un très beau clair de lune, nous aurons, vous et moi, un sport inconnu à tout autre qu'aux amis de M. Marvin. Estimez-vous heureux, mon cher ami, si le *landlord* de l'*United-States Hotel* veut bien nous confier son balbuzard.

« — Son balbuzard! m'écriai-je; et que diable ferons-nous de cet aigle puant qui dort toute la journée dans le jardin de notre hôte?

— Pardieu! ce que faisaient les preux du moyen âge, lorsqu'ils chevauchaient sur leurs destriers, leur faucon au poing.

— Le balbuzard de Marvin est-il donc un oiseau dressé comme l'étaient autrefois les gerfauts et les milans?

— C'est vous qui l'avez dit. C'est un aigle pêcheur, et de la meilleure espèce.

— Allons! va donc pour le balbuzard de Marvin. Je me fie à vous pour les arrangements de cette pêche d'un genre nouveau pour moi. Quand partirons-nous?

— Vers trois heures. Nous souperons à l'hôtel du Lac, et après avoir savouré un whiskey-punch et fumé un « noriaga », nous nous embarquerons avec Sandy-Hair, le vieux pêcheur du hameau.

— C'est convenu! A demain donc, et grand merci! »

Reid et moi nous nous séparâmes; lui courut à l'*United-States Hotel,* moi je me rendis à mes affaires, et nous ne nous revîmes plus qu'à l'heure du thé, dans le salon de réception. Mon cher confrère en saint Hubert avait obtenu de maître Marvin le prêt de son aigle pêcheur, et je dois ajouter en passant que le propriétaire de l'hôtel avait mis à lui rendre ce service toute la bonne grâce possible. A vrai dire, l'hôtelier de Saratoga professait et professe encore, en 1858, une affection et une déférence toutes particulières pour les gens de lettres, à qui, quelle que soit leur dépense pendant tout leur séjour chez lui, il ne veut jamais permettre d'ouvrir leur porte-monnaie. « Bien, bien, mon cher monsieur, leur dit-il toujours; je ferai toucher ma note chez vous, dans quelques semaines..., si j'ai besoin d'argent. » Et jamais, depuis que Marvin est hôtelier, il n'a songé à réclamer ces notes de journalistes, à qui, pendant tout leur séjour, il n'a pas manqué d'envoyer à l'heure du dîner une bouteille de vin fin, champagne, porto, xérès ou château-margaux... avec ses compliments.

Marvin, en vrai gentleman, avait donc mis son aigle à notre disposition, en nous recommandant seulement d'avoir grand soin de lui et de ne pas trop le fatiguer; car, à son dire, Jonathan, — c'était le nom de l'oiseau, — aurait fait le métier de pêcheur toute la nuit, si on le laissait agir selon son gré.

A trois heures précises, le lendemain, Reid et moi nous montions dans un *boggey,* en compagnie de notre balbuzard, que nous avions douillettement placé à l'ombre des parois d'osier d'une vaste corbeille solidement amarrée derrière notre véhicule.

Notre passage à travers le village de Saratoga se fit sans trop de
difficulté : c'était l'heure de la promenade; tous ceux qui nous connaissaient, Reid et moi, et ceux même qui n'avaient point cet honneur,
jetaient sur nous un regard interrogateur qui s'adressait à notre personne aussi bien qu'à notre corbeille. Notre silence résista à toutes
les tentatives des passants, et nous disparûmes bientôt dans la clai-
rière montueuse qui s'étend de Saragota aux sommets boisés de
l'autre côté desquels se trouve le lac.

La route était superbe et fort bien entretenue, quoiqu'elle traversât
un pays inculte et à peine défriché au tiers de son étendue. A droite
et à gauche nos yeux s'arrêtaient sur un plateau de verdure impénétrable, forêts respectées par la hache, dont la végétation dépasse tout
ce que l'imagination rêvait de plus splendide. Les cimes des pins se
mêlaient à celles des cyprès, les ormes coudoyaient les érables, les
châtaigniers enchevêtraient leurs racines et leurs branches à celles
des chênes. Et entre les arbres gigantesques croissaient les genévriers, les fougères, les ronces, les broussailles de toutes sortes,
emmêlés de lianes et de vignes vierges.

Mille bruits étranges se faisaient entendre dans ces solitudes et
troublaient le silence qui aurait dû y régner. Tantôt c'était le cri des
hiboux et des orfraies, ou le croassement des corneilles; le chant
des courlis ou ceux du moqueur, ce sansonnet du nouveau monde;
la plainte d'une cascade sur les parois d'une roche moussue : tantôt
c'était le serpent à sonnettes qui frôlait les grandes herbes; le coyote
qui, le poil hérissé, froissait les arbrisseaux placés sur sa route;
l'écureuil dans les arbres, les coqs de bruyère dans les clairières.
C'étaient des déchirements inouïs, des cris aigus, des plaintes
étranges. Le vent qui s'engouffrait dans cette forêt vierge se mêlait
à tous ces bruissements inconnus, et pénétrait mon âme d'une terreur dont mon camarade seul n'éprouvait pas les atteintes. Il est
vrai que Mayne-Reid revenait du Mexique, où il avait fait la guerre
à Santa-Anna avec les généraux Scott et Taylor, et que, sans compter tous les dangers courus par lui au milieu des combats de cette
étrange campagne, il s'était mille fois exposé, parmi les Indiens,
à la recherche d'une aventure imprévue, d'une émotion ou d'un
plaisir.

Nous n'avions à redouter aucun péril au centre d'un pays civilisé;
mais, quelque convaincu que je fusse de cette sûreté, je n'en éprouvais pas moins un sentiment indicible, produit par l'aspect d'une
nature sévère et toute nouvelle à mes yeux.

Tout à coup, au détour d'une route de traverse, un spectacle terrible s'offrit à mes regards. Des nuages de fumée obscurcissaient le ciel, une flamme dévorante s'enroulait autour des troncs d'arbres et crépitait avec un bruit pareil à la détonation d'un millier de carabines. Le feu avait pris à la forêt vierge par la négligence de quelques bûcherons, et l'on voyait ces pauvres diables, tout effrayés du désastre dont ils étaient la cause involontaire, assis sur la route et regardant d'un air hébété les progrès de la conflagration. Jamais

incendie plus grandiose ne s'était trouvé sur mon passage; et la prairie en feu au milieu de laquelle je m'étais vu près de périr en 1843 n'offrait pas aux yeux étonnés un tableau aussi effrayant que celui de ces arbres se tordant dans une suprême agonie et tombant tout à coup dans le brasier ardent.

Le cheval qui conduisait notre boggey manifestait certains sentiments de terreur, et relevait la tête comme s'il eût voulu s'emporter : Reid le retenait avec force; mais bientôt, au bruit causé par la chute d'un chêne, le quadrupède fit un bond et s'élança sur la route, sans songer qu'il lui fallait traverser une épaisse fumée et rencontrer peut-être le feu sous ses pieds.

Nous courûmes alors réellement un grand danger. Je songeais déjà à prendre mon élan et à sauter sur la route, au risque de me casser la tête ou tout au moins de m'enfoncer les côtes, lorsque le capitaine me retint d'une main ferme et me cria de ne point bouger, car il répondait de ma vie. Je fermai les yeux, tout en me cramponnant aux ferrures de notre véhicule, et, me recommandant à la Providence, j'attendis, persuadé au fond de mon cœur que j'étais un homme mort.

Cinq minutes, un siècle! s'écoulèrent, et bientôt Reid, qui n'avait pas perdu sa présence d'esprit, s'écria d'une voix sonore :

« Allons, mon cher, nous voilà de l'autre côté du foyer, et nous n'avons plus rien à craindre. »

J'ouvris les yeux, et devant moi j'aperçus un décor magnifique. La nature était calme, comme si rien de sinistre ne se passait à quelques mètres de l'endroit où nous nous trouvions. On eût dit que nous avions fait un rêve et que nous venions de nous réveiller. Le cheval lui-même avait compris que le danger n'existait plus, et, modérant sa fougue, il reprenait bientôt une allure plus sage, sans qu'il fût besoin d'appuyer sur le mors et les guides.

« Dieu soit loué! m'écriai-je à mon tour, nous l'avons échappé belle. »

Tandis que je prononçais ces paroles, une secousse incessante se faisait sentir dans le panier de notre balbuzard. J'en avertis Mayne-Reid, qui, me donnant les rênes à tenir, ouvrit la cage d'osier et trouva l'aigle les ailes étendues, se démenant comme un diable dans l'eau bénite. L'oiseau avait compris le péril imminent auquel nous étions exposés, et, à son tour recouvrant « sa présence d'esprit », il cherchait à prendre son essor. Reid le calma de la voix et du geste, et l'intelligent aigle pêcheur, se soumettant bientôt au vouloir magnétique de mon ami, reprenait sa quiétude ordinaire.

Pendant que tout ceci se passait, notre véhicule avait continué sa course. Reid, tout en replaçant sa corbeille à l'arrière du boggey, m'avait indiqué une route de traverse qui conduisait à l'hôtel du Lac, où nous nous dirigions, et à cinq heures et un quart nous franchissions la barrière du logis, sur le seuil duquel nous attendait le maître, la serviette sous le bras, le sourire sur les lèvres.

« *Welcome gentlemen!* je vous attendais. Marvin m'avait prévenu. Votre dîner est prêt, et si votre appétit est d'une ardeur égale à celle des fourneaux de mon *cook*, je serai ravi de voir *fonctionner vos mâchoires.* J'ai du champagne frappé et du médoc première que je vous recommande. Par lequel de ces deux vins commencerez-vous? par le moët, n'est-il pas vrai? Bien! Je vois que vous avez le goût fin. — Servira-t-on Vos Seigneuries? — Oui! — Parfait! halloa! *Boys!* chaud! chaud! et soyez attentifs aux moindres ordres de mes hôtes. »

Tandis que maître Gibson, propriétaire de l'hôtel du Lac, se laissait ainsi aller aux élans de sa faconde irlandaise, Mayne-Reid et moi nous étions descendus de voiture et nous avions confié le cheval et notre véhicule aux soins d'un nègre préposé au service des écuries. Gibson nous introduisit ensuite dans une élégante salle à manger, contiguë aux salons de réception, dont les fenêtres ouvraient sur une véranda au pied de laquelle venaient clapoter les flots de cette magnifique nappe d'eau sur laquelle, le soir même, nous comptions essayer notre balbuzard. L'oiseau ne devait pas manger : nous avions recommandé aux domestiques de ne point ouvrir son panier, et surtout de ne lui offrir aucun lambeau de viande. Un point essentiel pour que la pêche réussît, c'était que le balbuzard fût à jeun et qu'il eût suffisamment faim pour attaquer courageusement les saumons du lac.

Je passerai rapidement sur les détails du dîner préparé par le maître queux de l'honorable Gibson. Le repas était exquis, composé de viandes choisies, de poissons fins, de légumes savoureux, de fruits parfumés ; le moët ressemblait à de la neige fondue. Le médoc étalait ses rubis dans des verres mousselines. Le café, les liqueurs, tout fut apprécié *con amore,* et d'excellents régalias de Vuelta-Abajo complétèrent ce festin, dont Vuillemot lui-même, le célèbre chef du *Restaurant de France,* place de la Madeleine, eût volontiers signé la carte.

Tandis que nous nous oubliions ainsi, Reid et moi, au milieu des délices de Capoue, la nuit était venue, et, selon nos désirs, la chaste Phœbé paraissait à l'horizon, brillante et radieuse, étalant son disque argenté dans un azur parsemé d'étoiles. Sandy-Hair, le pêcheur du lac, vint nous arracher à notre rêverie béate, et, d'une voix nasillarde, le bon nègre nous avertit qu'il était temps de nous « confier aux caprices des flots ». Il s'empara de la corbeille du balbuzard, qu'il plaça sur sa tête comme l'eût fait une canéphore d'une manne de pain ; puis, de la main qui restait libre, il saisit un trident aux pointes acérées emmanché dans une hampe de sapin, et nous précéda, Reid et moi, dans les méandres d'un jardin anglais dont l'allée principale aboutissait à une anse au milieu de laquelle était amarrée une nacelle spacieuse.

« Bonne pêche, gentlemen ! » nous cria Gibson du haut de la véranda sur laquelle il nous avait accompagnés ; et nous lui répondîmes tous les trois par un *thank you* dont les accents furent repercutés par un écho invisible.

« Mes maîtres voudront bien observer un profond silence, fit tout à coup Sandy-Hair, tout en dégageant sa barque d'un lit de nénuphars sur lequel elle se balançait; le capitaine sait bien que c'est là un point important pour ne pas effaroucher les saumons. Une fois en pleine eau, ni vous ni moi ne communiquerons plus que par gestes.

— Voilà qui est convenu, » répliqua mon ami; et je fis à mon tour un signe affirmatif.

Le nègre se mit à nager vigoureusement pour se jeter dans le courant, et bientôt il n'eut plus qu'à maintenir son embarcation à l'aide de quelques coups de rame habilement ménagés de façon à ne point faire de bruit.

La surface de l'eau paraissait immobile, on eût dit une mer d'huile, et tandis que le nègre et mon ami interrogeaient l'espace autour d'eux, mes yeux s'égaraient à l'horizon et admiraient le panorama qui se déroulait à ma vue. Rien n'était plus grandiose que ces massifs de sapins et de cèdres au feuillage sombre sur lequel se reflétaient les lames argentées des rayons de la lune. Jamais décoration d'opéra n'avait produit sur mon imagination une plus émouvante impression. Devant nous une haute montagne, dont les déclivités disparaissaient sous des touffes de troènes, de pampres et de chênes nains. Tout autour du lac, jusqu'aux lèvres de la rive, les sapins et les cèdres hérissaient leurs branches feuillues et produisaient une ombre portée sur les eaux jusqu'à douze à quinze mètres du bord. A notre droite, un *log cabin,* demeure d'un bûcheron ou d'un *settler,* laissait, à travers les interstices d'une porte mal jointe, tamiser le rayon d'une lumière intérieure. Une fumée blanchâtre s'échappait par une cheminée façonnée dans un tuyau d'argile recouvert de gazon. Un îlot planté de sapins se trouvait à notre gauche. Sandy-Hair dirigea notre embarcation dans l'ombre de ce massif de verdure, et il nous prévint par un signal qu'il était temps de songer à donner à Jonathan le plein pouvoir de sa liberté.

Reid et moi nous ouvrîmes la corbeille, et laissâmes le balbuzard maître d'agir comme bon lui semblerait. Nous avions facilement deviné, aux mouvements de l'eau, que le poisson abondait dans ces parages. Tantôt, au remous qui troublait la limpidité de la surface du lac, nous comprenions que le « squamée » frôlait l'épiderme de l'onde.

Le balbuzard secoua d'abord ses ailes; puis il dressa son cou, étira ses jambes, aiguisa ses serres et affila son bec; enfin nous le vîmes tout à coup prendre son vol, planer immobile à cinquante mètres au-dessus de nos têtes, et se laisser bientôt tomber, avec la rapidité d'une flèche, sur un point noir qui se montrait à une portée de fusil de notre embarcation. Les éclaboussures de l'eau nous empêchèrent d'abord de distinguer sur quelle proie Jonathan s'était jeté; mais bientôt, lorsque l'oiseau eut pu enfoncer ses serres dans l'échine du poisson, nous le vîmes soulever un énorme saumon, que des efforts répétés ne purent point sauver de cette terrible étreinte. En vain, tant qu'il demeura à la surface de l'eau, multiplia-t-il ses violents coups de

queue, en vain s'efforça-t-il de « se faire pesant » pour entraîner son ennemi dans les profondeurs du lac; tout cela fut inutile. Le balbuzard remporta la victoire, et nous le vîmes s'élever à une vingtaine de pieds au-dessus des eaux, tenant comme dans un étau un magnifique poisson aux écailles argentées.

Sandy-Hair connaissait la manœuvre à suivre en pareille occurrence, et, sur un signe de Mayne-Reid, il pagaya dans la direction de l'aigle pêcheur, que mon ami rappela à l'aide d'un cri particulier auquel l'oiseau se rendit de la meilleure grâce.

Un instant après Jonathan déposait au fond de notre barque un magnifique saumon. Suivant l'ordinaire, le poisson avait les yeux crevés; car, afin de s'emparer de sa proie d'une manière plus facile, le balbuzard s'était empressé de l'aveugler. En deux coups de bec l'affaire avait été faite.

Je ne pouvais en croire mes yeux. Le spectacle étrange de cette pêche fantastique me tenait sous l'impression d'un rêve inouï, et, pour sortir de la stupéfaction dans laquelle je me trouvais, il fallut que Mayne-Reid m'eût glissé ces mots à l'oreille :

« Attention! Jonathan va reprendre son vol. »

En effet, l'aigle pêcheur, qui avait senti la présence d'un autre saumon dans le sillage de notre barque, s'était élancé, et, prenant un parti rapide, s'élevait à une cinquantaine de pieds au-dessus de notre tête. Il plana ainsi quelque temps dans l'espace, et, comme la première fois, se laissa choir prompt comme le trait lancé par l'arc d'un Peau-Rouge. Un énorme saumon se débattit en vain dans les serres de l'oiseau de proie, qui, docile à l'appel de Reid et de Sandy-Hair, vint encore déposer sa nouvelle proie sur la planche du bateau. Cinq fois l'intrépide Jonathan renouvela cette pêche miraculeuse; cinq fois il prit son vol, et réussit à atteindre le but vivant qui se débattait en vain dans l'élément liquide.

A la sixième tentative, pendant que Jonathan planait au-dessus du lac, un coup de feu éclata sur le rivage, dans la direction du *log cabin* dont j'ai déjà parlé; et quelle ne fut pas notre douleur, lorsque nous vîmes tous les trois notre aigle tourner sur lui-même, et tomber bientôt inerte à la surface de l'eau pour ne plus se relever!

En quelques mots, voici ce qui était arrivé. L'habitant du *log cabin,* qui pêchait tranquillement devant sa masure, avait aperçu l'aigle, sans se douter que nous nous trouvions à quelques pas de lui, cachés comme nous l'étions par les ombres des sapins de l'îlot, et, s'imaginant voir en Jonathan un de ces déprédateurs libres que tous les chasseurs se hâtent de détruire quand ils les trouvent à leur portée, il avait cru accomplir un acte de haute justice en tirant un coup de carabine sur l'oiseau de maître Marvin.

Reid, Sandy-Hair et moi nous nous étions hâtés de descendre sur la rive et de courir à la cabane du misérable dont l'adresse fatale venait de nous jouer un aussi vilain tour, dans l'intention charitable de le corriger de telle sorte, qu'il n'eût plus jamais envie de recommencer; mais le propriétaire du *log cabin,* un Yankee pur sang, nous désarma par son sang-froid et par la logique de ses réponses, faites d'un ton nasillard particulier à sa race.

« *Well!* comment pouvais-je savoir que cette *vermine* était un savant, un oiseau digne d'être nourri avec des langues de chat et de becfigues, plutôt qu'un misérable forban des airs, tout au plus bon à être empaillé? C'est le balbuzard de M. Marvin de l'*United States Hotel*, dites-vous? J'en suis fâché; mais qu'y puis-je faire? Rien, si ce n'est de le remplacer; et justement, gentlemen, je crois que cela ne sera pas aussi difficile que vous pourriez le penser : j'ai découvert l'autre jour, dans une roche qui se trouve à l'extrémité nord du lac, une aire où, selon toute probabilité, il y a des œufs, sinon des petits. Le père et la mère sont de la plus belle espèce, plus gros que Jonathan! — un nom de chrétien à un pareil mécréant! Hélas! quel malheur! ajouta-t-il entre deux parenthèses; mais n'importe! — Donc, je veillerai à la nichée, et, dès que les aigles seront forts, je vous donne ma parole d'honneur que je m'emparerai d'eux..., après les avoir rendus orphelins. Les jeunes aiglons seront tous remis à M. Marvin; j'ose espérer qu'il voudra bien excuser ma maladresse. »

Il fallut bien que Reid et moi nous nous contentassions de ces excuses; mais le plus difficile était de faire accepter, sans trop de reproches, la triste nouvelle de la mort de Jonathan à son propriétaire. Après maintes propositions pour lesquelles notre hôte, M. Gibson, voulut bien nous donner ses conseils, l'avis qui fut émis par moi prévalut sur tous les autres.

Nous resterions vingt-quatre heures à l'hôtel du Lac, en employant de notre mieux nos heures de loisir à la pêche, à la chasse ou à la promenade, et, pendant ce temps-là, Sandy-Hair serait dépêché à M. Marvin, porteur d'une lettre dans laquelle Reid et moi nous lui apprendrions collectivement la fin malheureuse de Jonathan et la promesse faite par son meurtrier.

Sandy-Hair revint le lendemain à midi. Marvin, comme un vrai gentleman, avait supporté en héros la nouvelle fatale; il nous répondit très amicalement, déclarant nous savoir beaucoup de gré des soins que nous avions pris pour réparer la perte qu'il avait faite; mais seulement, ajoutait-il en exprimant un doute, cette « canaille » de Yankee tiendra-t-il sa promesse?

« Eh! parbleu! me dit alors Reid, que n'allons-nous encore rappeler sa parole à l'assassin de Jonathan?

— Excellente idée, » répliquai-je; et, sans attendre la fin de notre déjeuner, nous nous jetâmes dans l'embarcation de Sandy-Hair, armés de deux beaux fusils que notre hôte avait bien voulu nous prêter.

Le Yankee était assis devant sa porte, fumant sa pipe, lorsque nous arrivâmes en face du *log cabin*. Après avoir écouté la lecture de la missive de Marvin, il nous proposa de l'accompagner à l'aire des balbuzards, afin de savoir par nous-mêmes ce qu'elle contenait. Cette pensée était fort de notre goût; aussi reçûmes-nous dans notre barque ce nouveau pilote, porteur d'une longue carabine, la même au moyen de laquelle il avait commis le crime de la nuit précédente.

Une heure après notre départ, nous parvenions au pied d'un roc escarpé dont la base plongeait à pic dans les eaux du lac. On apercevait distinctement l'aire à une vingtaine de mètres en dehors du rocher, moitié bâtie dans une fissure, moitié placée sur le tronc d'un arbrisseau donc les racines adhéraient à la paroi extérieure de la pierre. Suivant toute probabilité, à cette heure de la journée l'aire était déserte; le père et la mère chassaient pour leur compte ou pour les besoins de leur progéniture.

Le Yankee, s'étant débarrassé de son habit, se hissa dans les fentes de la roche, et en quelques minutes parvint de branche en branche, d'arête en saillie, nez à nez avec la demeure conjugale des aigles pêcheurs.

« Victoire! hourra! l'entendîmes-nous s'écrier; il y a trois aiglons, et bons à prendre! Nous sommes venus à point nommé. Les petits drôles ont déjà les gros « canons », et dans trois jours ils se seraient échappés. Il faut se hâter de les emporter; car le père et la mère ne doivent pas être éloignés. Attention là-bas! je vais m'occuper du dénichement. »

Une longue ficelle dont le Yankee s'était muni et un mouchoir « de famille » lié par les quatre coins servirent à opérer trois descentes, celles des trois aiglons, douillettement emmaillotés dans les replis du vaste *handkerchief*.

Au moment où la troisième capture s'opérait de la manière dont je viens de faire part à mes lecteurs, Sandy-Hair attira mon attention sur deux points noirs qui se dessinaient au mileu de l'azur.

« Voici le *pa* et la *ma,* m'assura-t-il ; gare au Yankee s'il ne descend pas bien vite.

— Alerte ! s'écria Mayne-Reid, hâtez-vous, là-haut ! voilà les aigles. »

Le Yankee ne se fit pas répéter ce sage avertissement : nous le vîmes dévaler les degrés plus vite qu'il ne les avait escaladés, et à peine touchait-il du pied l'avant de la barque, que les deux balbuzards parvenaient à l'entrée de leur aire.

« Feu ! » s'écria Mayne-Reid en s'adressant à moi.

Une double détonation se fit entendre, et les deux oiseaux, atteints mortellement, vinrent tomber, en ricochant sur les branches et sur les rochers, jusqu'à la surface de l'eau. Ces balbuzards mesuraient 1 mètre 90 centimètres d'envergure, et leur plumage était si beau, qu'il fut décidé à l'unanimité que leur peau serait envoyée au Barnum's Museum, à New-York, pour y être empaillée par le « Verreaux » de la cité impériale. Le pauvre Jonathan obtint les mêmes honneurs, trop faible récompense de ses mérites et de ses vertus.

Quant aux trois balbuzards de l'aire du lac, deux d'entre eux seulement ont vécu et prospéré.

Un de mes amis, qui habite encore les États-Unis, m'écrivait dernièrement en m'envoyant les bons souvenirs de maître Marvin, et il ajoutait, en manière de *post-scriptum,* que les aigles de l'*United-States Hotel* se portaient à merveille, et approvisionnaient, comme leurs devanciers, la cuisine de leur heureux propriétaire de tous les plus beaux saumons du lac de Saratoga.

Cinq mois après l'événement que je viens de raconter, le Yankee assassin était mort noyé dans le lac, et on retrouva son corps à moitié dévoré par les oiseaux de proie... Jonathan était vengé !

IV

LES HUITRES DE MILK-POND

Le bonhomme la Fontaine (quel bonhomme!), cet admirable sournois qui, sans en avoir l'air, était un génie, a écrit, dans une de ses fables, le plus bel éloge qu'on puisse faire de l'huître. Ce sont deux amateurs de mollusques qui trouvent l'un d'entre eux sur le sable de la mer, l'avalent des yeux, se le montrent du doigt et finissent par se le disputer. L'un dit :

> « Celui qui le premier a pu l'apercevoir
> En sera le gobeur; l'autre le verra faire.
>   — Si par là l'on juge l'affaire,
> Reprit son compagnon, j'ai l'œil bon, Dieu merci.
>   — Je ne l'ai pas mauvais aussi,
> Dit l'autre; et je l'ai vue avant vous, sur ma vie !
> — Eh bien, vous l'avez vue, et moi je l'ai sentie. »

Perrin Dandin, — un juge, — passe par là; on le prend pour arbitre; mais qu'arrive-t-il? c'est qu'au lieu de songer à qui a droit, l'homme à la robe noire s'empare de l'huître, l'ouvre, la gruge (tout cela *gravement,* j'en conviens), « donne à chacun une écaille, » et ordonne « qu'en paix chacun chez soi s'en aille ».

Certes, il faut que les huîtres aient des charmes bien puissants, bien irrésistibles, pour que deux saints hommes comme nos pèlerins se disputent à ce point la conquête de l'une d'elles, pour qu'un juge consente, influencé par ses charmes, à commettre un aussi révoltant déni de justice et surtout à renvoyer les parties sans dépens. Dans ces faits, il n'y a pas que l'éloge de l'huître; c'en est l'apothéose.

L'huître est une des créations de la nature que l'on rencontre partout, dans toutes les mers, et qui a servi de mets à l'homme dans les âges les plus reculés [1]. Aliment léger, agréable, salubre, sa digestibilité est telle, qu'on a vu des amateurs en ingérer cinquante et même quatre-vingts douzaines sans ressentir la moindre incommodité. Il en est même, assure-t-on, qui déjeunent à la suite d'un pareil préliminaire, comme s'ils n'avaient absolument rien pris.

Ce n'est pas là le seul parti qu'on tire des huîtres. L'eau qu'elles renferment se compose de sulfate de magnésium, de sulfate de chaux et d'osmazome; elle rétablit la liberté des voies digestives, biliaires et urinaires. Avec les écailles, on amende les terres, on fait des absorbants.

Aux États-Unis, où, selon moi, les mollusques sont préférables à tous leurs congénères du monde entier, on fait une grande consommation d'huîtres. C'est là le mets national : huîtres au naturel, assaisonnées de vinaigre, de piment, de poivre gris et de sel, soupe aux huîtres, huîtres frites, huîtres en sauce, huîtres conservées (*pickled oysters*) comme les cornichons, les choux-fleurs ou les petits oignons. Puis les monceaux d'écailles, ramassés avec soin, sont transportés à la campagne, triturés et jetés en poudre sur les champs que l'on veut fumer. De cette façon rien n'est perdu du contenant et du contenu [2].

---

[1] Les plus anciens naturalistes parlent des huîtres. C'était sur les écailles de ces mollusques que les Athéniens écrivaient leurs suffrages et dictaient leurs arrêts ; le mot ostracisme dérive du mot grec ὄστρεον, qui signifie huître. Il paraît impossible qu'avant de se servir du contenant les Athéniens n'eussent mis à profit le contenu.

Au dire de Pline, un spéculateur romain, Sergius Crata, imagina le premier de creuser des viviers aux environs de Baïes pour y engraisser les huîtres, particulièrement celles du lac Lucrin, qui acquirent alors une grande réputation à cause de leur saveur agréable. Cette invention remonte au temps de l'orateur Lucius Crassus, avant la guerre des Marses. Mais déjà, au temps de Pline, les Romains avaient reconnu la supériorité des huîtres de l'Océan sur celles de la Méditerranée. On en expédiait en Italie, pendant l'hiver, enveloppées de neige et suffisamment comprimées pour empêcher la coquille de s'ouvrir. Vitellius en mangeait, disent les historiens, quatre fois par jour et *douze cents* à chaque repas. Quel estomac ! quelle capacité !

[2] Quelques-uns de mes lecteurs ne seront peut-être pas fâchés d'être renseignés sur la nature des huîtres. C'est à leur intention que je place ici la note que voici :

Les caractères de l'huître sont les suivants : forme généralement ovale, quelquefois ronde ou allongée, non symétrique; coquille assez épaisse, nacrée dans son intérieur, plus ou moins grossièrement feuilletée ou lamelleuse à l'extérieur. L'animal a la tête, ou partie munie de la bouche, correspondante aux crochets et aux ligaments qui réunissent les valves; sa partie postérieure, plus large, correspond au bord libre des valves. Le manteau

Sur toutes les côtes de l'Atlantique, les huîtres abondent et alimentent la population : les baies, les anses des États de New-Jersey, du Massachusetts, du Delaware, de la Virginie, des deux Carolines, de la Georgie, de la Floride, de la Louisiane, du Texas, regorgent d'huîtres qui atteignent une taille monstrueuse et sont d'un goût exquis[1]. Dans les États du Nord, les huîtres sont plus petites, quoique toujours excellentes. On les trouve partout attachées aux parois des rochers et aux racines d'arbre. Elles restent là dans l'immobilité la plus complète, fixées les unes aux autres, formant ces bancs d'huîtres où les pêcheurs vont recueillir les bivalves pour en former des parcs, où elles sont nourries de farine de maïs, de son et de légumes, ce qui leur donne des qualités de haut goût que l'on n'apprécie qu'à la dent et au palais. Ce réservoir d'eau salée a d'ordinaire de trois à quatre pieds de profondeur, et communique à la mer au moyen d'un conduit par lequel l'eau peut entrer et sortir.

(peau mince et transparente qui revêt tout le corps de l'huître) est fort ample et formé de deux lobes séparés l'un de l'autre dans toute leur circonférence, excepté au-dessus de la bouche, où il forme une sorte de capuchon qui la recouvre ; ce manteau, épaissi à ses bords, est pourvu de deux rangs de cils ou de tentacules très sensibles, musculaires et rétractiles ; il est formé de deux feuillets, dans l'intérieur desquels se sécrète une matière jaune, qui n'est autre chose, suivant l'opinion la plus commune, que des œufs.

L'huître n'a pas d'organes locomoteurs ; la vue, l'ouïe, l'odorat paraissent aussi lui manquer. Elle adhère à sa coquille par un seul muscle assez puissant. L'appareil de nutrition est mieux dessiné que celui de relation : la bouche est grande, simple, très dilatable, placée à la partie antérieure de la duplicature du manteau, en dedans de l'espèce de capuchon formé par la jonction des deux lobes, et garnie de deux paires de tentacules. La bouche conduit dans l'estomac, qui est une poche à parois très minces placée dans l'épaisseur du foie, lequel est volumineux, de couleur brune, et présente une foule d'ouvertures pour donner issue à la bile sécrétée ; l'intestin se contourne plusieurs fois dans le foie, puis aboutit vers le milieu du dos, où il se termine par un orifice flottant et infundibuliforme.

Les organes respiratoires se composent de quatre feuillets inégaux en longueur. L'appareil de la circulation se compose d'un cœur piriforme, placé entre le muscle adducteur dont il a été parlé et les viscères. Du cœur part un gros tronc aortique qui se divise en trois branches : une pour la bouche et les tentacules, une pour le foie et les organes digestifs, enfin la troisième pour toute la partie postérieure du corps.

Les huîtres sont hermaphrodites ; elles se reproduisent sans accouplement. Au commencement du printemps elles rejettent un frai assez semblable à une goutte de suif, et dans lequel on distingue à la loupe une multitude de petites huîtres toutes formées qui s'attachent aux rochers, aux pierres, les unes aux autres, à tout corps solide qui se trouve à leur portée.

La coquille est formée par l'enveloppe membraneuse à laquelle on a donné le nom de manteau. Dans l'épaisseur du feuillet de ce manteau on remarque une trame organique dans laquelle sont sécrétés en grande abondance des granules calcaires. Ces granules, détachés avec la matière organique qui les enveloppe, servent à accroître l'épaisseur du test.

1 La nourriture des huîtres, dans l'état sauvage, se compose de frai et de débris de toutes sortes. La durée de leur vie n'est pas connue. On sait seulement qu'une huître, pour atteindre la grosseur de celles de nos marchés, exige trois ans. Il est probable qu'elles ne vivent pas au delà de dix à quinze ans.

Des naturalistes américains divisent en trois espèces les huîtres comestibles qui vivent sur les côtes orientales de l'Amérique du Nord: l'huître de la Virginie, l'huître boréale, l'huître canadienne. Les différences avec les huîtres d'Europe sont tellement tranchées, qu'aucune confusion n'est possible, et qu'il suffit d'un simple examen pour se convaincre qu'elles constituent une espèce à part.

L'huître américaine existe sur les côtes avec une profusion qui semble en avoir fait une manne providentielle pour les populations. Depuis les provinces britanniques jusque dans le golfe du Mexique, elles forment partout des bancs inépuisables qui, sans une pêche continuelle, finiraient dans certaines localités par créer des écueils, modifier les courants, obstruer les passages, et, en un mot, paralyser la navigation. Abondantes partout, quelques parages paraissent néanmoins leur convenir plus particulièrement encore, et de ce nombre sont les côtes de New-Jersey, de l'île Long-Island, du Connecticut, du Rhode-Island, les rivages de l'embouchure de la Delaware, et surtout ceux de cette magnifique baie de la Chesapeake, véritable grenier d'abondance, où chaque année des centaines de navires viennent s'approvisionner du précieux mollusque pour le transporter de là sur tous les points du littoral.

La baie de Chesapeake est un magnifique bassin où la Providence semble s'être complu à accumuler toutes les conditions qui pouvaient en faire une localité exceptionnelle pour la culture des huîtres. Accessible aux plus grands bâtiments, elle reçoit en outre un grand nombre de fleuves et de rivières navigables, dont les plus importants sont le Susquehannah, le Potomac, le Rappahannock, la rivière d'York et le Saint-James's River.

La masse d'eau douce versée journellement dans son sein par ces cours d'eau, le peu de largeur de l'entrée donnant accès à la marée, tout contribue à rendre les eaux de la baie de Chesapeake moins salées que celles de l'Océan, circonstance qui favorise la production naturelle des huîtres. Il faut ajouter encore que dans toute leur étendue les rivages de la baie, découpés en une multitude de golfes, de criques, etc., sont parsemés de petites îles qui augmentent le développement du littoral et déterminent une foule d'abris favorables à la multiplication des poissons et des mollusques.

La production des bancs de la baie s'est élevée, en 1858, à vingt millions de boisseaux. On comptait qu'à cette époque dix mille personnes environ étaient employées à la pêche ainsi qu'aux travaux des plantations établies sur le rivage.

Quand on ne consomme pas les huîtres crues, on les mange en

soupe, à l'étuvée, rôties, au gratin, en pâtés, etc. A New-York, on compte plus de trois cents établissements, connus sous le nom de *oyster houses*, maisons d'huîtres, richement décorés et situés dans les plus beaux quartiers de la ville. Ils sont fréquentés par la bourgeoisie, principalement la partie commerçante, qui va souvent y prendre le repas du milieu du jour. La soupe aux huîtres est une des préparations que les Américains affectionnent le plus, et il leur est assez habituel, pendant la saison d'hiver, d'en aller manger dans les *oyster houses* en sortant du théâtre. Elle est tellement populaire, qu'elle s'est introduite jusque dans les grands bals, où elle apparaît inévitablement vers le matin, pour réparer les forces des danseurs.

Les écailles d'huîtres donnent lieu à différentes industries qui ne laissent pas que d'être importantes. Comme je l'ai déjà dit, on les utilise dans l'agriculture pour amender les terres où les substances calcaires n'existent pas en quantité suffisante. On s'en sert pour macadamiser les routes et faire dans les jardins d'agrément des allées qui acquièrent par l'emploi de cette substance une blancheur éclatante. Enfin, en les brûlant, on obtient une excellente chaux, très employée dans les bâtisses au bord de la mer.

En 1857, les écailles provenant des maisons d'expédition de Baltimore étaient réputées donner lieu à un mouvement d'affaires de plus de 600,000 francs.

Avant la guerre, les fours à chaux de M. Barnes, à Fair-Haven, brûlaient annuellement plus de 250,000 boisseaux d'écailles. Maintenant, sur la côte des États-Unis, de nombreuses usines s'occupent de cette industrie. — Le boisseau de chaux d'écailles d'huîtres se vend de 12 à 13 cents.

Aux États-Unis, la culture des huîtres donne des revenus tellement certains, qu'elle est une des industries où les faillites sont, pour ainsi dire, inconnues ; et l'étude des points du littoral où elle peut être établie est maintenant si complète, que les planteurs n'ont, pour ainsi dire, à redouter aucune cause d'insuccès. Il y a quelques années, les bénéfices s'élevaient à plus de 50 pour cent des capitaux engagés ; mais à mesure que la consommation s'est plus étendue, et qu'un plus grand nombre de personnes s'est occupé de ce commerce, les bénéfices, bien que toujours élevés, ont été ramenés à un taux plus raisonnable.

Dans toute l'étendue de l'Amérique du Nord, comme en France, la pêche est défendue dans les mois de mai, juin, juillet et août. Un préjugé qu'on peut qualifier de salutaire veut que, pendant ces quatre mois où manque la lettre R, les huîtres soient malsaines et, qui plus est, détestables. Les huîtres sont bonnes dans toutes les saisons; mais pendant les quatre mois ci-dessus le ventre de l'animal prend une couleur blanche, parce que l'ovaire s'est étendu : c'est le moment du frai. La loi et le préjugé se trouvent ici heureusement d'accord.

La pêche s'exécute à l'aide d'une *drague (oysters drag),* sorte de pelle en fer recourbé, garnie d'une poche en cuir ou d'un filet 'en grosse corde, et attachée solidement à l'arrière d'un bateau. Cette embarcation, poussée par le vent, entraîne la drague, laquelle, comme le ferait un râteau, recueille les huîtres, qui vont s'entasser dans la poche placée à l'arrière. On enlève quelquefois jusqu'à douze cents huîtres d'un seul coup. Ces huîtres, pêchées à la mer à l'état sauvage, sont apportées aux parcs, où on les place dans leur position naturelle, c'est-à-dire horizontalement, la valve bombée en dessous, sur une partie de la hauteur du talus, assez profondément pour qu'elles ne puissent être que difficilement atteintes par les voleurs, et cependant pas trop, pour éviter le plus possible le dépôt de la vase. Si l'amareilleur [1] (on donne ce nom à l'homme chargé de gouverner un parc) a placé convenablement les huîtres, s'il les remue avec précaution, et surtout s'il évite de former le dépôt vaseux qui tend toujours à se faire (et pour cela il lave les parois du parc en jetant de l'eau sur les huîtres, préalablement et momentanément mises à sec), plus tôt il aura rendu ses huîtres bonnes et marchandes. Il doit rejeter avec soin celles qui sont mortes, ce qui est très aisé à reconnaître : ce sont celles qui restent entre-bâillées quand l'eau est retirée.

Les crabes sont très avides des huîtres, et ils se glissent avec le flux dans les parcs; les moules, les étoiles de mer, qui sucent l'animal avec leur trompe, les pétoncles, sont aussi des ennemis dangereux qu'il faut combattre.

Il y a encore, parmi la gent ailée, un oiseau qui fait la chasse aux huîtres et en mange de très grandes quantités. Ce bipède ailé appartient à la race des échassiers : c'est l'huîtrier (*hæmatopus ostralagus*), craintif, vigilant, se tenant sans cesse sur ses gardes, et prenant, lorsqu'il marche sur les grèves, un certain air de dignité qui rehausse la beauté de son plumage blanc et noir, et de son bec de corail. Sur les bancs d'huîtres, l'*hæmatopus* se sert de ce bec recourbé comme d'un ciseau qu'il insinue de côté, entre le roc et l'écaille, afin de mieux saisir le corps de ces pauvres mollusques

---

[1] *The surveyor.*

au moment où les deux valves s'entr'ouvrent. Puis il s'envole lentement, poussant un cri lamentable : *wheep wheep*, rasant l'eau et se rendant sur un rocher préféré où il mangera sa proie sans crainte d'être dérangé. Mauvais giber, l'huîtrier n'est généralement tué que par les amareilleurs, qui agissent en cela comme les gardes de nos propriétés avec les pies, les émerillons, les éperviers, les buses et les oiseaux de proie.

Les meilleures huîtres des États-Unis sont les *shrewsberg* et les *milk-pond oysters*. On fabrique également dans le Rhode-Island des huîtres vertes [1]; mais elles sont peu estimées à cause de leur goût de cuivre. Il y a ensuite les huîtres à perles, et c'est la pêche de ces mollusques que je vais décrire en terminant ce chapitre.

Jusqu'en 1856, on s'était imaginé que les huîtres perlières ne se trouvaient que dans les mers des Indes, de la Chine, la mer Verte, le golfe Persique et la Californie. A cette époque, lors des événements

---

1 Les huîtres vertes sont absolument de la même espèce et proviennent des mêmes lieux que les huîtres blanches, et l'on peut verdir celles-ci à peu près à volonté. Pour cela, on choisit un parc en général assez petit, et l'on y fait entrer l'eau de la mer, qu'on y conserve plus ou moins de temps sans la changer. Quand les cailloux qui en tapissent les parois commencent à verdir, on y met les huîtres; mais on est obligé de les placer avec beaucoup plus de précaution que l'on ne fait pour les huîtres ordinaires, et de manière qu'elles ne soient pas les unes sur les autres. Il en résulte que, dans un espace donné, on peut à peine placer, en huîtres à verdir, le tiers des huîtres ordinaires qu'on y aurait mises. Quelquefois il suffit de trois jours pour que les huîtres acquièrent une légère couleur verte; mais il faut un mois pour qu'elles soient plus foncées. Les huîtres ne verdissent ni dans les mois d'hiver ni dans ceux de grande chaleur. Il faut pour cela une température modérée, comme celle de mars, d'avril, de septembre et d'octobre. Les temps de pluie et d'orage sont défavorables, ainsi que l'agitation de l'eau, par le vent du nord surtout. En général, il est des années où les huîtres verdissent aisément, tandis que dans d'autres à peine peuvent-elles changer de couleur. On attribue cette verdeur au mélange de l'eau douce et de l'eau salée, à l'action solaire, au vent du nord-ouest, à la nature du sol, à la température.

que je vais raconter, on dut ajouter les États-Unis d'Amérique à la nomenclature des pays où l'on récolte des perles.

De temps à autre, en pêchant des huîtres à *Milk-Pond,* les amareilleurs avaient découvert des perles d'une grosseur équivalant à celle d'une tête de clou ordinaire; mais un jour un propriétaire de l'endroit, s'ouvrant à lui-même une ou plusieurs douzaines pour son déjeuner, sur place, devant son parc, fut bien étonné de découvrir que chacune de ces huîtres, — à peu d'exceptions près, — contenait une perle variant, pour la grosseur, de celle d'un petit pois à celle d'une noisette. Il y en avait dans le nombre qui, — présentées par lui à MM. Tiffany et Young, les riches joailliers de New-York, lui furent payées de deux à trois mille francs, et dont la valeur réelle était de cinq à huit mille francs pièce, comme l'apprit plus tard notre pêcheur. En Orient [1], le vrai marché des perles, Jack

[1] Les Orientaux ont toujours une passion prononcée pour ces « gouttes de rosée solidifiées », ainsi qu'ils nomment ces belles perles qui s'étalent avec pompe et magnificence sur leurs beaux costumes.

Les Hébreux, voisins du golfe Persique, où se pêchent les plus belles perles, ont dû en connaître l'usage de bonne heure. Job, dans les livres saints, est l'auteur qui en parle le premier; il dit que « la pêche de la sagesse est de beaucoup préférable à celle des perles », et cette substance précieuse est très souvent citée dans le livre des Proverbes.

Après les conquêtes d'Alexandre, lorsque la domination des rois Macédoniens fut établie dans tout l'Orient, le luxe y fut porté au plus haut degré, et les perles formaient des bijoux très estimés.

A l'époque de leur plus grande splendeur, les Romains portaient des vêtements brodés de perles; les dames romaines s'en couvraient les bras et les épaules, et les faisaient ruisseler dans leurs cheveux.

La valeur de ces bijoux approche de celle du diamant. Jules César présenta à Servilie, mère de Brutus et sœur de Caton, une perle estimée plus de 1 100 000 fr. de notre monnaie.

Les fameuses perles qui ornaient les oreilles de Cléopâtre coûtaient 3 800 000 fr. Dans une fête donnée par Antoine, buvant à son vainqueur, la reine d'Égypte jeta une perle dans une coupe de vin et ingurgita une valeur dépassant 1 500 000 fr.

Un fait certain c'est que, bien avant la découverte du nouveau monde, les peuples sauvages de l'Amérique se paraient de colliers et de bracelets en perles fines. Il y a deux siècles, une perle fut achetée à Caltfa par le voyageur Tavernier, et vendue au schah de Perse pour 2 750 000 fr. Philippe II d'Espagne reçut de l'île Marguerite (côte de Colombie) une perle qui pesait 25 carats et estimée 800 000 fr.

Un prince arabe de Mascate a possédé la plus belle perle qui soit au monde, dit-on, non pas à cause de sa grosseur, mais parce qu'elle était si claire et si transparente, que l'on voyait le jour au travers. Elle ne pesait que 11 carats et un seizième; il refusa cependant de la donner contre 100 000 fr. Le schah de Perse actuel possède un long chapelet dont chaque perle est à peu près de la grosseur d'une noisette. Ce joyau est inappréciable. A l'exposition universelle de 1855, la reine d'Angleterre nous a fait voir de magnifiques trésors en perles fines, et l'empereur des Français nous a montré une collection de 408 perles pesant chacune 16 grammes, d'une forme parfaite et d'une belle eau; elles valent ensemble plus de 500 000 fr.

Il y avait aussi à cette exposition une perle grosse comme un œil de perdrix et d'un magnifique orient; elle était évaluée un grand prix par les connaisseurs, et si l'on pouvait lui trouver son pendant, ces deux perles seraient alors, toutes deux ensemble, d'une valeur qu'on ne saurait fixer.

Minton, — tel était le nom du propriétaire de Milk-Pond, — fût devenu archimillionnaire en peu de temps.

Le hasard, — ce grand maître de tant de choses, — amena certain matin maître Jack sur les bords de la mer, dans une anse de l'État de New-Jersey, non loin de son parc de Milk-Pond. C'était au mois de juin ; il faisait très chaud, et, comme il avait envie de prendre un bain, notre héros se déshabilla et se jeta à l'eau. Tout en batifolant, en plongeant sous la vague, Jack ramassa quelques huîtres

qu'il rencontra sous sa main ; puis, revenant au rivage, il prit son couteau, tout en se séchant au soleil, et se mit à ouvrir la demi-douzaine de mollusques qu'il avait recueillie.

Quel ne fut pas son étonnement, en séparant les deux écailles de la première, de trouver sur l'une des parois une perle dont la grosseur, le brillant, le chatoiement et la teinte l'éblouirent et lui firent pousser un cri de joie !

Après l'avoir doucement détachée, examinée, pesée et admirée, Jack Minton se rappela qu'il avait là d'autres huîtres, lesquelles peut-être étaient de la même espèce et recélaient une perle. Il ouvrit donc successivement les cinq autres mollusques, dans lesquels il trouva trois autres spécimens de la plus belle race, quoique moins grosses que la première.

« *Good God!* s'écria-t-il, aurais-je découvert une nouvelle Californie? Voyons encore, si ce n'est pas l'effet du hasard.

— Part à deux! » s'écria au même instant un grand escogriffe appartenant à cette classe de *b'hoys* dont j'ai précédemment parlé.

Cette exclamation fit retourner maître Jack, qui aperçut, à quelques mètres au-dessus de sa tête, son interlocuteur étendu à l'entrée d'une grotte cachée dans le rocher, d'où, sans être vu, il avait aperçu toutes les évolutions du pêcheur, assisté à sa pêche et entendu ses paroles imprudentes.

« Part à deux! répéta Jack. Que voulez-vous dire, mon cher?

— Oh! ne faites pas le malin avec moi. J'ai tout vu et n'ai pas besoin de vous demander permission pour me jeter à l'eau, plonger, ramasser des huîtres et y trouver des perles. Seulement, si vous l'aimez mieux, nous pourrons nous associer, et l'affaire deviendra productive. »

Jack s'était mordu les lèvres de dépit et de rage; mais il lui fallait faire contre fortune bon cœur.

« Soit! répliqua-t-il, soyons associés. Il va sans dire qu'il est de notre intérêt de ne point divulguer notre découverte. Maintenant il est juste de convenir que l'un ne pêchera pas sans l'autre, n'est-ce pas? et que la vente des perles sera également partagée entre nous deux. A propos, comment vous appelez-vous?

— Drake! Junius Drake, pour vous servir.

— Voici ma main, mon cher Drake. C'est convenu, continuons la pêche en bons frères, en amis. »

Sur ces paroles, Jack se jeta à l'eau, exemple qui fut promptement imité par son compagnon.

Pour abréger et aller droit au but, je dirai qu'avant la fin de la journée les deux associés avaient recueilli trois cents huîtres environ, et trouvé soixante et onze perles. La plupart étaient de la grosseur d'une petite noisette et les plus petites de celle d'un petit pois. Mais toutes étaient rondes et dodues, bleuâtres et irisées [1].

---

[1] La forme de la perle fine dépend de la situation où le hasard a placé le noyau ou la semence première : si la forme a lieu entre les manteaux charnus du mollusque, il est certain que les mouvements tendront à donner à la perle une forme arrondie; si la perle est placée près des charnières, elle sera probablement déprimée; et si elle touche aux parois de la coquille, de façon que l'animal ne puisse la remuer, elle finira par adhérer à l'émail ou par prendre des formes diverses.

Il y a des perles de diverses couleurs : outre les perles blanches, on en voit de roses, de jaunes, de grises, de teinte bleue et de complètement noires. Le brillant produit par ces reflets se nomme l'*orient des perles.*

Ces variétés de couleurs tiennent à la nature du sol sur lequel le mollusque se trouve attaché, et conséquemment aux gaz et aux éléments divers qui flottent dans le milieu ambiant où il croît, se nourrit, végète et meurt.

Le soir même, Jack et Junius retournaient à New-York avec leur trésor, et, après avoir passé la nuit dans un hôtel, sortaient de bonne heure pour aller chez MM. Tiffany et Young vendre le contenu de leur sac. Ces honnêtes négociants, après avoir examiné l'une après l'autre chaque perle, demandèrent aux deux Yankees où ils avaient trouvé ce trésor.

« Ah! c'est là un secret. Que vous importe, d'ailleurs? Les perles sont fraîches, vous le voyez rien qu'à leur poids et à leur couleur; qu'il vous suffise de conclure le marché, si bon vous semble. Faisons un prix pour chacune de ces soixante-onze perles. Combien valent les grosses, et combien les petites?

MM. Tiffany et Young, après s'être consultés ensemble, offrirent un chiffre rond de 800 dollars pour le tout. Les pêcheurs demandèrent le double, et finirent par accepter la somme de 1,000 dollars. Cela faisait 5,800 francs que les associés se partagèrent loyalement.

Le lendemain, Jack et Junius, qui avaient passé la soirée et la nuit à New-York, se promenant de taverne en taverne et dépensant largement une portion de leur récolte, retournèrent au Milk-Pond. Il s'agissait de « suivre la veine », et de récolter encore une moisson maritime qui leur permît de retourner chez les joailliers.

La pêche fut aussi miraculeuse ce jour-là qu'elle l'avait été l'avant-veille, et les deux associés recueillirent soixante-quatorze perles, dont vingt-trois énormes. La vente produisit 1,500 dollars.

Diable! diable! se dit à part lui mons Junius, j'ai fait là un marché de dupe avec mon camarade Minton. S'il pouvait se noyer un beau jour, je resterais seul propriétaire du *placer*.

Cette fatale pensée germa dans sa tête d'une telle façon, qu'un jour le misérable résolut de se débarrasser de son associé. De la conception de son odieux projet à son exécution il n'y avait qu'un pas, et ce pas fut bientôt franchi.

Le soir, à la tombée de la nuit, choisissant l'heure du crépuscule, au moment où Jack Minton plongeait pour la dernière fois sous l'eau afin de déraper encore une poignée d'huîtres, l'assassin Drake se précipita comme un requin, étreignit son ami par le cou, l'étouffa, et ne l'abandonna que quand il le crut complètement asphyxié.

Puis, s'élançant sur le sable, il s'habilla à la hâte, enfouit dans un sac le monceau d'huîtres qu'il avait retiré de l'eau en compagnie du pauvre Minton, et s'en alla les ouvrir derrière un rocher distant d'une demi-lieue de l'endroit où il avait accompli son crime.

De temps à autre l'assassin se relevait, pour regarder autour de lui si personne ne l'épiait. Il était bien certain de ne pas avoir été vu pendant l'exécution de son meurtre sous-marin ; mais il ne voulait pas qu'on vînt lui surprendre son secret à cette heure qu'il en était seul le maître.

Lorsque la récolte fut achevée, le brigand se leva, jeta un dernier coup d'œil à la baie de Milk-Pond, sur laquelle la lune projetait ses pâles rayons, et, tournant subitement le dos à la mer, s'achemina à grands pas vers la « Quarantaine », où il devait trouver un steamboat et retourner à New-York.

Pendant que le meurtrier s'éloignait de Milk-Pond, le pauvre Minton, ballotté par la vague, était venu atterrir sur le sable. Peu à peu la fraîcheur de la nuit produisit un effet salutaire sur ce corps inanimé ; et celui qui eût passé par là eût été bien étonné d'entendre à la fois un soupir prolongé, puis de voir ce cadavre rigide remuer une jambe, puis l'autre, et enfin les deux bras.

« *Help ! help !* Au secours ! » murmura une voix faible, qui répéta cet appel à différents intervalles.

Tout à coup, au détour du rocher de Shrewsbery, apparut un pêcheur qui se rendait à l'anse du Borrax pour relever ses filets.

When the moon on the wave is gleaming,

roucoulait le Masaniello new-jersais, qui s'avançait sans rien voir. Mais quand il fut arrivé près de l'épave humaine :

« *Halloa !* s'écria-t-il, qu'est ceci ? un cadavre !

— *Help !* éjacula Minton.

— Il est vivant ! Eh ! mon bonhomme ! que vous est-il arrivé ?

— Sauvez-moi ! sauvez-moi !

— Je suis venu pour cela... ; que vous est-il arrivé ?

— Où est mon assassin ?

— Je ne vois personne ici autour. De qui parlez-vous ? Assez d'énigmes comme cela. Buvez-moi un coup de brandy, ajouta le pêcheur en tendant à Minton une gourde de spiritueux, et puis expliquez-vous.

— Oui !... celui qui a voulu me noyer, c'est... Junius Drake..., mon associé.

— Junius Drake ! dites-vous ? Juste Ciel ! mais c'est le plus infâme coquin de New-Jersey. Je le connais bien, un voleur, un misérable, quoi ! Et comment étiez-vous lié avec ce gueux-là ? »

Minton raconta alors, sans broncher, toute son histoire au pêcheur.

« Diable ! cher monsieur, vous l'avez échappé belle ! Allons ! vous n'avez plus qu'un parti à prendre, c'est d'aller trouver le *chief justice* du comté et de faire votre déposition. Vous sentez-vous assez fort pour venir jusqu'à Morristown ?

— Oui ! marchons : je veux me venger de ce misérable. »

Et d'un pas ferme, quoique mal assuré, s'appuyant sur le bras de l'honnête pêcheur, Minton se rendit à l'habitation du chef de la jus-

tice, distante de deux lieues de l'endroit où la vague l'avait rendu à la terre.

Le magistrat reçut la déposition du plaignant et le témoignage du pêcheur ; puis il lança un mandat d'*habeas corpus* contre le coupable.

Drake fut bien vite retrouvé par les sbires de la police américaine : on le découvrit dans un *bar room*, ivre-mort, payant à boire à une douzaine de bandits de son espèce, gens de sac et de corde.

Appréhendé au corps par deux constables, il fut incarcéré, quoiqu'il proposât de fournir caution, et attendit son jugement dans la prison du comté.

Il va sans dire que les journaux du pays et de tous les États-Unis racontèrent l'histoire du pêcheur de perles, et que dès ce moment « la fièvre des perles » s'empara de tous les Américains.

Sur toutes les côtes, depuis le Rhode-Island jusqu'aux Carolines, on pêchait des huîtres, on les ouvrait, et les débris de ces mollusques, contenant et contenu, étaient rejetés sur l'endroit même de la pêcherie, où ils pourrissaient et infectaient l'atmosphère de miasmes pestilentiels.

Cela dura deux mois. Quelques pêcheurs trouvèrent bien des perles, mais le plus grand nombre perdit son temps. Il n'y eut que Jack Minton qui fit fortune.

La baie de Milk-Pond était, il y a apparence, la seule qui fût favorable à l'éclosion de la nacre [1].

Sans aucun doute, divers insectes marins se trouvaient là, qui perforaient artistement les écailles d'huîtres et produisaient alors ce phénomène dont le résultat est une perle plus ou moins grosse [2].

---

[1] La matière cornée et calcaire, c'est-à-dire animale et minérale, que les huîtres appliquent aux parois de leur coquillage est une riche substance connue sous le nom de *nacre*, du mot arabe *nakar,* qui veut dire coquille. Lorsque cette substance est très abondante, elle forme des gouttelettes, de petites boules adhérant souvent à l'intérieur des valves, ou se trouvant d'autres fois logées dans la partie charnue du mollusque. Dans ce cas, ces perles sont d'une forme plus sphérique, et s'augmentent chaque année d'une couche de matière nacrée. Elles restent brillantes, translucides et dures : ce sont les *perles fines.*

On voit donc que la nacre et la perle sont formées d'une même substance qui ne diffère que par la disposition des couches. Dans la coquille, les couches sont planes, tandis que sur les perles les couches sont courbes et concentriques; cette dernière structure attire sur sa surface les rayons lumineux, de manière à la rendre d'un brillant argentin, à la fois mat et chatoyant, doux et agréable à l'œil.

Un morceau de nacre, arrondi artificiellement comme une perle, ne saurait avoir cet éclat donné par le travail lent de la nature.

La nacre doit le brillant éclat qui en fait tout le mérite à de petites couches d'air extrêmement minces qui restent enfermées entre les couches calcaires et transparentes dont elle est composée.

La nature de la formation des perles fait penser que l'on peut trouver ces précieuses concrétions dans tous les coquillages à parois nacrées des espèces nommées huîtres, patelles, moules, haliotides; et, en effet, l'huître et la moule communes portent quelquefois des perles. Les moules à cygne qui sont dans les marais d'eau douce, les mulettes que l'on ramasse dans la vase des rivières, sont également perlières; mais les perles que l'on y découvre ont généralement la teinte et la couleur de l'intérieur de la coquille où elles sont nées.

La *perine marine,* espèce de moule que l'on trouve dans la mer Rouge, etc., qui atteint de grandes dimensions, a l'intérieur de ses valves rougeâtres, et produit des perles roses. Cette moule fournit aussi une soie verdâtre, nommée *cyssus.* Les Siciliens et les Calabrais la filent, et en fabriquent des bas et des gants; on en fait aussi une espèce de drap soyeux d'un brun doré à reflet verdâtre. On a pu voir le cyssus travaillé à l'exposition universelle, dans les montres qui se trouvaient dans le passage qui conduisait à l'annexe.

[2] La formation des perles est souvent provoquée par diverses causes qui produisent chez le mollusque une surabondante sécrétion de la substance nacrée. Ainsi, lorsqu'il est attaqué par les vers marins, qui percent lentement la coquille, il repousse l'invasion en sécrétant une plus grande quantité de matière à nacre, pour en épaissir son enveloppe.

Il est probable que l'excès de la substance non appliquée aux coquilles s'agglomère en petites parties, qui deviennent denses et donnent naissance à diverses formations plus ou moins sphériques, suivant qu'elles se logent entre les parois des valves ou dans les lobes

Ce qu'il y a de certain, c'est que Jack Minton, associé avec son sauveur, le brave pêcheur qui l'avait tiré du mauvais pas où l'avait placé ce damné Yankee Junius Drake, exploita Milk-Pond de façon à acquérir pour sa part un avoir de 1 million 300,000 dollars, chiffre fabuleux, car il fut acquis dans l'espace de six mois.

Pendant ce temps-là, Drake avait passé devant la *Court of session*, et, quoiqu'il eût plaidé *not guilly*, c'est-à-dire « l'innocence », il n'en fut pas moins condamné à être pendu haut et court. L'expiation de son crime eut lieu sur la place de Morristown, devant la porte de la prison, en présence de tous les *pearl fishers* du comté.

Minton avait bien demandé sa grâce; on m'a même assuré qu'il avait offert 200,000 dollars pour faire évader le prisonnier; mais il n'avait point trouvé de geôlier assez cupide, ou plutôt, si je crois aux données de la nature américaine, l'occasion ne se présenta pas de rendre à la société un aussi bel ornement. Je dirai même plus : Dieu ne le voulut pas. L'assassin de Milk-Pond périt donc de la mort infamante qu'il avait, selon moi, parfaitement méritée, quoique sa victime eût échappé à ses coups.

La pêche des perles se fait d'une manière sérieuse dans le golfe du Mexique. Elle commence en février pour être close dans les premiers jours d'avril. Pendant ce laps de temps les bateaux partent le soir emportés par la brise, de façon à arriver sur les bancs des îles Key-West et autres rocs de la Floride avant le lever du soleil. Dès que le jour paraît, les plongeurs se mettent à l'œuvre.

La pêche continue jusque vers le milieu du jour, moment auquel la brise, qui a molli, change et souffle vers la terre. On appareille alors pour retourner sur le continent à force de voiles et de rames. A l'arrivée au port, les cargaisons d'huîtres sont mises à terre sans perdre de temps, afin qu'elles soient complètement déchargées avant la nuit, et pour repartir le lendemain à dix heures si la pêche doit continuer.

---

membraneux de la chair de l'animal. Ces formations de perles croissent en grosseur chaque année, comme on peut le voir par les couches concentriques qui les composent.

Il arrive aussi qu'un grain de sable, un œuf de poisson, etc., qui entre furtivement dans la coquille entr'ouverte en se plaçant de manière à ne pas être expulsé, se couvre, à l'époque de la sécrétion, d'une première enveloppe nacrée, et forme ainsi le premier rudiment d'une perle.

On a cherché, surtout dans l'Inde et en Chine, à mettre à profit cette observation; l'on a essayé depuis longtemps de faire produire aux huîtres des perles plus grosses en introduisant des éclats de coquille ou des grains de verre dans les valves entr'ouvertes, ou encore en touchant le mollusque avec une tarière fine à travers sa coquille; mais jusqu'à présent les lenteurs, les difficultés que présente ce stratagème, ne sont pas compensées par les résultats obtenus.

Chacune de ces barques destinées à la recherche des huîtres perlières est montée par vingt et un hommes : le patron-pilote, dix rameurs et dix plongeurs.

Sur les lieux de pêche, les plongeurs se partagent en deux bandes de cinq hommes, qui alternativement plongent et se reposent. Habitués dès l'enfance à ce rude travail, ils descendent jusqu'à des profondeurs de 12 mètres, en se servant, pour accélérer leur immersion, d'une grosse pierre de forme pyramidale et percée au bout le plus petit d'un trou dans lequel est passée une corde dont l'autre extrémité est amarrée au bateau.

Au moment de plonger, chaque homme, pourvu d'un sac ou filet pour mettre les huîtres, prend entre les doigts du pied droit la corde à laquelle la pierre est attachée; entre ceux du pied gauche il place son filet; puis, saisissant la corde d'appel de la main droite et se bouchant les narines de la main gauche, il plonge droit ou accroupi sur ses talons.

Arrivé au fond de l'eau, il s'empresse de mettre dans son filet, qu'il s'est passé au cou, les huîtres qui sont à portée, et, à l'aide de la corde d'appel, qu'il raidit, il avertit les camarades du bord de le remonter rapidement avec sa cargaison.

Ce travail est si pénible, qu'une fois ramenés dans la barque, les plongeurs rendent par la bouche, par le nez et par les oreilles de l'eau souvent teinte de sang. Néanmoins, lorsque le temps les favorise, ils répètent les descentes jusqu'à quinze et vingt fois; mais si le temps est mauvais, ils ne plongent guère que trois ou quatre fois.

A la profondeur la plus grande où s'exerce le travail, c'est-à-dire à 12 mètres dans l'eau, le temps qu'un habile plongeur peut y demeurer excède rarement trente secondes.

Les plongeurs américains, aussi bien que ceux des mers de l'Inde et de l'Afrique, ne deviennent jamais vieux.

Leur corps se couvre de plaies par l'effet de la rupture interne des vaisseaux sanguins; leur vue s'affaiblit, et souvent ils sont frappés d'apoplexie.

Ce que redoutent le plus les pêcheurs de perles et ce qui fait leur terreur, c'est le danger d'une rencontre avec un requin, vorace ennemi qui rôde dans ces profondeurs.

La présence signalée d'un seul de ces monstres, dont la nageoire dorsale vient à pointer au-dessus de l'eau, cause à tous ces hommes une panique semblable à celle que produit sur une compagnie de perdrix la vue d'un oiseau de proie décrivant ses évolutions.

Combien de fois est-il arrivé qu'un plongeur, se heurtant contre une pointe de rocher, s'effraye au point de voir dans son imagination l'horrible mâchoire du requin, et remonte alors plein de terreur donner l'alarme à ses camarades! La flottille revient ce jour-là au port sans que la cause de l'alerte soit vérifiée.

Lorsque les embarcations ont déchargé leurs huîtres et que chaque propriétaire a emporté son lot chez lui, il l'étale habituellement sur une natte de sparterie, dans un espace creusé sur le sol, et laisse la température agir sur les mollusques, qui bientôt entrent en putréfaction.

On cherche ensuite les perles qu'elles peuvent contenir; puis on fait bouillir cette matière putréfiée afin de retrouver, en la tamisant, les substances nacrées qui pourraient être cachées dans le corps du mollusque.

Les perles extraites des coquilles, parfaitement lavées et nettoyées, sont encore travaillées avec de la poudre de nacre rendue presque impalpable, pour polir et arrondir celles qui peuvent prendre quelque apparence par cette opération.

On les trie ensuite par classes, suivant leur grosseur, en les faisant passer par une série de cribles en cuivre de plusieurs dimensions.

L'opération qui vient après le classement, c'est le forage pour la mise en chapelets. Les outils à forer sont des poinçons de diverses grosseurs, suivant les numéros des perles; ils sont fixés dans des manches de bois arrondis et mis en mouvement par un archet à main.

Une barque montée par un bon et vigoureux équipage de plongeurs peut pêcher par jour trois mille à trois mille cinq cents huîtres perlières, et quatre à cinq cents huîtres à nacre.

V

UNE PÊCHE AUX FLAMBEAUX

Une des villes les plus importantes de l'Union américaine est sans contredit Chicago, bâtie sur les bords du lac Michigan, et dont les constructions, à l'heure qu'il est, couvrent deux lieues carrées de terrain.

La capitale commerciale de l'État de l'Illinois n'était, il y a quinze ans, qu'un groupe de huttes, de maisons faites de boue et de troncs d'arbres abattus et superposés les uns sur les autres, recouvertes de mousse et de roseaux, et groupées au bord d'une baie profonde dont l'étendue est telle, qu'une flotte de navires de guerre y aurait facilement trouvé un refuge.

Peu à peu, grâce à l'émigration européenne, le hameau de Chicago devint village; puis il prit les proportions d'une petite ville de dix-huit à vingt mille âmes, et de nos jours, en 1861, le recensement nous a prouvé qu'il y avait plus de cent vingt-cinq mille citoyens à Chicago.

Pendant mon séjour aux États-Unis, je me trouvais (au mois de mars 1846) de passage à Chicago, où m'avaient conduit quelques affaires. Un matin, au déjeuner du *Great-Eagle mansion,* où j'avais fait élection de domicile, j'allai m'asseoir à côté d'un homme au teint hâlé, aux mains calleuses, dont les vêtements noirs, trop larges pour sa taille, la chaussure vernie souillée de boue et en désordre, et surtout le chapeau placé sur l'oreille, — quoique nous fussions à table, — trahissaient une ignorance complète des usages du monde.

Un trait caractéristique me confirma dans la pensée que mon voisin était étranger, même à la civilisation américaine; car, sans me connaître, sans m'avoir été présenté, il se permit, — inconvenance grave dans la société des habitants du nouveau monde, — de m'adresser la parole.

« Vous n'êtes pas Américain, Monsieur? me dit-il d'une voix qui paraissait sortir du nez.

— Non, Monsieur; ni vous non plus, je parie.

— Vous avez deviné juste. Je suis Canadien, votre compatriote; car je suppose, malgré la facilité avec laquelle vous parlez anglais, que vous êtes Français, de la belle France.

— Ma foi, j'en conviens, répondis-je à mon insidieux interlocuteur; mais puisque nous voilà en pays de connaissance, — ce dont je me félicite sincèrement, — veuillez me dire à qui j'ai l'honneur de parler. » Et en même temps, comme pour lui donner l'exemple, je déclinai mon nom, mes prénoms, ma profession et mon âge.

« Simon Bergeron, Monsieur, pour vous servir; agriculteur, marchand de fourrures et chasseur; qui plus est, cité parmi les plus adroits tireurs de l'Illinois et des deux provinces du Canada.

— Ma foi, monsieur Bergeron, nous sommes confrères en saint Hubert, et je suis heureux de vous serrer la main.

— Bah! vous aussi vous aimez la chasse? Je ne l'aurais jamais cru! » répliqua mon nouvel ami en jetant sur moi un regard scrutateur dont la signification voulait dire : Comment un homme au teint si blanc, aux formes grêles et au nez surmonté d'une paire de lunettes, peut-il avoir la prétention d'être chasseur?

J'avais deviné le coup d'œil significatif de mon Nemrod canadien, et je me hâtai de lui expliquer que je m'étais, dès mon jeune âge, montré fanatique pour la vénerie, et qu'au nombre de mes occupations aux États-Unis je comptais celle de la chasse et des voyages aventureux.

« Parbleu! si vous êtes aussi intrépide que vous le prétendez, il ne tient qu'à vous de me le prouver et de vous donner un plaisir royal.

— Comment cela?

— Je m'explique, et je commence par une question : Avez-vous jamais mangé du sucre d'érable? Dans le cas contraire, en voici quelques échantillons, et vous pouvez y goûter. »

Je remerciai mon nouvel ami, en l'assurant que je connaissais le sucre sylvatique dont il me parlait, que je le savais extrait du suc de l'érable canadien, et je le pressai d'entrer carrément en matière.

« Les grandes forêts d'érables où se fait la récolte du sucre, reprit M. Bergeron, n'existent pas seulement dans le haut et le bas Canada, mais encore dans les États du Michigan, du Maine, du New-Hampshire, du Wisconsin, du Missouri, de la Pensylvanie et de l'Illinois. C'est même dans ce dernier État que se trouvent les plus belles « plantations » d'érables, et la récolte du sucre y est des plus importantes. Si vous êtes curieux de visiter une de nos exploitations, je vous offre d'être votre guide, et certes j'en vaux bien un autre, soyez-en certain.

— Je vous répondrai avec franchise, mon cher monsieur; malgré tout le plaisir que j'éprouverais à vous accompagner, l'attrait d'une forêt d'érables en plein rapport ne serait point assez grand pour me faire quitter le coin du feu à pareille époque de l'année.

— Mais, mon cher compatriote, que diriez-vous si je vous apprenais que les forêts d'érables où je me propose de vous conduire sont remplies d'ours, de ratons, d'opossums, d'écureuils, de loups coyotes, de cerfs et de gélinottes, et qu'enfin je puis vous promettre le plaisir d'une pêche fantastique aux flambeaux?

— Ah! vraiment?

— Que me répondriez-vous si je vous promettais le plus joyeux sport du monde, sans compter l'assurance de vous trouver très confortablement remisé, logé et nourri dans d'excellentes cabanes où les lits sont faits de la plus moelleuse bruyère, où les vivres et l'eau-de-vie ne manquent jamais, où le feu brûle toujours, et où l'accueil est plus cordial que dans les palais somptueux de ceux qui se disent gens du monde?

— Ma foi, mon brave monsieur, vous agissez comme un démon tentateur, et je crains bien de tomber dans vos pièges.

— Tombez-y donc tout de suite; car je pars demain matin. J'étais venu ici pour voir un négociant à qui j'ai vendu toute notre récolte; et comme ma présence est utile à Wyaconda-Bottom, je quitterai demain cette défroque de ministre presbytérien, indispensable pour inspirer quelque confiance à ces damnés Yankees, et je rentrerai avec la plus grande satisfaction dans mes vêtements de peau, mes grosses bottes et mon caban de fourrure. Voyons, vous décidez-vous à m'accompagner? Dans huit jours je reviens à Chicago, et je vous ramène sain et sauf. Vous me convenez fort, et je serais désolé qu'il vous arrivât le moindre désagrément.

— Ma foi, vous offrez de si bonne grâce, que j'accepte de la même façon. Voilà qui est convenu; je vais faire mes préparatifs, et je suis à vous corps et âme. Seulement je vous préviens que je n'ai ni fusil, ni munitions, ni instruments de pêche.

— Qu'à cela ne tienne! nous trouverons tout ce qu'il nous faudra au *sugar-camp* de Wyaconda-Bottom. Au revoir donc; à l'heure du dîner je vous prendrai ici, et ce soir nous conviendrons de nos derniers faits. *Good bye!* »

Nous échangeâmes, M. Bergeron et moi, une étreinte cordiale, et chacun de nous alla vaquer à ses occupations. Mes préparatifs furent vite faits. Je n'avais qu'à me munir d'un peu de linge, d'une seconde paire de bottes et d'un double pantalon, en cas d'accident. Aussi je ne pus m'empêcher de trouver fort longues les heures qui s'écoulèrent depuis le déjeuner jusqu'au dîner. Je profitai de mon temps pour visiter le port de Chicago, le plus merveilleux de tous ceux qui sont placés sur les grands lacs de l'Amérique du Nord.

Le chasseur canadien m'attendait à table et se dépêchait même d'avaler un potage bouillant, lorsque je vins prendre place à côté de lui.

« *Halloa!* s'écria-t-il en m'apercevant, je vous attendais avec impatience. Vous serait-il égal de partir ce soir? Au lieu de passer la nuit dans votre lit, vous vous installeriez dans le coin d'un boggey appartenant à un de mes amis qui doit se trouver demain matin à Peoria pour le marché aux cochons. Nous profiterons de l'invitation qu'il m'a faite, et une fois arrivés dans cet endroit, nous trouverons un wagon qui nous conduira à Wyaconda.

« Du reste, ce n'est qu'à cinq milles de distance, sur les bords de la rivière.

— Je suis à vous ce soir comme demain matin, mais seulement après dîner; car je vous déclare que j'ai un appétit d'enfer.

— Accordé; mais dépêchons, si cela vous est égal, car le propriétaire de la voiture attend avec impatience ma réponse et la vôtre. »

Nous entassâmes morceau sur morceau, en arrosant ce repas hâtif d'une bonne bouteille de sherry. Au moment où l'on servait le dessert, Bergeron et moi nous quittions la table, et, cinq minutes après, la taverne du *Great-Eagle.*

Le boggey dans lequel le marchand de salaisons nous offrait si galamment de nous conduire à Peoria était une espèce de coucou fort léger, doublé de fourrures et calfeutré comme une petite boîte. Nous nous y installâmes au fond, tandis que notre hôte se chargeait de conduire deux petits chevaux de race arabe, attelés en *tandem* à ce véhicule d'un nouveau genre.

Il était quatre heures du soir lorsque nous quittâmes l'enceinte de Chicago, devisant de toutes choses, fumant, riant, philosophant, et bien résolus à ne nous intimider de rien, pas même des ombres de la nuit, qui menaçait d'être fort noire.

Hélas! la campagne au milieu de laquelle nous avancions était loin d'être pittoresque : ce n'étaient de tous côtés que champs couverts d'herbes flétries, de feuilles desséchées, une nature morte, bien différente de celle que je désirais trouver en visitant la prairie américaine. Aussi, deux ans après, lorsque je traversai les mêmes parages au mois de mai, j'avais peine à reconnaître les lieux par où j'avais passé en 1846.

Jamais un spectacle pareil n'avait frappé mes regards. Le nombre des fleurs sauvages était si grand, que, vu de loin, on aurait pris ce jardin naturel pour une gigantesque corbeille de fleurs, placée au milieu du désert comme un hommage au Créateur de toutes choses. Embellies par l'aurore, bercées par la brise, caressées par les phalènes et les papillons, ces fleurs répandaient mille parfums plus suaves les uns que les autres, et la diversité de leurs formes, la variété de leurs couleurs tenaient du prodige. Là c'était un tapis d'amaryllis penchées sur leurs tiges et baignant leurs caïeux dans une flaque d'eau bourbeuse; plus loin, des orchidées aux formes fantastiques disputant aux insectes et aux oiseaux-mouches l'éclat des nuances de leur corsage, et toutes ces raretés florales étaient entremêlées à des sumacs, des jacinthes, des verveines, des tubéreuses, des dahlias, etc.

Harmonie, richesse, sensation, tout paraissait réuni dans cette serre en plein vent, où la nature parlait par la voix de ses plus gracieuses productions.

Mais nous étions alors au mois de février, et le sol était encore exposé à toutes les rigueurs de l'hiver; la chrysalide n'avait point encore percé les parois de son enveloppe : aussi le soleil disparut-il bientôt à l'horizon, tamisant ses pâles rayons à travers une forêt aux branches dénudées.

La nuit fut assez mauvaise, et notre sommeil se trouva fréquemment interrompu par les jurements de notre conducteur, qui excitait ses chevaux de la voix et du geste.

Au point du jour nous entrions à Peoria, et deux heures après, montés sur deux excellentes juments, mon camarade de route et moi nous prenions le chemin de Wyaconda-Bottom.

La route était percée au milieu d'immenses forêts de chênes et d'érables; mais plus nous avancions, plus les chênes devenaient rares, et enfin les érables seuls apparurent à nos yeux, droits comme des I, élancés comme des peupliers, et de grosseurs différentes, depuis la circonférence d'une barrique de vin progressivement jusqu'à celle d'un baliveau.

A vrai dire, cette dernière classe n'était point la plus nombreuse; car les arbres ordinaires offraient, pour la plupart, l'aspect d'un mât de navire.

Mon camarade de voyage m'apprit que le Wyaconda-Bottom, comme la plupart des bois d'érable du pays, était affermé de père en fils, d'après un bail transmis par un privilège exclusif à sa famille, et que c'était lui qui faisait exploiter pour son compte.

Bientôt nous arrivâmes en vue du *sugar-camp,* dont les huttes s'élevaient autour d'une source jaillissante, le long d'un courant d'eau, à l'abri de grands magnolias qui ouvraient déjà leur blanches tulipes avant même de développer leurs feuilles d'émeraude.

Au centre de ce hameau éphémère, le foyer avait été bâti avec trois énormes pierres, les charrettes placées en rond, de manière à former une enceinte fortifiée, afin de protéger, particulièrement pendant la nuit, les habitants de la colonie improvisée contre les attaques des carnassiers dont m'avait parlé M. Bergeron.

Deux hommes étaient préposés à la garde des tonneaux remplis de jus sucré, et cela jour et nuit : car l'attrait du sucre d'érable était tel, que les quadrupèdes ne résistaient point, même avec la conscience du danger qui les menaçait, à leur insatiable gourmandise.

Deux coups de feu signalèrent notre arrivée aux agriculteurs du camp, et deux victimes tombaient à nos pieds en culbutant de branche en branche : c'étaient deux opossums énormes qui guettaient, du haut d'un arbre, le moment où les sentinelles auraient le dos tourné pour se glisser dans une tonne de sucre d'érable et se repaître du jus saccharin.

« Voilà un échantillon de vos plaisirs futurs, mon cher ami, » me dit M. Bergeron tandis que les ouvriers venaient à notre rencontre pour souhaiter la bienvenue à leur maître.

« Bonjour, *boys,* bonjour; eh bien! la récolte est-elle bonne?

— Oh! oui, fit un des hommes, que j'appris depuis être un des contremaîtres de l'usine; nos tonneaux s'emplissent, et avant la fin de la semaine il faudra aller les vider, si nous ne voulons pas rester les bras croisés et travailler pour les vermines de la forêt.

— C'est bon! nous y pourvoirons... A-t-on déjeuné par ici?

— Pas encore, maître.

— Eh bien! qu'on nous prépare à manger; car, de par saint Dunstan, mon patron, j'ai un appétit d'enfer; et mon ami que voici, — lequel, soit dit en passant, je vous recommande comme un autre moi-même, — doit éprouver une faim à peu près analogue. »

Sur quatre planches mal équarries, supportées par autant de pieux de chêne enfoncés dans le sol, la ménagère eut prestement placé un jambon d'ours fumé, un opossum en gibelotte, des galettes de maïs chaudes et un broc de jus d'érable relevé d'un mélange de rhum, boisson vraiment très agréable au goût. Un pain de farine de seigle et de froment complétait le repas, auquel nous fîmes grand honneur.

Dès que cette concession à maître gaster eut été faite selon les règles, M. Bergeron m'engagea à l'accompagner dans les méandres de la forêt où s'accomplissaient les différentes phases de la récolte; et voici, en résumé, ce que j'appris sur le sucre sylvatique dont le produit enrichissait notre colon de l'Illinois.

L'érable à sucre des États-Unis est celui que les botanistes nomment *acer saccharinum* et que les Américains appellent *maple*.

Rien n'est plus simple que le procédé mis en usage pour fabriquer le sucre, et voici comment les ouvriers de M. Bergeron s'y prenaient pour extraire le jus saccharin.

Munis de petites tarières, de nombreux augets en bois et de tuyaux de sureau ou de cannes-bambous, souvent même de tubes en fer-blanc, ils se disséminaient dans la forêt, aux environs du camp, afin de choisir les meilleurs arbres. Dès qu'ils avaient trouvé ce qu'ils cherchaient, ils perçaient l'écorce de l'arbre à un mètre du sol, y introduisaient leurs tuyaux, dont l'autre extrémité allait reposer au centre d'un des augets, en ayant le soin d'introduire obliquement la tarière de bas en haut, sans la faire pénétrer à plus d'un demi-pouce au delà de l'aubier. Les agriculteurs américains prétendaient que de cette manière l'écoulement de la sève était plus abondant. Ils n'oubliaient jamais non plus de pratiquer l'ouverture dans la partie du tronc correspondant au midi; car de cette manière la récolte était plus abondante.

J'examinai à loisir la sève de l'érable tombant d'abord par gouttelettes argentées, puis en mince filet qui devenait bientôt un courant continu. Dès que les augets étaient remplis, on les remplaçait par d'autres vides, et l'on portait la provision dans le grand chaudron où s'opéraient l'évaporation et la cristallisation du sucre.

A une crémaillère formée de deux fourches solidement fichées dans le sol, sur lesquelles reposait transversalement un tronc d'arbre de 20 centimètres de diamètre, était suspendue la chaudière, au-dessous de laquelle brûlait un feu des plus actifs, dont la chaleur faisait épaissir la matière jusqu'à ce qu'elle devînt sirop. Dès qu'elle avait bouilli pendant une demi-heure, on retirait la chaudière de dessus le feu, pour laisser tiédir ce résidu; puis on le passait à travers une couverture de laine, afin de le verser dans des moules en forme d'étoile, où il se cristallisait, pour être livré plus tard à la consommation.

Le sucre sylvatique de l'érable était de couleur rousse, pareil à la cassonade de canne et d'une saveur à peu près identique. Ce qu'il y a de certain, c'est qu'à l'heure des repas, lorsque nous prenions notre café, le produit de l'érable donnait plutôt un goût aromatique qu'une saveur désagréable au liquide de la fève du moka.

M. Bergeron m'apprit que le rapport d'un bel érable était quelquefois de trois à quatre livres de sucre par saison, et que l'on en récoltait près de 40,000,000 de kilogrammes [1] dans le seul État de New-York. Dans le Canada [2], cette industrie était une des plus con-

---

[1] D'après les statistiques de 1850, le produit des forêts d'érables a été évalué à deux cents millions de kilogrammes dans les seuls États de l'Union.

[2] A l'exposition du Palais de l'industrie de l'année 1855, on a vu sur les tables de l'annexe du bord de l'eau, parmi les articles envoyés du Canada, plusieurs pains de sucre sylvatique dont le principe saccharin fut fort goûté des membres de la commission.

sidérables du pays, et chaque année, me disait-il, le total s'élevait à près de 20,000,000 de dollars.

A ces détails il ajoutait encore ceux-ci : que la récolte des mêmes arbres durait vingt ans de suite, sans que la vigueur de la végétation en fût en rien affaiblie. Il n'y avait pour cela qu'une seule précaution à prendre, celle de ne jamais perforer l'érable à la même place ; et alors un nouvel aubier se formait ; de sorte que les cicatrices disparaissaient au bout de quelques semaines.

Un seul arbre pouvait fournir, si on ne le ménageait pas, cent litres de sève, qui rendait environ de six livres et demie à sept livres de sucre.

« Je voudrais, mon ami, me disait M. Bergeron avec un enthousiasme d'agriculteur, vous faire visiter les magnifiques établissements du Canada, particulièrement ceux des comtés de Château-Guy, de Napierville et de Beauharnais ; vous auriez alors une juste idée de l'importance de cette fabrication. On assure même qu'en Europe, en France et en Allemagne, on s'occupe déjà beaucoup de la culture de l'érable. Je savais bien qu'en Bohême le prince d'Aremberg, dont les ancêtres avaient fait planter des forêts de *maples*, récoltait, bon an, mal an, de six à sept mille quintaux de sucre ; mais j'ignore encore quel est le chiffre des récoltes des forêts d'érables du vieux continent. Si vous pouvez l'apprendre à votre retour en France, obligez-moi de me le faire savoir, je vous en serai fort reconnaissant.

— Je n'y manquerai pas, croyez-le bien. »

Nous devisâmes ainsi tout le jour de sucre et des moyens de le fabriquer ; puis, dans un moment donné, je plaçai comme une parenthèse l'article chasse et pêche, qui faisait pour moi le but de mon voyage à Wyaconda-Bottom.

« Oh ! mon ami, attendez à ce soir ; dès que la nuit arrivera, vous pourrez à votre aise jouir d'un spectacle dont je ne veux point déflorer la nouveauté. Vous en jugerez par vous-même. Soyez patient ; et, en attendant le coucher du soleil, je vais vous donner un excellent fusil, de la poudre, du plomb et des capsules. »

Vers la tombée de la nuit, au moment où les travailleurs étaient réunis devant le foyer et partageaient le repas du soir, des bruits étranges se firent entendre dans les profondeurs de la forêt d'érables.

D'abord ces rumeurs me firent l'effet d'une houle éloignée ; puis elles devinrent plus distinctes à mesure qu'elles se rapprochaient de nous ; et enfin il nous fut impossible de ne pas être convaincus

que tout cela avait pour cause des glapissements, des cris rauques
poussés par la gent quadrupède de la forêt.

Mon hôte, à qui je communiquai mes réflexions, me désigna, au
lieu de me répondre, une haute branche d'arbre sur laquelle se
dessinait un point noir aussi gros qu'un nid de pie.

« Eh bien ! lui dis-je, qu'est-ce que cela ?

— Un raton (*raccoon*), me répondit-il, qui est venu se placer à
portée de votre carabine.

— Vous croyez ?

— J'en suis sûr : essayez. »

Je fis feu, et l'animal vint rouler à quelques pieds de nous : ma
balle lui avait fracassé les deux épaules et traversé le cœur. Certes,
ce coup d'adresse était digne d'une meilleure... bête ; mais enfin,
c'était du sport ou je ne m'y connais pas, et je n'éprouvais qu'un
seul désir, celui de recommencer.

Rien ne fut plus facile ; car l'attrait de la mélasse d'érable était
si puissant, que de toutes parts les animaux arrivaient vers nous,
n'ayant qu'un but, celui de se glisser près de nos tonneaux.

Écureuils, ratons, opossums et autres voleurs à quatre pattes fourmillaient dans l'ombre et passaient bien souvent inaperçus ; mais à
peine deux yeux brillaient-ils dans l'obscurité, qu'un coup de feu se
faisait entendre, produit tantôt par ma carabine, tantôt par celles
des sentinelles du *sugar-camp*.

Cette chasse fantastique se prolongea fort avant dans la soirée, et
je dus céder au sommeil, qui m'ordonnait de regagner mon lit,
placé à côté de celui du maître de la sucrerie.

Le lendemain matin, quand on ramassa les victimes, on trouva
quatorze ratons, six opossums et un ourson de la plus belle venue.
Le pauvre martin avait succombé vers l'aube du jour, frappé au front
par un des gardiens du camp.

« Voyons, mon cher hôte, me dit le matin, à déjeuner, le maître
du *sugar-camp*, êtes-vous content de votre chasse d'hier ?

— Diable ! on le serait à moins ; et sans mes affaires, qui me rap-
pellent à New-York à la fin de la semaine, je bâtirais ma tente à
côté de la vôtre, prêt à finir ici mes jours, avec l'espoir de ne jamais
mourir.

— Libre à vous, et merci de la préférence, si le cœur vous en dit.
Mais je vous ai promis le plaisir d'une pêche aux flambeaux, et je
tiendrai ma parole. Je viens de donner des ordres à mon contre-
maître pour tout préparer d'ici à ce soir ; et quand nous aurons
soupé, après une seconde chasse pareille à celle d'hier, sinon

meilleure, je vous promets une fête dont vous garderez bonne mémoire.

— Merci à l'avance; mais quel poisson allons-nous pêcher, et où la pêche sera-t-elle organisée?

— J'aime les questions aussi carrément posées, et j'y fais droit à l'instant même. Sachez qu'à un demi-mille d'ici glisse, sur un lit de

sable, un large courant d'eau nommé le Dyots, qui se jette dans la rivière Little-Rock. Or le Dyots est un ruisseau des plus poissonneux, où barbotent, comme des grenouilles dans une crapaudière, des truites saumonées et des saumons même, dont quelques-uns atteignent une dimension des plus exagérées. Il y a huit jours, mon nègre favori, Samson, le plus fort pêcheur de tout le comté, m'a rapporté un spécimen de cette dernière espèce qui pesait vingt kilos. Jamais je n'avais mangé de poisson plus délicat, onques je n'avais vu de chair plus rose et plus appétissante. Si le hasard nous favorise, ce soir vous assisterez à un sport qui n'a pas son pareil au monde.

— Dieu vous entende, et que le grand saint Hubert nous soit en aide !

— Amen ! » ajouta le maître du *sugar-camp* en signe d'assentiment.

Je profitai des heures qui s'écoulèrent entre le déjeuner-dîner et le souper pour visiter les environs du *sugar-camp,* en compagnie de M. Bergeron, qui se faisait un vrai plaisir de me montrer les sites les plus pittoresques, de m'indiquer les traces du gibier, de me désigner un lièvre au gîte, une paire de *quails* se glissant sur le bord d'un sentier, un daim fuyant au bruit de nos pas, un dindon perché sur une branche d'arbre.

Dix fois, pendant trois heures et demie que dura notre promenade, j'eus la satisfaction de faire feu sur des oiseaux et des animaux surpris dans leur gîte, ou me surprenant moi-même par leur fuite inattendue, et je pus rapporter au garde-manger de mon hôte un lièvre gris, cinq *quails* et un dindon gros et dodu.

Quant au daim, il avait bien été atteint, mais point d'une blessure assez sérieuse pour rester sur place. On le retrouva deux jours plus tard, à un demi-mille plus loin, entièrement dévoré par les animaux carnassiers. Le bois seul et la carcasse nous firent reconnaître ces débris informes,

Que des chiens dévorants se disputaient entre eux ;

car c'étaient deux molosses appartenant à M. Bergeron qui nous amenèrent sur le lieu où gisait la victime du délit.

A six heures, le souper fut servi ; et j'éprouve une vive satisfaction à mentionner ici que le rôti avait été fourni par moi.

Tout en devisant de choses et d'autres, la nuit était venue. Quand les ombres eurent couvert notre camp, nous montâmes à cheval, M. Bergeron et moi, sans trop faire attention aux coups de feu qui nous assourdissaient les oreilles ; car les gens de mon hôte avaient ouvert la fusillade contre les déprédateurs quadrupèdes que la mort de leurs congénères n'avait pas guéris du péché de la gourmandise.

Je me contentai seulement d'emporter avec moi un excellent rifle de Manton, dont je jetai la courroie sur mes épaules, prévoyant le cas où je pourrais avoir besoin d'une arme pour me défendre contre une panthère ou un ours. Du reste, mon hôte m'avait donné l'exemple : il portait en bandoulière une carabine rayée dont il m'avait souvent vanté et démontré la précision.

Nos montures, lancées au petit galop dans les méandres de la forêt d'érables, paraissaient connaître le chemin qui conduisait au Dyots. Aussi ne tardâmes-nous pas à apercevoir, malgré l'obscurité, le ruban liquide qui séparait le territoire saccharin de mon nouvel ami le Canadien.

« Oah !... oh ! cria M. Bergeron en se faisant un porte-voix de ses deux mains, dès qu'il eut atteint le bord de l'eau.

— Oh ! — oh ! — oh ! lui répondit-on aussitôt de trois directions différentes.

— *Come to order !* (autrement dit : *Avancez à l'ordre !*) » vociféra le maître ; et un moment après un bruit de rames se fit entendre, sourd d'abord, puis plus distinct à mesure qu'il se rapprochait du rivage.

Quelques instants après, un grand gaillard, Yoloff pur sang, s'avançait près de nous pour nous apprendre que tout était prêt, et que l'on pouvait commencer quand bon semblerait.

Avant la fin du jour, on avait affalé un grand filet dans un endroit de la rivière encaissé entre des roches étroites, afin que les truites et les saumons qui échapperaient aux dangers de la pêche aux flambeaux allassent s'engouffrer dans les poches de la seine en sparterie et fil de caret, solidement amarrée et formant une sorte de *corpus* comme celui dont les Marseillais se servent pour la pêche des thons.

« *Abom !* tout va bien ! me dit alors M. Bergeron. Nous allons solidement attacher nos chevaux à ces troncs d'arbres, en allongeant assez leurs courroies pour qu'ils puissent brouter au besoin, ou se coucher sur ces fougères s'ils l'aiment mieux. »

Ce qui fut dit fut fait.

Samson, le pêcheur dont M. Bergeron m'avait vanté la science, avait organisé toute la partie de pêche, et mes lecteurs vont voir comme le drôle s'y entendait. Jamais de ma vie je n'avais assisté à pareil spectacle.

Nous trouvâmes dans la barque sur laquelle nous montâmes, mon ami le Canadien et moi, cinq ou six tridents ou harpons à pointes barbelées, à la hampe desquels était fixée une corde de fin caret aussi souple qu'une tresse de soie.

M. Bergeron m'apprit alors ce que nous allions faire et de quelle façon nous allions procéder.

Dès que nous serions parvenus, à petits coups de rames, au milieu de la rivière, sur un signal donné, deux nègres placés au sommet d'un petit promontoire formant saillie sur le courant d'eau devaient allumer un feu composé de pommes de pin, de fascines, de bois mort, de façon à produire de la flamme, et non de la fumée.

Au fond de la barque, entassées les unes sur les autres, mon hôte me montra ou plutôt me fit toucher une vingtaine de torches faites de lanières de bois de pin tressées ensemble et maintenues à l'aide d'une couche de résine.

Tandis que je recevais toutes ces instructions ou plutôt ces explications, Samson avait plongé ses mains dans une manne remplie du résidu saccharin de l'érable, et le jetait abondamment dans le courant. — C'était là une sorte d'appât très propre à allécher le poisson. Avant ce jour, j'ignorais ce détail; mais je compris plus tard de quelle importance étaient ces flocons de mélasse, d'une légèreté qui tenait de la pierre ponce, pour une pêche nocturne sur le Dyots.

Nous glissions doucement sur l'onde murmurante, et quand nous eûmes à peu près atteint le milieu, nous demeurâmes immobiles, en attendant que le signal eût été donné et que nous pussions commencer nos opérations.

Nous entendions distinctement, au milieu de ce paysage enseveli dans les ténèbres, le son des voix et les éclats de rire des gens du *sugar-camp*. Bientôt cependant le silence se fit, un coup de sifflet coupa l'air, et une colonne de flamme illumina de ses rayons d'or des groupes noirs comme l'Érèbe, dont le profil se détachait sur l'azur sombre du ciel. Puis la gerbe de feu se refléta au-dessus de l'eau : on eût dit la lave d'un cratère qui se jetait dans le courant et y brûlait encore au lieu de s'éteindre.

« Voici le moment d'agir, murmura alors M. Bergeron à mon

oreille. Nous allons allumer ces torches, avec lesquelles chacun de ces hommes va nous éclairer, vous et moi ; puis, armés d'un trident dont nous attacherons la corde à notre poignet, nous monterons, vous sur la poupe, moi sur la proue de l'embarcation. Une fois là, attention ! N'ébranlez pas la barque ; car le moindre choc, le plus

léger trépignement se traduisent par une grande commotion une fois qu'on est sur l'élément liquide. »

Je compris la recommandation : car, d'après la règle physique, si la voix n'arrive pas sous l'eau, et si les poissons ne sont effrayés ni des paroles, ni des chants, ni des cris d'une personne qui est assise sur le bord d'un bassin, d'un lac ou d'une rivière, il suffit de frapper le sol du pied pour que tous les êtres nageant à votre portée, sous vos yeux, disparaissent à l'instant avec la rapidité qu'inspire la peur.

Sur l'ordre du fabricant de sucre d'érable, Samson et Jupiter, — que son maître appelait Jovis, d'une façon amicale, — avaient battu le briquet et mis le feu à deux torches. A l'exemple de M. Bergeron, je m'étais campé sur l'avant de la barque, le corps un peu penché, tenant le harpon par le milieu de la hampe et guettant le moment d'agir, comme le Neptune du *Quos ego* de Virgile.

Au premier abord, ébloui par la réverbération de la flamme, je ne distinguai rien ; la surface de l'eau n'était pas même troublée par le frôlement des planches de notre embarcation.

Bientôt cependant des éclairs argentins, des étincelles phosphorescentes se croisèrent en tous sens devant mes yeux. C'étaient de petits poissons, attirés les premiers par ce retour inattendu de la lumière et prenant leurs ébats sans compter et sans se méfier de ce soleil factice.

Bientôt ces éclairs, ces étincelles s'allongèrent et prirent des formes plus grandes. Les gros poissons s'avancèrent lentement, attirés par la curiosité. Rassurés par la placidité du menu fretin, ils pénétraient dans le cercle lumineux, en sortaient et y retournaient, avec le désir de mieux voir. Puis enfin, comme pour se chauffer l'échine, ils s'aventuraient jusqu'à la surface en remuant les nageoires d'une façon imperceptible et en se faisant légers.

J'aperçus sous mes pieds, à quatre mètres du bateau, un énorme saumon qui me parut d'un poids respectable, et soudain mon harpon fendit l'air en sifflant, plongeant dans le Dyots et entraînant avec lui la proie qui se débattait vainement, car le fer barbelé le retenait sans merci. Le poisson rougissait l'eau de son sang, et avec l'aide de mon « lampaphore » je parvins à le hisser à bord, tandis que M. Bergeron amenait au même instant une magnifique truite, la plus belle que j'eusse jamais vue en Europe aussi bien qu'aux États-Unis.

Nous continuâmes ainsi, mon ami le Canadien et moi, à harponner deci et delà ; mais je dois avouer que tous mes coups ne portaient pas, car je n'avais point cette habileté que donne seule l'habitude. Tantôt c'était le fer qui tombait dans l'eau trop loin du poisson, tantôt c'était le poisson qui se jetait de côté. Il y avait donc forcément des alternatives de triomphe et de défaite qui se traduisaient par des clameurs de joie ou des imprécations aux dieux infernaux.

Tout à coup, au moment où je venais de jeter mon fer d'une main vigoureuse sur le dos d'un gigantesque « squamée » qui se pavanait à bâbord, mon pied glissa sur la planche ; et patatras ! je tombai à l'eau en poussant un cri de terreur.

Revenir à la surface et tendre les bras vers Samson pour qu'il me tirât du danger fut l'affaire d'un instant. J'allais atteindre le but, mes mains étreignaient déjà la gaffe protectrice qui devait me ramener à bord, lorsqu'à mon grand étonnement je me sentis tiré par le bras droit.

Je me souvins alors de la corde qui retenait mon harpon. C'était le poisson perforé par les pointes barbelées qui m'entraînait à sa suite. Par bonheur, en deux coups de rames Samson me rejoignit, et d'une main ferme me saisit par les épaules pour me réintégrer dans la barque.

Il était temps ! Moi qui ne sais presque pas nager, j'allais m'enfoncer vers les sombres bords, n'ayant pour toute monnaie à offrir à Caron et à Pluton qu'un poisson frétillant et peu ou point digne de leurs tables. Ah ! pourtant, écervelé que je suis, j'oubliais mon porte-monnaie, contenant trente-trois dollars en billets des États-Unis, dont le passeur de l'Achéron se fût montré peu satisfait ; car

> Le moindre *rouleau* de mil*le*
> Eût bien mieux fait son affaire.

Grâce à Samson, je revis la lumière et retrouvai la chaleur en revêtant à la hâte des vêtements de rechange qu'il avait apportés par pure précaution, sans m'en prévenir, à tout hasard, et le hasard l'avait bien servi.

Une fois cette mésaventure oubliée, je recommençai de plus belle mon métier de pêcheur ; car j'avais besoin d'exercice pour ne point me refroidir. Du reste, cette immersion n'avait pas eu et n'eut pas de suites fâcheuses.

Nous pêchâmes ainsi, M. Bergeron et moi, tant que dura notre provision de torches ; mais vers onze heures, la lune s'étant levée, il nous parut inutile de continuer notre sport au harpon. Il fallait songer à relever le filet placé dans la partie étroite du Dyots.

Sur un appel de Samson et de M. Bergeron, une autre barque se détacha de la rive et vint nous rejoindre. Elle était montée par les autres engagés du *sugar-camp,* qui, nous imitant, à grands coups de gaffe et de rames agitèrent l'eau au point de laisser croire que, nouveaux Xerxès, nous flagellions un nouvel Hellespont.

Tout en fouettant ainsi l'eau, nous avancions du côté du *corpus,* et nous pouvions voir, à la lueur du foyer allumé sur le rocher, les morceaux de liège par lesquels étaient soutenues les mailles à la surface de l'eau dansant une *monaco* significative.

Quatre hommes robustes se tenaient, deux par deux, sur les rives du Dyots, tenant chacun une des cordes du filet, prêts à obéir au signal de M. Bergeron.

« Mon cher ami, s'écria celui-ci, nous allons faire une pêche miraculeuse. Regardez là-bas : ne dirait-on pas une outre gonflée par le vent et près de crever? *Halloa! my boys! up!* Attention! une! deux! trois! »

A cet ordre, les quatre serviteurs tirèrent les cordes à eux, et bientôt le filet parut à la surface de l'eau, ressemblant fort à un hamac que l'on aurait affalé au fond de la rivière et ramené ensuite rempli de poisson; une poche, en un mot, mais une poche pleine.

Il y avait là, grouillant, soufflant, se démenant « comme du poisson hors de l'eau », des truites de toutes tailles, des saumons de dimensions diverses : les uns suspendus aux mailles par les ouïes, les autres pris dans les bourses de la double trame ou couchés sur les fils noués.

C'était, en effet, une pêche miraculeuse! car, lorsque l'on eut compté les pièces de la prise, il se trouva qu'il y avait cent vingt-deux truites de toute venue, et cinquante-sept saumons, dont le poids variait de 10 à 3 kilos... Le poids total de la pêche s'élevait à 321 kilos!

Au moment où ceci se passait, la lune brillait dans son plein éclat. Elle éclaira notre route, cette blonde Phœbé, jusqu'au *sugar-camp*, où M. Bergeron et moi nous rentrâmes à deux heures du matin, harassés de fatigue, mais parfaitement satisfaits du plaisir que nous avions éprouvé l'un et l'autre à notre chasse aux flambeaux; moi surtout, qui n'avais jamais assisté à pareille fête.

On comprendra facilement que les beaux jours passés à Wyaconda-Bottom s'écoulèrent avec une rapidité sans pareille. Chaque matin je partais pour la chasse ou pour la pêche, souvent seul, maintes fois accompagné de mon hôte; et le soir, sans bouger de la place que j'avais choisie à l'un des angles du foyer, je faisais un affût des plus agréables.

« Eh bien! me disait M. Bergeron en me ramenant à Chicago, vous êtes-vous ennuyé dans ma cabane du milieu du bois?

— Certes non, et je vous dois mille remerciements pour votre parfaite hospitalité.

— C'est moi qui suis votre obligé, mon cher compatriote, car vous avez aidé mes gens à me débarrasser de ces damnées vermines qui me volent mon sucre, et, soit dit en passant, *my good friend,* je vous avouerai que la récolte a été bonne et que le *cash* sera considérable.

— Y aurait-il de l'indiscrétion à vous demander à combien s'élève le produit de Wyaconda-Bottom?

— Ma foi, non; car je le dis à qui veut l'entendre. Cette ferme, qui ne me coûte pas un sou d'entretien, — et il y en a peu comme celle-ci, — me rapporte un revenu net de 7,000 dollars. En connaissez-vous de pareilles au monde? Sans compter le produit de la chasse, fourrures de toutes sortes que je vends aux pelletiers de la compagnie *Fur American Association,* et le poisson du Dyots, que je sale et que je fume pour servir à la nourriture de mes employés. Lorsque bon vous semblera, cher ami, je vous serai très obligé de revenir me voir. »

Je confesse humblement ma négligence, sinon mon oubli; car depuis seize ans je suis sans nouvelles du fermier de Wyaconda-Bottom.

VI

L'HISTOIRE DE SIX REQUINS

On dit, et sans horreur je n'ose le redire,

que le maître queux du maréchal de Saxe lui apprêtait et lui faisait manger ses bottes fortes à la sauce piquante ; mais j'hésite à croire qu'il eût osé lui servir du requin à dîner.

A moins d'être nègre de la Caroline du Sud ou de la Floride, il est permis de professer cette opinion, et je déclare sans sourciller, par expérience, qu'il n'est point un ragoût plus détestable qu'une *rondelle* de ce squale vorace, Carême lui-même, Chevet, Potel ou Chabot prissent-ils le soin de l'assaisonner à la sauce rémoulade faite avec la plus pure huile d'olive d'Aix et la meilleure moutarde de Maille à l'estragon [1].

Tout marin dont le palais n'aura pas été émoussé par l'usage du piment ou de l'alcool partagera mon aversion, et pourtant, qui le croirait? l'apparition d'un banc de maquereaux, de dorades ou de harengs ne met jamais équipage d'un navire en si belle humeur que la présence d'un seul requin dans les eaux de la coque flottante.

---

[1] On m'a assuré que la chair des petits qu'on trouve dans le ventre d'une mère, — d'une *requine*, — est fort estimée des amateurs. J'avoue que mon horreur pour les fœtus en général m'a empêché de goûter à celui-là en particulier.

J'ajouterai, pour mieux faire comprendre ceci, que l'aspect du monstre éveille chez les matelots une haine facile à comprendre; car tous ont juré guerre sans merci ni pitié à ce féroce squale parfaitement nommé, si véritablement son nom dérive du mot *requiem*.

Certains auteurs sérieux déclarent comme fort paradoxale cette étymologie dérivée du latin, et c'est aux langues scandinaves qu'ils empruntent celle qui, selon eux, est bien plus rationnelle. En Norwège, on appelle le requin *kaakierring*, ce qui signifie : « chien qui happe et mord. » Mes lecteurs prendront la plus convenable de ces deux origines, celle qui leur conviendra le mieux.

Les anciens nommaient aussi le requin *lamïa*, mot dérivé du mot grec λαιμός, qui signifie « gourmandise ».

Requiem, ou *kaakierring*, ou *lamïa*, le nom ne fait rien à l'affaire; les matelots n'ont pas besoin de savoir ce qu'il en est pour professer la haine la plus implacable contre ce hideux compagnon, qui, pareil à ces oiseaux de proie volant au-dessus des armées pour guetter les cadavres et s'en repaître, suit le navire, attendant l'heure où la mer amènera un morceau de chair humaine à sa portée. Du reste, le requin ne fait point fi de tous les autres débris que le coq ou les gens de l'équipage rejettent par-dessus les drisses.

Un révérend jésuite, le père Labat, qui me paraît avoir vécu dans l'intimité des requins de son époque, affirme de la façon la plus décisive que les squales préfèrent la chair des noirs à celle des blancs, — bons petits requins! — et cela parce qu'elle est plus parfumée et plus savoureuse. Il ajoute même, — qu'on se le dise! — que les Anglais sont plus prisés des requins que les Français. Il paraît que le Gaulois, s'il ne manque pas de sel, manque tout à fait de saveur. Quelle chance pour lui! mais je ne conseillerais à aucun

Français de trop se fier à cette prédilection des requins. Si par malheur, et cela pourrait arriver, le squale auquel, sur cette assertion, vous ou moi, ami lecteur, confierions notre peau, n'avait pas déjeuné, nous pourrions bien passer un vilain quart d'heure. Sans doute, tel est du moins mon avis, les requins du XIXᵉ siècle n'ont point conservé les mœurs de leurs pères et de leurs ancêtres, et je puis assurer que les marins en voyage n'ont pas de plus vif désir que celui de s'emparer de ces poissons carnassiers et de les torturer d'une façon que n'a point prévue la loi Grammont.

J'allais un jour de New-York à Boston sur un sloop finement gréé et monté par un joyeux équipage. Nous étions partis du quai de la Batterie à six heures du soir, afin de profiter de la marée montante pour remonter le East-River, passer à Hellgate, et entrer dans l'Océan à la pointe de la Longue-Ile.

Au point du jour, nous naviguions déjà en pleine mer dans la direction de Newport, lorsque la vigie signala un requin. Au même instant un matelot saisissait un émérillon, énorme hameçon d'une force proportionnée à celle du squale gigantesque, l'amorçait d'une tranche de lard et le jetait à la mer.

Les matelots, au comble de la joie, s'interpellèrent l'un l'autre :

« Ohé! ohé! halloa! venez voir, Jim! Regardez, Carroll, Neel, Ruben, Sam! Il va joliment se régaler.

— Diable! c'est la baleine de Jonas!

— Damnation! quelle gueule!

— En douceur! ne poussez donc pas comme ça! Il y a place pour tout le monde.

— Tiens, l'écumeur de mer s'est viré sur le dos. Il tire. De par Jupiter! il n'en a croqué qu'une bouchée.

— Ah! il y prend goût, le voilà qui revient à la charge.

— Un moment! un moment! ne vous pressez pas! Ne dirait-on pas qu'on vous a volé votre ration? Paix là, écureuils d'eau salée, et pare à tirer! »

Le silence et le calme succédèrent à cette injonction du maître qui commandait la manœuvre. Les dix hommes de l'équipage se pressaient contre les bastingages, prêts à serrer la ligne et à supporter le choc dès que la prise serait définitive et qu'il serait temps d'exécuter l'ennemi commun.

L'un tenait la hache, l'autre façonnait un nœud coulant destiné à servir de *lazo* autour des nageoires du monstre. Un troisième glissait la ligne dans une poulie, et quelques autres se la passaient de main en main.

Quant au capitaine, à son second et à votre serviteur, se dressant sur les haubans et se penchant au-dessus de la coque, ils regardaient avec curiosité cette prise importante, tandis que trois passagères et un gentleman de Massachusets, la tête passée à travers les sabords, prenaient le plus grand intérêt à la capture du squale.

Pendant que ceci se passait, le requin, plus heureux qu'adroit, avait mordu à l'émérillon sans se laisser prendre. L'émotion gagnait la galerie. On ne prononçait plus une seule parole. Seulement, après un silence prolongé, on entendit le maître s'écrier :

« N'ayez pas peur, gentlemen ! le pirate est affriandé, il a mis toutes voiles dehors et finira avant peu par se jeter sur le fer, alors même qu'il aurait mangé tout le lard... Heup ! ça y est ! »

En effet, le monstre, dont la gloutonnerie l'emportait sur la prudence, avait happé l'hameçon et se livrait « nageoires et queues liées » à l'équipage du *Triumphant :* tel était le nom de baptême de notre sloop.

A ce moment suprême, un hourra général se fit entendre : l'équipage était au comble de la joie. On le hissa hors de l'eau, et l'adroit gabier qui tenait le nœud coulant parvint à le faire glisser avec une adresse merveilleuse sur le corps du squale, dont les convulsions terribles ébranlaient les parois du navire et excitaient l'hilarité générale.

Après de nombreux efforts on parvint à hisser le requin sur le pont, et il retomba lourdement au milieu des spectateurs, qui lui avaient fait place dans la crainte d'être atteints par un terrible coup de queue.

Le matelot armé de la hache se hâta, du reste, de porter au squale un grand coup de l'instrument à mi-ventre, afin de le mettre hors d'état de nuire.

Celui qui avait été pêché par les hommes de l'équipage du *Triumphant* avait dix-sept pieds de long, et passa à juste titre pour un des monstres les plus énormes de l'espèce; car, au dire des matelots et du capitaine, les requins ne dépassent que fort rarement la mesure de douze à quinze pieds. Au delà ce sont des exceptions.

Le poids de notre prise était de mille deux livres, et je pus à mon aise, dès que les dernières convulsions de l'agonie furent terminées, l'examiner à loisir, l'étudier, compter le nombre de ses dents, la conformation de sa gueule formidable et la force de ses nageoires. Je compris alors seulement comment le requin serait le véritable fléau des mers si la nature l'avait constitué de façon à pouvoir satisfaire aisément sa voracité. La terrible ouverture armée

de crocs pointus comme des aiguilles s'ouvrait à un pied au-dessous de l'extrémité de son museau, et, à l'aide d'un bâton, je parvins
à ouvrir cet étau serré par la mort, afin de pouvoir examiner à loisir
la forme intérieure de ce « palais inhabitable » pour toute créature
humaine. J'usai, du reste, de la plus grande précaution; car je

me rappelais d'avoir entendu dire à un de mes amis de collège
que son père, capitaine du port de Marseille, ayant fait un jour
l'imprudence de fourrer son poing dans la mâchoire d'un requin
coupé en morceaux, avait eu les téguments de la peau sciés et la
chair même tellement lacérée, qu'on avait été forcé de lui faire l'am-
putation du poignet.

Dieu, « qui fait bien ce qu'il fait sans en chercher la preuve, » a
forcé le requin à pousser d'abord sa proie devant lui, afin de pouvoir
se retourner et la saisir en se plaçant sur l'échine. Cette nécessité a

cela de bon, qu'elle donne au poisson ou à l'homme poursuivi la chance de s'échapper, si ni l'un ni l'autre ne perdent leur sang-froid en présence du danger.

Les mâchoires du squale capturé étaient armées de six rangs de dents disposées de telle façon, que, lorsqu'il en tombe une, il s'en trouve aussitôt une autre pour la remplacer. Ces dents, fort dures, triangulaires, étaient aiguës et dentelées sur leurs bords comme l'est une scie. Celles de la première rangée saillaient hors de la gueule; celles de la seconde étaient droites, et les quatre autres s'inclinaient vers le fond de la gueule. Les yeux, très petits et presque ronds, placés sur le côté de la tête, me parurent peu propres à suivre une proie sachant se défendre et ruser avec son ennemi. Ce qu'il y avait, à mon avis, d'aussi terrible que les dents, c'étaient la queue et les nageoires du squale, très longues et élastiques comme l'est une tige d'acier.

Les matelots du *Triumphant,* impatients de me voir ainsi leur faire attendre la continuation de leur sport, murmuraient déjà entre eux quelques mots équivalents à ceux de *lascar* et de *terrien,* connus dans l'argot de nos navires de guerre et de commerce; je devinai alors, à la présence du maître coq armé d'un long couteau, que je devais céder ma place au sacrificateur du bord. Celui-ci, me faisant la révérence, enfonça l'instrument tranchant dans la chair encore palpitante, et dépeça le requin comme il eût fait d'un veau ou d'un mouton.

Il va sans dire qu'on écorcha le squale, et que sa peau dure et rugueuse fut partagée entre tous les matelots, qui la conservèrent pour la distribuer, lors de leur arrivée à terre, à leurs amis menuisiers ou tourneurs, très amateurs de cet outil fourni par la nature, à l'aide duquel ils polissent leur bois mieux qu'avec tout autre instrument.

Le cœur arraché de la poitrine du requin palpitait une heure après le dépècement, comme s'il eût été à sa place dans un corps animé; et, fait singulier, trois jours après notre pêche il tressaillait encore de mouvements convulsifs. Je n'y aurais pas cru si je ne l'eusse vu de mes deux yeux : oubliant mon rôle d'incrédule, je devins un des plus fervents adeptes de la croyance au magnétisme animal.

La tête avait été soigneusement séparée et jetée dans un baquet, pour qu'elle y dégorgeât de façon à être prête à la cuisson. Généralement c'est le présent offert au capitaine; mais cette fois-ci c'est à moi qu'elle fut destinée, et je dus, sur la déclaration du maître, qui m'apprit l'intention de l'équipage, « arroser ma tête » de façon à ne pas être traité de ladre et de « cambusier failli ».

La chair du requin fut assaisonnée en ragoût, fricassée, friture, matelote, à toutes les sauces. Je voulus goûter aux unes et aux autres; mais, je le confesse humblement, j'eus le malheur de ne trouver cette chair bonne d'aucune façon. Les matelots eux-mêmes n'y touchaient que du bout des lèvres, et l'un d'eux me confia, sous le sceau du secret, qu'à part l'assaisonnement, ce qu'il trouvait de meilleur dans le requin, c'était la double ration de liquide qui leur était toujours accordée lors de la prise d'un requin. Pour eux, ce n'était qu'une diversion aux haricots, au porc salé et aux autres comestibles de la même espèce.

La tête du requin de Newport figura longtemps à New-York dans mon cabinet de garçon; mais, avant mon départ pour l'Europe, j'en fis cadeau à mon ami Russel, un des meilleurs avocats de la cité impériale, l'honneur du barreau américain, et je suis sûr qu'il l'a gardée en souvenir de moi [1].

Les requins se divisent en trois classes, qui sont le requin *gris*, le le plus commun, le *peau-bleue* et le *marteau*. De tous ceux-là le moins dangereux est le *peau-bleue*, et pourtant voici ce qui m'arriva certain matin sur les côtes de New-Jersey, où j'étais allé passer la saison d'été.

Un de mes amis et moi nous étions allés en pleine mer, en compagnie d'un excellent *fisherman*, nous livrer au doux plaisir de la pêche aux *blue-fishes*, lesquels, soit dit en passant, ne sont pas autre chose que des loups d'une exquise saveur, abondant sur les côtes américaines, comme les sardines dans la Manche et la mer du Nord.

Malgré tous nos soins, en dépit de notre patience, le poisson ne mordait pas; nous avions bien jeté à la mer des amorces de toutes sortes, apportées exprès de la terre ferme, les lignes ne bougeaient point, et cependant de temps à autre un violent zigzag se faisait sentir dans les profondeurs de l'Océan, traduit à la surface par un remous que nous cherchions vainement à expliquer. Vingt fois nous changeâmes de place, et toujours le même phénomène se produisait sous notre embarcation.

---

1 Au moyen âge, les orfèvres enchâssaient dans de l'argent les dents du requin, et les habitants des campagnes les portaient suspendues à leur cou comme un talisman infaillible contre la peur. Les nègres américains ont conservé cet usage; seulement ils se dispensent de la garniture dorée.

A la fin cependant le patron de la yole me saisit le bras au moment où je m'y attendais le moins.

« Là-bas, regardez, s'écrie-t-il *sotto voce*, comme s'il jouait le mélodrame.

— Qu'est-ce donc? un kraken, un serpent de mer?

— Non pas, Dieu merci! et pourtant c'est aussi terrible, c'est..., mais regardez donc..., c'est...

— Quoi?

— Un requin.

— Tant mieux! m'écriai-je, le monstre va payer pour les *blue-fishes* que nous ne prenons pas à cause de sa présence.

— Mais..., objecta mon ami, garçon très timide et quelque peu demoiselle, nous n'avons rien de ce qui est nécessaire pour happer le squale, et puis... il me semble que nous allons courir un vrai danger... inutilement.

— Je réponds de tout, répliqua le fisherman; et voici la ligne convenable pour la capture que nous allons entreprendre; seulement, au lieu de le tirer à bord, ce qui serait vraiment périlleux, eu égard à la légèreté de la yole, nous le noierons.

— Le noyer! fis-je, et comment cela?

— Vous allez voir. »

Il est peu de personnes qui n'aient entendu parler de la voracité des requins, qui avalent tout ce qui tombe à la mer. D'ailleurs celui-ci ne semblait pas difficile à nourrir; car, devenu plus familier et alléché probablement par l'odeur de la chair fraîche, il s'était approché et montrait son échine à la surface de la mer, s'ébattant comme un thon ou une bonite.

Mon ami tremblait, car notre visiteur mesurait à vue environ vingt à vingt-deux pieds.

Déjà il avait dévoré un boisseau de débris de choux, de carottes, de cosses de pois que nous avions emportés pour amorcer les *blue-fishes,* et nous étions à court pour nous amuser à ses dépens, lorsque notre patron, saisissant une petite bouteille qui avait contenu un quart de litre d'eau-de-vie, la jeta à l'eau, où elle fut avalée en un clin d'œil par notre requin.

« Allons! fit-il, le drôle est en bon appétit, il s'agit de ne pas le manquer. Il y a parmi les provisions un morceau de jambon; ces gentlemen voudront-ils en disposer en faveur du requin?

— Parbleu! »

Aussitôt pris, aussitôt pendu, ou plutôt accroché à l'hameçon attaché par des fils de laiton, le morceau de jambon, — un vrai *cin-*

cinnati-ham, — flotta dans notre sillage, retenu à notre yole par un cordage de quatre centimètres de grosseur.

Le patron laissa filer la ligne, afin de mettre la viande de porc sous le nez du squale. Il arrive souvent que le requin avale immédiatement la proie perfide qui lui est offerte; mais cette fois-ci, faisant trêve à sa voracité habituelle, il tourna et retourna sur lui-même avant de happer l'émérillon.

Il se décida enfin, et se plaçant sur le dos, ou plutôt sur le côté, l'hameçon et l'appât disparurent tout à coup dans sa gueule, qui me parut avoir et qui avait, en effet, deux pieds de large.

Au même moment notre patron donna une secousse à la ligne, afin de fixer l'émérillon dans l'estomac ou dans la mâchoire du monstre marin.

Au coup sec qui ébranla notre embarcation, nous comprîmes, mon camarade et moi, que le requin était pris, et nous poussâmes un cri de joie, auquel le squale répondit par un atroce coup de queue.

Là commençait le moment difficile de l'opération. Il s'agissait de laisser filer habilement la ligne, puis de la ramener afin de lâcher de la corde à la moindre résistance. Le pêcheur s'acquitta si bien de ce travail, qu'il parvint, en un quart d'heure, à fatiguer tellement le requin, que celui-ci, épuisé par cette lutte bizarre, arriva, immobile, à une portée de gaffe de notre membrure. Un seul coup de queue eût suffi pour briser et éventrer notre yole; le squale ne songea pas, ou ne put pas avoir recours à ce moyen de défense. Bientôt il se débattit faiblement contre nos efforts, et notre patron, lui passant un cordage en dessous des ouïes, l'amarra à la proue de la yole et fit voile vers le rivage.

Dès que nous eûmes mis pied à terre, nous échouâmes le monstre sur le sable, où il se livra encore à quelques écarts peu dangereux, car il était presque mort. Néanmoins, par mesure de précaution, le pêcheur lui lia fortement la queue et lui enfonça dans la gueule une barre d'anspect, de façon qu'il ne lui prît point la fantaisie de mordre, du moment qu'il n'avait plus le moyen de frapper. Puis il procéda à l'ouverture des flancs de ce terrible poisson, et quelle ne fut pas l'horreur que nous éprouvâmes tous les trois, en trouvant en entier dans l'estomac de ce squale d'enfer une cuisse arrachée au corps d'un nègre vivant! car la chair était encore fraîche, quoique imprégnée d'une odeur particulière, résultat de la matière visqueuse dont elle était enduite.

Nous apprîmes le lendemain, en lisant les journaux, que cet horrible accident était arrivé à bord d'un navire venant de Norfolk. Un matelot nègre ayant voulu se baigner, dans un moment de calme, sur les côtes de New-Jersey, à un mille de l'endroit où nous pêchions, avait aperçu tout à coup un requin au-dessous de lui. Il avait poussé un cri pour prévenir ses compagnons et demander du secours : on lui avait bien tendu une corde qu'il s'était attachée sous les aisselles afin d'être enlevé; mais, quelque rapidité qu'on eût mise à ce mouvement, on n'avait pu tromper la vigilance du monstre, qui, s'élançant hors de l'eau en même temps que l'infortuné, lui avait coupé une cuisse aussi net qu'avec un couteau[1]. Le matelot était mort des suites de l'hémorragie.

Après avoir respectueusement enfoui ce débris humain, nous continuâmes nos *fouilles* dans le cadavre du squale, et quel ne fut pas notre étonnement d'y trouver un couteau et un ananas tout entier! Ce bizarre amalgame avait son côté plaisant. Le misérable assassin avait déjeuné d'un fruit et soupé d'un nègre. La seule chose qui fut inexplicable, c'était la présence du couteau dans ses intestins. Probablement il avait eu le désir de peler son ananas; mais le temps lui avait manqué, ou bien son caprice avait disparu.

Le troisième requin au supplice duquel j'ai assisté se trouvait dans la baie de New-York, le long de la longue île. J'étais allé à Governor's-Island faire visite à un officier de l'armée américaine caserné dans le fort, quand tout à coup, au milieu de notre entretien, des cris terribles mêlés d'éclats de rire se firent entendre au dehors. Le capitaine Scott ouvrit sa fenêtre, qui plongeait sur la petite anse close devant laquelle se dresse le fort, et vit une douzaine de soldats jetant les uns des lazos, les autres des harpons au milieu du *pond* d'eau salée dans lequel tourbillonnait un poisson aux formes étranges, à la taille démesurée.

« Mes hommes ont fait un requin prisonnier, me dit-il; c'est le quinzième depuis un mois.

— Ah! grand Dieu!

[1] Le requin est très vorace de chair humaine. La plupart des navigateurs assurent qu'il attaque plus volontiers le nègre que le blanc. Ce qui ferait croire que cet horrible poisson est doué d'un odorat très développé, c'est que les bâtiments négriers sont toujours suivis d'un grand nombre de requins. Du reste, si les requins ont une folle passion pour les nègres, ceux-ci ont par contre une haine terrible contre eux. Lorsqu'un nègre découvre un squale, il plonge au-dessous de lui, un couteau à la main, et lui ouvre le ventre. Les Africains ont une telle habitude de ces expéditions, qu'ils manquent rarement leur coup. Les nègres des plantations de la Caroline passent pour de très hardis tueurs de requins. J'en ai connu un, chez M. Hammerford, à quelques milles de Charleston, qui avait tué ou plutôt éventré trente-trois requins, et à qui on avait donné le sobriquet de *Shark Killer*. C'était le « Gérard » des mers.

— Mort de ma vie! je voudrais que ce fût le dernier, car il nous est impossible de nous mettre à l'eau de peur d'être croqués, et cela manque de charme par le temps torride qu'il fait, aujourd'hui surtout [1].

— Allons-nous inspecter le requin? demandai-je à mon ami.

— Soit, si cela vous est agréable; et d'ailleurs je ne suis pas fâché de voir comment ces hommes vont s'y prendre pour lancer le requin à la mer.

— Lancer le requin à la mer? Ont-ils donc l'intention de lui rendre la liberté?

— Non pas précisément; mais je ne vous en dis pas davantage, cher ami : vous allez juger par vous-même. »

Quelques secondes après cet entretien, nous étions, le capitaine Scott et moi, sur le bord de la petite baie où se débattait le requin harcelé par les soldats. L'un d'eux, après maint essai infructueux, était parvenu à lui lier fortement un bout de chanvre à la queue, et, à l'aide de ce chanvre tissé, on avait amarré deux futailles ensemble, pour que le requin en fût le remorqueur.

C'était un supplice inventé par un des soldats, qui l'avait vu pratiquer par des matelots français.

Nous étions à la haute marée, aussi la baie de Governor's-Island était bien remplie; il ne fut donc pas difficile d'opérer le « lancement ». Il ne s'agissait que de débarrasser l'entrée du chenal, ce qui fut fait en un clin d'œil; puis, une fois ce chemin libre, le requin fit force de nageoires, et s'avança lentement, entraînant à sa suite les deux barriques.

J'avoue qu'il semblait peu satisfait de ce travail imposé; mais enfin, comme le forçat, il espérait sans doute trouver le moyen de se débarrasser de ses entraves. Ce bonheur ne lui arriva pourtant pas; car, deux ou trois jours après, les pêcheurs de Manhattau-Bay procuraient au *New-York Herald* la bonne aubaine d'un fait divers apprenant au public qu'ils avaient trouvé un requin noyé, à la queue duquel des matelots, — ils ignoraient le fond de l'histoire, — avaient trouvé plaisant d'amarrer deux tonneaux vides.

Le brigand, l'assassin, le forçat des mers avait franchi soixante milles avant de trouver la mort.

[1] La baie de New-York et la plupart des rades de l'Atlantique sont infestées de requins, au point de rendre toute baignade impossible. On attribue à l'abondance de nourriture amoncelée dans les ports de mer américains la présence de ces horribles monstres de l'Océan.

Voici ma quatrième histoire, dans laquelle j'ai joué le principal rôle en présence de trois requins.

J'ai dit plus haut que les requins abondent sur les côtes des États-Unis; mais ces horribles monstres sont encore d'une race plus hideuse que celle de leurs congénères d'Europe. Une singularité digne de remarque, c'est que les « pilotes [1] » — *remoras*, — qui accompagnent ordinairement le requin de nos mers, abandonnent celui de l'Amérique du Nord. On prétend dans le pays que ce pirate des mers « mangerait même ses amis », et telle est la raison pour laquelle aucun poisson n'ose s'aventurer trop près de lui.

J'ai failli me laisser croquer un jour par trois de ces terribles poissons, et je terminerai ce chapitre en racontant les détails de cette épouvantable rencontre.

Non loin de Beaufort, sur les côtes de la Caroline du Sud, il existe un banc de sable, langue de terre d'alluvion très avancée dans la mer. Ses habitants nomment cet endroit *Eggs-Bank* (le banc des œufs) ou plutôt « le sol du frai »; car c'est là qu'au dire des pêcheurs de la côte, tous les poissons de ces parages viennent déposer leurs œufs dans la saison.

A la marée haute, ce banc de sable est couvert par les eaux; mais, pendant une tempête, rien n'est plus pittoresque que de voir les vagues s'élancer furieuses contre cet obstacle, et retomber en écume de l'autre côté du récif.

Souvent, en temps calme, à la marée basse, pendant mon séjour chez M. Elliott, je m'aventurais, suivi d'un de ses nègres, le vertueux Caïn, sur cette plage sablonneuse, armé d'un léger harpon destiné à la fois à prendre du poisson et à transpercer les tarentules de mer,

---

[1] On sait que, dans la Méditerranée et sur les côtes du vieux continent, le requin est toujours accompagné par deux ou trois poissons longs d'un pied environ et transversalement rayés de bandes noires, qui se tiennent fort souvent collés sur son corps. Leur nom de *pilotes* vient de ce qu'ils marchent d'ordinaire devant le requin, dont ils semblent être les éclaireurs. Le monstre vorace qui engloutit tous les poissons se trouvant à sa portée respecte ses petits compagnons, comme fait le lion d'un chat ou d'un chien prisonnier avec lui. On a vu des « pilotes » se laisser hisser à bord d'un navire sur le dos du requin auquel ils s'étaient cramponnés. Pendant un voyage fait aux grandes Indes, un capitaine de Charleston avait vu, après que son équipage se fut emparé d'un énorme requin, le pilote s'agiter dans l'eau et sauter à la surface en suivant le bâtiment. On le distingua ainsi pendant deux heures environ, et il ne s'éloigna que lorsqu'il eut perdu l'espoir de revoir son compagnon maritime.

On trouve quelquefois sur les requins de petits poissons que l'on nomme *suceurs*, — en anglais *suckers*, — parce qu'ils sont tellement cramponnés à la peau du squale, qu'on a peine à les en détacher.

— très abondantes dans les interstices des galets, — dont les morsures passent pour être fort venimeuses.

Je me plaisais à voir les *basses* et les *hallibuts* naviguer à fleur d'eau, sans crainte, ignorant le danger et s'avançant presque jusqu'à mes pieds.

Restais-je immobile, rien ne bougeait, si ce n'est leurs nageoires mises en rotation afin de les soutenir dans l'eau ; mais, dès que je levais le harpon, tout disparaissait dans l'écume du ressac.

Un jour, la température chaude et énervante m'inspira la pensée de me jeter à la mer, dont l'eau limpide et la surface calme m'engageaient à jouir des délices d'un bain... de pieds.

Je pris des mains de Caïn les lignes que j'avais apportées, et, suivi par le nègre, qui portait mon harpon et le panier contenant mes amorces, je m'avançai dans l'eau, les jambes nues, à peine protégées par un pantalon de toile, jusqu'à la distance de vingt mètres en avant loin du rivage.

Je demeurai là, sans y songer, jusqu'à ce que la marée eût presque couvert l'*Eggs-Bank*. Caïn, qui suivait les mouvements d'une ligne que je lui avais confiée, n'avait pas plus que moi pensé au retour forcé sur la terre ferme; mais, se retournant tout à coup, il poussa un cri de terreur.

Je regardai, et jugez de mon effroi quand j'aperçus à quelques mètres de nous, entre le banc de sable et le ressac, un énorme requin nageant dans notre direction avec la plus grande rapidité!

« Mon harpon! dis-je à Caïn. Ne me quitte pas d'une seconde, et crie comme moi.

— Oh! *good God!* répliqua le noir, dont les yeux démesurément ouverts semblaient sortir de leurs orbites, voici un second *shark* à votre gauche. »

Caïn avait raison.

Quelle ne fut pas ma consternation, lorsqu'au lieu de deux requins j'en aperçus trois, voguant de conserve comme eussent pu le faire des pirates liés entre eux par un pacte, et se proposant de s'emparer d'un galion chargé d'or!

Sans nul doute, c'était ou à la présence de Caïn, ou à l'odeur nauséabonde de nos amorces de pêche, que je devais la visite de ces trois monstres.

Si ces *sharks* nous attaquent, disais-je en moi-même, nous sommes perdus. Il n'y a pas un moment à perdre, soyons audacieux; c'est là notre seul moyen de salut.

Je renouvelai mes ordres à Caïn, et m'avançant armé de mon harpon contre le premier requin, je m'élançai sur lui, le frappant violemment sur la tête, criant en même temps de toutes mes forces, tandis que la voix de Caïn, quelque peu enrouée par la peur, accompagnait la mienne, pendant que ses bras agitaient l'eau avec force.

Cette conversion stratégique réussit: les requins, effrayés, se sauvèrent dans les eaux profondes, et nous regagnâmes la côte en courant, sans regarder en arrière, jusqu'à ce que nos pieds fussent tout à fait hors de l'eau.

Être dévoré vivant par des requins n'est pas le genre de mort que je préférerais, je l'avoue; et à l'heure qu'il est, tout en écrivant ces lignes, malgré le nombre d'années écoulées depuis cette aventure, je tremble encore, ému par une terreur impossible à réprimer.

Souvent, depuis, je me suis trouvé sur le bord de la mer en Amé-

rique et en Europe ; les poissons bondissaient devant moi, les coquillages brillaient sur le sable fin, sous une couche d'eau limpide
et tremblante, et cependant j'hésitais à me donner la jouissance
d'un bain.

Tout au contraire, cet aspect me rappelait les tarentules d'*Eggs-
Bank*, et je croyais voir au large, sur la croupe d'une vague, les trois
requins qui avaient comploté mon meurtre et résolu de déchiqueter
mes membres afin de s'en partager les lambeaux.

VII

LES PÊCHERIES DE TERRE-NEUVE

Je ne crois pas que l'histoire de Terre-Neuve [1] soit bien connue de la plupart de mes lecteurs, et c'est pour cette raison que j'ai voulu

[1] Newfoundland ou Terre-Neuve, célèbre par ses pêcheries et par ses chiens magnifiques, est une île qui mesure 300 milles de longueur du nord au sud, et dont la moyenne largeur, de l'est à l'ouest, est d'environ 200 milles. Elle a un millier de milles de circuit et 36 000 de superficie. Elle mesure 3 millions d'acres de plus que l'Irlande; mais, en déduisant l'étendue de vastes lacs intérieurs, elle a une surface égale à celle de cette île. Sa forme est celle d'un triangle irrégulier dont la base est au sud. L'île devient plus étroite à mesure qu'elle se rapproche du nord. La côte occidentale est plus régulière et plus continue que les autres côtes, quoique brisée encore en bien des endroits; la côte orientale est la plus accidentée : ce ne sont à tout instant que baies, caps, îlots et promontoires.

Le cap Riche est à l'extrémité sud de l'île, sous le 46e degré 50' de latitude nord et le 55e degré de longitude ouest de Greenwich. C'est un promontoire d'une grande importance pour les navigateurs ; car c'est le point de l'Amérique le plus rapproché de l'Europe. Il est à 1 636 milles d'Irlande, ce qui est un peu plus de la moitié de la distance existant entre New-York et Liverpool. Tous les steamers transatlantiques septentrionaux allant des États-Unis en Grande-Bretagne passent en vue de ce cap. Si, doublant le cap Race, on s'avance vers la côte orientale, on rencontre les magnifiques baies de la Conception, de la Trinité et de Bonavista. Si l'on s'avance vers l'ouest, on découvre les baies des Exploits, de Notre-Dame, et la baie Blanche. Au nord sont les baies Orange, Hare et Pistolet, ainsi que d'autres plus petites.

Dans l'intérieur de l'île, on découvre six ou sept grands lacs de 20 à 50 milles de longueur et quarante à cinquante plus petits, d'où s'échappent des cours d'eau qui vont se jeter dans la mer.

La principale ville et le meilleur port est Saint-Jean, sur la partie sud de la côte orientale, entre Torbay au nord et la baie de Bulis au sud. Le port est fermé par un creux entre

faire précéder le récit de l'excursion que j'ai faite dans ces pêcheries lointaines d'un précis historique de cette possession franco-anglaise, découverte par un Vénitien célèbre, Jean Cabot, en 1497.

Terre-Neuve devait être pour la Grande-Bretagne un des principaux fondements de sa puissance maritime; cependant, à cette époque, l'ignorance des Anglais retarda pendant plus d'un siècle les immenses profits qu'ils devaient retirer de leur *Newfoundland,* et ils ne pensèrent guère à coloniser le pays que cent ans plus tard. Le voyageur Hore, qui visita ces parages en 1536, c'est-à-dire trente-neuf ans après la reconnaissance de Cabot, manqua d'y périr de disette avec tous ses compagnons, quoique le poisson pullulât autour de lui. Les chartes octroyées par Henri VII pour y fonder des pêcheries ne produisirent d'abord aucun résultat. L'île ne comptait encore que soixante-deux colons en 1612, et le nombre des navires pêcheurs s'élevait tout au plus à une cinquantaine.

Les Français ne commencèrent à s'adonner à la pêche de la morue qu'en 1540, après que François Ier eut fait explorer les parages de Terre-Neuve, d'abord par J. Verazzoni, puis par Jacques Cartier, de Saint-Malo, le meilleur marin de son temps. Les établissements sédentaires qu'ils fondèrent sur le littoral n'eurent pas, dans le principe, tout le succès qu'on s'était promis; et ce fut seulement sous le règne de Henri IV que le ministre Sully favorisa de tout son pouvoir la pêche de la morue, en la plaçant sous la protection immédiate du gouvernement. Les Anglais eux-mêmes n'acquirent leur prépondérance dans les mers du Nord qu'après que le célèbre Drake en eut chassé les Espagnols, et leur prise de possession à Terre-Neuve ne date réellement que de l'année 1585.

Le Portugais Corte-Real avait observé partout l'affluence extraordinaire des morues sur le grand banc de Terre-Neuve dès le commencement du XVIe siècle. Ce fut lui qui signala pour la première fois cette mine féconde aux pêcheurs européens. Les Espagnols ont

---

deux hautes montagnes. L'entrée est si bien fortifiée, qu'elle défierait les forces navales les plus redoutables. En temps de guerre, une énorme chaîne est suspendue entre les deux rochers qui dominent l'entrée du port, et rend impossible la navigation. La ville de Saint-Jean est bâtie au fond du port, et s'élève graduellement au-dessus de la mer. Les maisons sont pour la plupart construites en bois; les rues sont étroites ou irrégulières. La moitié de la population est composée de pêcheurs.

Les Terre-Neuviens sont au nombre d'environ 100000; la moitié descend des Français, et l'autre moitié des Anglais. Plus de la moitié de la population est catholique, fait qui s'explique par le grand nombre d'Irlandais établis dans cette île. Les Églises d'Angleterre, d'Écosse et la secte méthodiste ont cependant des adeptes zélés. A leurs temples sont attachées des écoles qui reçoivent beaucoup d'enfants.

attribué cette découverte à Estaban de Gomez, nommé pilote du roi par décret (*real cedula*) de Valladolid, du 10 février 1525, et qui partit cette même année pour aller chercher aussi vers le nord la prétendue communication avec le Cathai. Les marins des provinces vascongades revendiquent la gloire d'avoir reconnu ces parages et de s'être livrés à la pêche des morues cent ans environ avant la découverte de l'Amérique; mais rien n'appuie ces prétentions. Les documents recueillis sur cette question, et cités dans la belle et importante *Collection des voyages et découvertes des Espagnols*, par don Navarrete, prouvent qu'ils ne commencèrent pas à fréquenter le banc

de Terre-Neuve avant les voyages de Corte-Real et de Gomez. On conserve aux archives de Simancas divers dossiers de la reine dona Juana, parmi lesquels se trouve une licence du roi son père, accordée en 1501 à Juan Ayamonte, d'origine catalane, pour aller avec deux bâtiments faire des investigations sur Terre-Neuve (*para ir à saber el secreto de la Terra Nueva*).

Les Anglais, qui s'impatronisent partout, prétendirent un beau jour au droit exclusif de juridiction territoriale sur toute l'île. Plusieurs tentatives de colonisation eurent lieu dans la suite : la première qui réussit fut faite en 1623, par sir George Calvert, devenu plus tard concessionnaire de la province de Maryland. En 1633, une colonie irlandaise arriva à Newfoundland, et fut suivie, en 1654, d'émigrants anglais. Dans le même temps les Français, qui fondaient un établissement à Placentia, réclamèrent Terre-Neuve comme faisant partie de la Nouvelle-France, et continuèrent courageusement à faire la pêche avec succès.

Dans les deux grandes guerres de la France contre l'Angleterre qui se terminèrent par la paix d'Utrecht, les principales difficultés, en ce qui concernait l'Amérique, étaient la baie d'Hudson, Terre-Neuve et la péninsule appelée Acadie par les Français et Nouvelle-Écosse par les Anglais. Ce n'était pas tant la valeur de ces lieux comme colonies qui les faisait disputer, que les facilités qu'ils présentaient pour les pêcheries et le commerce des fourrures. La contestation finit à l'avantage des Anglais, qui restèrent exclusivement en possession de la baie d'Hudson : on leur céda l'Acadie ou Nouvelle-Écosse, ainsi que les côtes sud et est de Terre-Neuve, et la juridiction territoriale de l'île tout entière. Ce traité garantit pourtant aux Français le privilège exclusif de la pêche sur la partie orientale des côtes de Terre-Neuve, depuis le cap Bonavista jusqu'à la pointe septentrionale, et de là, sur la côte ouest, jusqu'au cap Riche, sans qu'ils eussent toutefois le droit de s'établir à terre ou d'y ériger d'autres constructions que des cabanes de pêcheurs et des dépôts.

Les intérêts français en Amérique eurent bien plus encore à souffrir d'une seconde lutte avec les Anglais, laquelle, comme la première, entraîna deux guerres distinctes et dura plus de vingt années.

De ses vastes prétentions sur l'Amérique du Nord, la France, par le traité de paix de 1763, abandonna tout, excepté le droit ci-dessus, stipulé dans le traité d'Utrecht, qui lui cédait la pêche sur une partie des côtes de Terre-Neuve; et l'Angleterre y ajouta la concession des deux petites îles de Saint-Pierre et Miquelon, sur la côte sud-est de Terre-Neuve, mais à condition qu'on ne les fortifierait pas, que la garnison ne compterait pas plus de cinquante hommes, et qu'il ne serait construit sur l'île aucun bâtiment autre que ceux nécessaires aux besoins de la pêche.

La paix de 1783 donna à la France le droit exclusif de la pêche sur la côte de Terre-Neuve, à partir seulement du cap Saint-John, sur la côte est, soit un peu au nord du 50e degré de latitude nord, pour de là s'étendre à tout le détroit de Belle-Ile, en y comprenant tout le rivage occidental de Terre-Neuve jusqu'au cap Bay, extrémité sud-ouest de l'île. Les mêmes droits, ainsi que ceux concernant les îles Miquelon et Saint-Pierre, ont été confirmés à la France par la paix signée à Paris en 1814.

Pendant les deux longues guerres précédentes avec l'Angleterre, les pêcheries françaises avaient été complètement annulées; mais elles reprirent immédiatement après la paix, encouragées et stimulées par les primes du gouvernement, dont l'usage a continué. La loi française actuelle accorde une prime de 50 francs par homme d'équipage aux navires de pêche français qui sèchent leur poisson sur la côte de Terre-Neuve, et 30 francs par homme pour les navires appor-

tant en France la morue verte. De plus, le poisson provenant des
pêcheries françaises expédié à l'étranger reçoit une prime qui varie
de 12 à 20 francs par quintal métrique de 220 livres.

Des Français à Terre-Neuve, passons maintenant aux Anglais.
Leur politique, jusqu'à ces derniers temps, a été de traiter Terre-
Neuve non comme une colonie ou un établissement, mais comme
une station de pêche au profit des marchands anglais de la mère
patrie qui s'occupent de cette industrie. D'après la déclaration d'un
témoin devant le comité de la chambre des communes en 1793,
« Terre-Neuve avait été considéré, dans l'ancien temps, comme un
grand navire anglais amarré sur les bancs pendant la saison de la
pêche, pour la convenance des pêcheurs anglais. Le gouverneur était
regardé comme le capitaine du navire; tous ceux qui s'occupaient
des affaires de la pêche formaient son équipage et étaient soumis à
la discipline maritime. »

Un fonctionnaire de l'île qui déposait devant le même comité plaida
chaleureusement pour qu'on empêchât les femmes de descendre sur
l'île et qu'on en fît partir celles qui s'y trouvaient déjà. Le gouvernement anglais n'adopta pas cette idée; mais il suivit néanmoins la
politique qui y conduisait. On ne fit plus à personne de concession
de terre pour s'établir à Newfoundland, et le fait même de l'établissement d'un jardin légumier était contraire à la loi.

En l'absence des pêcheurs français pendant la guerre de la révolution française, la pêcherie anglaise prospéra et devint avantageuse.
Le poisson atteignit des prix qu'on regarderait aujourd'hui comme
énormes. La pêche de 1814 alla à 1,200,000 quintaux, valant plus de
12,000,000 de dollars. La paix de 1815 modifia d'une façon ruineuse
le prix du poisson. Le quintal tomba rapidement de 8 ou 9 dollars,
à 5, 4 et même au-dessous de 3 dollars. La pêcherie anglaise semblait toucher à sa fin; au point que la pêche du banc, montée sur
une grande échelle par les capitalistes anglais, fut anéantie. Les
pêches de la morue, à Terre-Neuve, furent réduites à ce qu'elles
sont principalement aujourd'hui : — des pêches de rivage se faisant,
dans le voisinage des ports ou près des côtes, au moyen de bateaux
ayant de deux à quatre hommes d'équipage. Cependant quelques
navires de 50 à 200 tonneaux prennent des phoques sur les glaces
flottantes pendant les mois de mars et d'avril, et pêchent de la morue
et du saumon sur les côtes du Labrador, qui sont considérées comme
faisant partie de la colonie de Terre-Neuve.

La population de l'île ayant peu à peu augmenté jusqu'à près de
cent mille âmes, et l'endroit n'étant plus considéré comme une sta-

tion de pêche pour les marchands anglais, le gouvernement changea de politique. On permit aux Terre-Neuviens de créer des établissements agricoles dans cette île, dont le sol et le climat sont cependant peu propices à la culture. En 1833, le parlement de la réforme autorisa l'île à avoir, comme les autres colonies, une assemblée législative.

La pêche de la morue, à Terre-Neuve, a repris graduellement, et donne aujourd'hui environ un million de quintaux par an; mais les habitants voient encore avec des yeux d'envie la prospérité supérieure de leurs rivaux de France. De sérieuses accusations ont été portées contre les Terre-Neuviens au sujet de leurs empiètements sur les pêcheries anglaises, principalement dans le voisinage de Belle-Ile; et, malgré l'activité déployée sur la côte par les navires de guerre anglais, on a expédié un navire colonial pour surveiller les intrus, contre lesquels on criait haro, comme on le faisait, il y a quelques années, contre les pêcheurs américains dans les eaux du voisinage.

Pour prévenir les collisions, devenues inévitables, et afin de définir plus exactement les droits de la France, les deux gouvernements ont fait un traité consacrant le droit exclusif des Français de pêcher et de faire usage de la plage, pour les besoins de la pêche, pendant la durée de la campagne (du 15 avril au 15 octobre). L'emplacement est borné, à la côte est et à la côte nord, du cap Saint-John au cap Norman, ainsi qu'à cinq ports désignés; plus, une étendue de trois milles autour, sur la côte ouest. Les Français et les Anglais ont des droits égaux sur tout le reste de la côte ouest. Quant à l'usage de la plage pour sécher le poisson, les premiers jouissent seuls du droit sur la moitié nord, les seconds sur la moitié sud : la ligne de démarcation entre les deux terrains est Rock, point sur les îles de la baie. Le droit au rivage s'étend, sur la côte ouest, à un tiers de mille anglais, calculé à marée haute. Ce droit comporte le privilège de couper du bois. et dénie le pouvoir d'élever aucune construction autre que celle nécessaire aux besoins de la pêche. La France est également autorisée à pêcher et à saler le poisson au nord de Belle-Ile et sur 80 milles de côtes joignant le Labrador, entre Blanc-Sablon et le cap Charles, mais seulement sur les parties de ces côtes qui resteront inoccupées.

Les Français ont de plus le droit d'acheter l'appât sur la côte sud de Terre-Neuve, sur le même pied que les pêcheurs anglais, sans qu'on puisse essayer de les en empêcher, comme on avait cherché à le faire, en décrétant des taxes ou des impôts. Il a été convenu que si cet achat leur était interdit pendant deux saisons, ils auraient le droit de préparer eux-mêmes cet appât dans une certaine limite. Les mêmes conventions ont été faites à l'égard des Français qui sont autorisés à passer l'hiver à Terre-Neuve pour veiller à la sûreté de leurs navires et à l'entretien de leurs constructions de pêche, mais à la condition formelle de ne laisser que trois personnes par mille de côtes, et ces individus restent soumis à toutes les dispositions des lois du pays.

Cette convention, je dois le dire, ne fut pas approuvée par la colonie anglaise, qui prétendait que le droit en commun concédé à la France pour Belle-Ile et le Labrador avait pour elle des avantages, en fait, bien supérieurs à ceux d'un droit exclusif. On déclarait en outre que ce traité équivalait presque au projet de faire de Newfoundland une colonie française, en en bannissant les Anglais et les natifs et en y implantant des Français. De toute cette tempête dans un verre d'eau il n'est rien résulté de particulier. Peu à peu les petites rancunes se sont apaisées, et à l'heure où j'écris ces lignes, à en croire des renseignements qui sont en mes mains, tout marche pour le mieux à Newfoundland.

Il n'en était pas de même en 1849, lorsque je visitai la pêcherie de Terre-Neuve. A cette époque, quelques navires américains avaient eu maille à partir avec les indigènes : le capitaine Wilson, du brick de guerre *le Montcalm,* appartenant à la marine des États-Unis, fut chargé de se rendre à Saint-Jean pour régler le différend au plus grand avantage de ses concitoyens, bien entendu. Je ne sais quelle idée folle me passa par la tête d'accompagner M. Wilson, qui galamment m'avait fait l'offre d'un lit à son bord, dans la chambre des officiers. Je commençai par rire de la proposition, puis elle m'apparut portée par le nuage de la fantaisie, souriant à mon humeur vagabonde, et, la veille du départ du *Montcalm,* j'avais dit *oui* à son capitaine. Je m'enrôlais à son bord pour quinze à vingt jours.

Je passe sous silence notre voyage de Boston à Saint-Piere Miquelon, le premier rocher qui se montre à nos yeux en arrivant dans les eaux de Newfoundland. Ce qui me frappa le plus pendant cette traversée accomplie par un temps admirable, ce fut la quantité de poissons qui se jouaient dans nos eaux. Ces habitants de la mer, comme les oiseaux de grand vol, étaient dotés d'une force de natation qui leur permettait de franchir des distances considérables avec une grande célérité, et sur leur route ils avaient à chaque instant la chance de rencontrer quelque aliment à engloutir, sans avoir besoin de s'arrêter un moment. Rien n'était comparable à la vivacité, à la souplesse de mouvements de ces radieuses dorades, à qui la nature

avait départi une puissance de locomotion vertigineuse, lorsque, par-
courant les eaux de notre navire lancé à pleines voiles, elles cou-
paient son sillage comme des éclairs argentés, passant de l'avant à
l'arrière et s'élançant maintes fois hors de l'onde. J'observais avec
une attention minutieuse les brillantes coryphènes et les bonites légères qui se balançaient dans les remous, les poissons pilotes qui
s'attachaient au vaisseau et se plaisaient dans son écume, les thons
en troupes, dont la pêche providentielle faisait la joie de l'équipage,
et ces dauphins navigateurs que le marin signale de loin comme un
heureux présage. Avant-coureurs d'un vent frais, ils arrivaient du
bout de l'horizon, bondissant sur la lame comme pour saluer le
Montcalm, plongeaient sous sa quille, le croisaient dans sa marche
et revenaient en un clin d'œil pour recommencer leurs évolutions.
Et puis derrière, dans le sillage, le terrible requin, aux sinistres tra-
ditions, se tenait toujours prêt à engloutir ce que la fatalité, le hasard
ou la ruse offriraient à sa voracité.

Enfin, un matin après déjeuner, le cinquième jour après notre départ, la vigie cria : Terre! Nous étions arrivés. M. Wilson hissa le
pavillon parsemé d'étoiles, l'assura de dix coups de canon, auxquels
le fort de Saint-Jean répondit par un double salut; puis nous descendîmes à terre pour nous rendre auprès du gouverneur.

Je ne veux pas raconter les détails de cette difficulté piscatoriale,
qui fut bien vite terminée, grâce au bon vouloir des deux parties, et
je reviens à mes... poissons.

J'étais venu à Newfoundland pour voir le pays, pour me rendre
compte de la pêche de la morue, et comme nous restions quatre jours
francs à Saint-Jean, je profitai de ce temps-là pour explorer les
pêcheries et prendre des notes.

Mon premier soin fut d'aller à une lieue de Saint-Jean visiter un
navire français, *la Sainte-Marie,* que l'on m'indiqua comme étant le
mieux installé de tous ceux qui se trouvaient à Newfoundland. C'é-
tait un vaisseau de cent tonneaux, pourvu d'un équipage de douze
hommes, tous excellents marins et pêcheurs expérimentés. Les provisions du navire étaient simples, mais d'une qualité parfaite. Il était
convenu à l'avance que les spiritueux étaient, à peu d'exceptions
près, interdits à bord. Du bœuf, du porc salé, du biscuit, voilà quel
était l'ordinaire. Quant aux vêtements des matelots, ils étaient faits
d'étoffes chaudes, et se composaient en outre de jaquettes, de culottes
de toile bise imprégnées d'huile et à l'épreuve de l'eau, de grandes
bottes de mer, de chapeaux ronds goudronnés et cirés, de gants de
peau et de chemises de laine. La cale du vaisseau était remplie de

tonneaux de dimensions diverses contenant du sel, tandis que les autres, restés vides, devaient renfermer l'huile que l'on retire des morues. Les gages de ces hommes variaient de 80 à 100 francs par mois, suivant leur capacité.

J'eus promptement obtenu du capitaine, nommé Simon, la permission d'assister à une journée de pêche de son équipage, et voici ce qui fut convenu avec lui. Je viendrais déjeuner à trois heures du matin avec tout son monde, et je partirais avec la grande pinasse, montée par les plus habiles pêcheurs de son bord.

Fidèle au rendez-vous promis, je montais sur le pont de la *Sainte-Marie* à l'heure convenue. L'équipage déjeunait, et certes le repas était confortable : du café, du pain et de la viande. J'avais peu d'appétit ; mais je n'avalai pas moins quelques bouchées pour me lester un peu l'estomac en attendant l'heure où la faim me viendrait. D'ailleurs chacun emportait sa provende pour toute la journée ; c'était l'usage à bord des navires des pêcheries.

« Hoop ! en route ! s'écria tout à coup M. Simon ; allons, mes gars, et bonne pêche ! »

Je m'affalai de mon mieux le long de l'échelle de corde, dans la pinasse, où s'assirent quatre pêcheurs à qui je fus chaudement recommandé, et tandis que les autres embarcations prenaient leur monde, nous nous dirigeâmes vers les bancs où se plaisaient les morues. Une fois parvenus en cet endroit, les bateaux s'établirent à de courtes distances l'un de l'autre ; la petite escadrille laissa tomber l'ancre dans une profondeur de dix à vingt pieds d'eau, et à l'instant même la pêche commença.

Chaque homme avait deux lignes : ils se tenaient deux à la proue de leur embarcation, deux à la poupe, dos à dos, et se hâtaient d'amorcer leurs hameçons pour les jeter à l'eau. Entraînés par le poids du plomb, les fils descendaient rapidement au fond : un poisson mordait presque aussitôt, et le pêcheur tirait à lui brusquement d'abord, puis d'un mouvement continu, et il jetait sa capture de travers sur un petit bâton de fer rond placé derrière lui. Le poisson alors ouvrait la gueule ; le poids de son corps déchirait la lèvre et dégageait l'hameçon. L'amorce replacée ou remplacée, le pêcheur rejetait sa ligne, tandis qu'au même instant ses camarades retiraient les leurs et procédaient de la même façon. Les morues frétillantes retombaient au fond du bateau, dans lequel elles s'amoncelaient, à ma grande joie, avec une rapidité qui tenait du prodige.

Toute la journée mes quatre camarades ne cessèrent pas leur babil ; ils causaient de tout : pêche, amour, affaires domestiques, politique même : une plaisanterie véritablement gauloise s'échappait maintes fois de leurs lèvres, et tout le monde riait de bon cœur. Un de ces braves matelots, Breton de Morlaix, se fit un vrai plaisir de me donner certains détails sur la pêche à la morue de la marine française, détails qui me parurent assez curieux pour être notés et que je transcris ici, persuadé qu'ils compléteront ce chapitre.

La pêche de la morue occupe annuellement plus de quatre cents navires français ; deux cents bâtiments de transport et de cabotage sont destinés en outre aux opérations accessoires de la pêche. Ainsi cette industrie entretient à la mer une flotte de sept cents voiles et dix-huit mille marins, qui forment près du quart du personnel valide de l'inscription maritime : réserve précieuse, toujours disponible et endurcie au métier le plus rude, sur une mer orageuse et sous un climat des plus rigoureux ; réserve utile pour la navigation commerciale en temps de paix ; réserve indispensable, mais encore insuffisante pour l'armement de nos escadres en temps de guerre. — Les produits de la pêche de la morue sont estimés à soixante millions de kilogrammes de poisson, qui viennent alimenter nos marchés, et dont dix-neuf à vingt millions sont réexportés aux colonies, en Italie et en Espagne. Notre consommation absorbe le reste.

La pêche sur la côte de Terre-Neuve a toujours été placée au premier rang ; c'est celle qui occupe le plus grand nombre de marins ; on y emploie des bâtiments de toutes grandeurs, depuis trente jusqu'à trois cent cinquante tonneaux. Lorsque le navire est arrivé à la côte, vers les premiers jours de juin, on le désarme, et l'équipage vient s'établir à terre, avec tout son matériel, dans des cabanes de bois construites sur le littoral et qu'il faut remettre en état après l'hivernage. De là les bateaux, montés de deux hommes et un novice, sont expédiés tous les matins à la pêche à la ligne pour ne rentrer que le soir. Indépendamment de ces embarcations, chaque navire arme un ou plusieurs *bateaux de seine*, qui sont montés de dix hommes et qui pêchent lorsque les morues deviennent plus abondantes. Au retour des bateaux, le poisson est tranché, salé et mis en piles : après plusieurs jours de sel, les novices et les mousses le font sécher sur les bancs du galet jusqu'à ce qu'il soit parvenu à un degré de dessiccation suffisant pour le rentrer. Les pêcheurs quittent la côte à la fin de septembre, la plupart pour revenir en France, quelques-uns pour aller porter une cargaison de morues aux Antilles.

La pêche à Saint-Pierre et Miquelon a une grande analogie avec

celle de la côte de Terre-Neuve : elle se fait avec des bateaux plats
appelés *warys* ou avec des pirogues. Ces embarcations, au nombre
de deux à trois cents, vont à la voile et à l'aviron ; elles sont montées par deux hommes et sortent le matin pour rentrer le soir. On
divise en trois catégories les différentes classes de gens qui se

dévouent à la pêche ou à la préparation du poisson sur le littoral
de ces deux petites îles : 1º les *pêcheurs sédentaires,* ou colons
pêcheurs, au nombre de mille à onze cents ; 2º les *pêcheurs hivernants,* qui passent la mauvaise saison ou qui s'établissent à terre
pendant plusieurs années ; leur chiffre, sujet à des variations,
n'excède guère cinq cents individus ; 3º enfin les *passagers pêcheurs,*
venus de France et qui repartent à la fin de la campagne ; on en
compte environ trois à quatre cents chaque année. La pêche et la
préparation de la morue, étant la seule industrie des îles de Saint-
Pierre et Miquelon, occupent la totalité des pêcheurs hivernants et

presque tous les habitants sédentaires, hommes, femmes, vieillards et enfants, à partir de l'âge le plus tendre. La pêche commence au mois d'avril et se prolonge jusque vers le milieu d'octobre; elle est généralement assez abondante et donne du petit poisson, comme à la côte de Terre-Neuve.

La pêche sur le grand banc s'effectue avec des navires de cent vingt à cent trente tonneaux, armés de deux fortes chaloupes; seize à vingt hommes d'équipage sont nécessaires pour la manœuvre du bâtiment et de ses embarcations : les départs de France ont lieu du 1er au 15 mars. Les navires se rendent directement à Saint-Pierre et y débarquent les passagers pêcheurs; les mousses et les novices forment le complément de leur équipage, et ont pour destination le travail de la sécherie à terre. De là ils font voile pour le banc, sur lequel ils vont mouiller par 70 à 80 mètres de fond, afin de s'y livrer aux opérations de la pêche. Les deux chaloupes sont mises à la mer, et chaque soir, montées de cinq hommes chacune, elles vont tendre les lignes, qui sont armées de quatre à cinq mille hameçons. Tous les matins, les lignes sont levées, et le poisson, taillé, lavé et salé, est transporté à bord et déposé dans la cale. La partie de l'équipage qui est restée sur le navire s'occupe aussi à la pêche avec des lignes de fond. La première pêche terminée, ce qui a lieu du 15 au 30 juin, le produit en est porté à Saint-Pierre pour y être séché, tandis que le navire, muni de nouveau sel et d'appâts, retourne faire sur le banc une seconde pêche. Parfois même il en fait une troisième, dont les produits, seulement salés, sont rapportés directement en France à l'état vert. La pêche du grand banc est plus dure et plus périlleuse que celle de la côte; elle exige des marins faits et des hommes intrépides; elle se pratique sur une mer sans cesse agitée; les pertes d'hommes et de chaloupes y sont fréquentes à cause des bourrasques et des brumes : la pêche à la côte forme les marins, la pêche sur le banc les aguerrit.

La matinée s'écoula de la façon que je viens de raconter, en pêchant et en écoutant des récits souvent très instructifs; puis, quand la pinasse fut remplie et qu'il fut impossible de rien ajouter à sa cargaison, on regagna la *Sainte-Marie*.

Le capitaine, quatre hommes et le cuisinier avaient dressé de longues tables en avant et en arrière de la grande écoutille, et transporté sur le rivage la plus grande partie de leurs barils de sel. Le long des tables ils avaient disposé de larges caques vides, destinées à recevoir les foies. L'intérieur du navire, entièrement débarrassé, ne conservait plus de sa cargaison qu'un amas de sel destiné aux premières opérations. Dès que les morues furent montées sur le pont, on commença les œuvres d'ouverture et de salaison. Le premier préparateur coupait la tête de la morue d'un seul tour de main et jetait ce débris par-dessus le bord; puis, ouvrant le ventre au poisson par en haut d'un coup de tranchant, il le passait à son voisin, qui à son tour enlevait les entrailles, séparait le foie, qu'il jetait dans une caque tout en rendant la tripaille à la mer. Un troisième matelot introduisait son couteau au-dessous des vertèbres, les séparait de la chair et jetait le poisson dans l'intérieur par l'écoutille. Là se trouvaient les saleurs, qui saturaient le poisson de sel et l'enfouissaient dans des barriques. Ce travail se prolongea jusqu'à ce que tout le poisson eût passé par le couteau du premier matelot et par les mains pleines de sel des hommes de l'entrepont de la *Sainte-Marie*.

Après avoir assisté pendant une demi-heure au spectacle de « l'encaquement », je m'étais vu suffisamment initié, aussi je priai M. Simon de me faire conduire vers les pêcheurs de *seine*[1]. Dès la veille, on avait signalé à Newfoundland l'arrivée du poisson *capelan*, qui entrait par milliers dans tous les bassins, dans tous les ruisseaux, suivi par les morues, très friandes de cette proie facile, et leurs masses compactes couvraient littéralement les rivages.

Six pêcheurs suffisaient pour traîner une de ces *seines*, dont un bout était fixé sur la rive à l'aide d'une corde, tandis que l'autre était porté au large sur une embarcation, de façon à balayer autant d'espace que possible. Dès qu'ils avaient atteint leur but, c'est-à-dire formé un demi-cercle qui retournait à la rive, deux pêcheurs tiraient le filet à terre à l'aide d'un cabestan, tandis que les quatre autres pêcheurs, restés dans deux pirogues, soutenaient le bout du filet, et battaient l'eau de façon à effrayer le poisson et le pousser vers le bord.

Je vais peut-être passer pour un hâbleur; mais n'importe, je me risque, priant mes lecteurs de vouloir bien prendre des informations auprès d'hommes compétents, pour savoir si j'ai dit la vérité ou si j'ai... menti.

Dans un seul coup de filet, j'ai vu ramasser *trois mille huit cent dix-sept morues*. Quant aux capelans et au menu fretin, cela ne comptait pas, tant il y en avait grouillant, se débattant, sautant et crevant sur le sable. Je regrettais de voir une pareille manne perdue

---

[1] Grand filet de 5 mètres de hauteur, garni de plomb par le bas et de liège par le bout, et formant poche au milieu.

pour tout le monde, et servant tout au plus, pour la vingtième partie, à nourrir des volées de goélands, de mouettes et de paille-en-queue qui tourbillonnaient au-dessus de nos têtes.

Je revins le soir à bord du *Montcalm*, ébahi, me demandant si j'avais bien eu les yeux ouverts ou si je rêvais encore. Ces monceaux de poissons me rappelaient un souvenir d'enfance, lorsqu'un jour, dans les étangs de Berre, on avait pêché sous mes yeux tant de maquereaux, que les gens du pays les achetaient pour *fumer* les oliviers. Pendant plus d'une année tout le territoire de Baux, près Arles, en France, avait été parfumé à ce point qu'on aurait cru, les yeux fermés, se trouver au milieu d'une poissonnerie où tous les produits de la mer auraient été pourris.

Le lendemain, — ou dimanche, — M. Wilson m'emmena à Miquelon, où il avait quelques compatriotes à voir; puis, le jour d'après, nous dînâmes chez le gouverneur de Newfoundland, à Saint-Jean.

En sortant de la maison de ce digne fonctionnaire, un habitant du pays qui avait été un des commensaux de la table du magistrat terre-neuvien nous proposa de nous emmener au bal.

« Au bal! nous écriâmes-nous, le capitaine Wilson et moi.

— Certainement, Messieurs. Qui m'aime me suive! »

Après avoir longé le dédale tortueux de quelques rues s'étalant au bas du fort, nous parvînmes devant une maison de bois sur le seuil de laquelle une lanterne vacillante semblait attirer le passant. On eût dit le réverbère d'un commissaire de police, eu égard aux verres rouges qui garnissaient les rainures de cuivre de la lanterne. Au fond d'un corridor, sur un sol gluant et glissant, s'ouvrait un vaste rez-de-chaussée éclairé par des lanternes chinoises en papier de couleur, et quelques chandelles appliquées contre les murailles. A droite s'élevait une cheminée noire et enfumée, sur le manteau de laquelle étaient étagés des pots de toutes sortes et de toutes formes. Toute la batterie de cuisine diaprait les murailles, et une rangée de bancs et d'escabelles de bois meublait les parois tout autour de l'appartement, cet ameublement étant disposé de manière à donner tout le confortable possible aux demoiselles de l'endroit, dont quelques-unes étaient déjà à leur poste, grasses, épanouies et vêtues de robes aux couleurs chatoyantes dont l'éclat faisait mal aux yeux. On eût dit des *squaws* d'un des grands « wigwams » du Far-West.

Peu à peu la salle se remplit, les dames et les gentlemen pêcheurs arrivèrent en foule, et la danse commença, danse qui n'avait rien de particulier, si ce n'est ce trémoussement continu, cousin germain du « cancan », de nos campagnards des villages des environs de Paris.

A chaque pause des musiciens, — un violon et une clarinette, — les *fishermen* et leurs belles accouraient dans un des angles de la salle pour se *désaltérer* à l'aide d'un verre de rhum, que les femmes surtout ingurgitaient sans faire la moindre grimace.

Somme toute, c'était là un spectacle curieux, mais qui ne valait pas la privation du repos auquel nous nous fussions condamnés de gaieté de cœur en demeurant plus longtemps dans ce *bastringue,* où nous n'étions vraiment pas à notre place.

M. Wilson me proposa une retraite honorable, et j'acceptai sans trop me faire prier.

Une heure après, le quart était piqué à bord du *Montcalm,* et chacun de nous dormait de son mieux dans son cadre.

Dès l'aurore, M. Wilson hissait le pavillon américain, et appuyait le drapeau de dix coups de caronade, auxquels répondaient les canons du fort; et, toutes les voiles dehors, nous reprenions la direction de Boston, où nous parvînmes sans encombre après avoir éprouvé un semblant de tempête.

Le capitaine Wilson est mort il y a cinq ans, dans un voyage au cap Horn, emporté par un coup de mer. Que Dieu ait son âme !

VIII

LES SANGLIERS DE L'OCÉAN

De tous les poissons que la gastronomie a jugés bons à être mangés par l'homme, — honneur que certains habitants de la mer rendent à la race humaine lorsque leur bonne chance les favorise de ce morceau de choix, — le thon [1] est le plus gigantesque, le meilleur et le plus nourrissant.

[1] Le scombre, qui s'appelle thon, appartient à cette famille si bien décrite par Linnée, Cuvier et Lacépède; sa chair est compacte, dense, noire dans certaines parties, et d'un goût plus substantiel que celle des autres poissons de mer. D'un bleu noir sur le dos, argenté sous le ventre, il est orné sur l'échine, vers la dorsale, de huit à dix rayons dorés, et sur les nageoires anales, de six à huit zigzags irisés. Ce poisson pèse ordinairement de vingt-cinq à soixante kilogrammes. Il en est cependant qui atteignent quelquefois des proportions gigantesques, et l'on cite, d'après Aldrovandi, un thon qui mesurait trente-deux pieds de long et seize de tour à sa plus large circonférence. Il avait été capturé près de Gibraltar, en 1565. On trouve dans le livre de cet auteur, *de Piscibus,* une gravure représentant ce thon, sur le dos duquel on a dessiné une flotte de navires qui s'étend de la queue aux ouïes.

Dans la Sardaigne et sur les côtes d'Italie, aux îles Majorque et Minorque, on sale le thon comme on le fait de la morue. Ce poisson ainsi préparé est vendu en Espagne, en Italie, et même dans les États barbaresques; mais à Marseille on marine le thon, ou plutôt on le prépare dans un bocal rempli d'huile d'olive « vierge », ce nectar à peu près inconnu à Paris, qui se fige totalement en hiver et ressemble à des flocons de neige safranée. Tout est bon dans le scombre, la queue et la tête; mais la partie la plus délicate c'est le ventre, mets qui passe avec raison pour fort exquis, et qui se paye plus cher que le reste. *La pensa doou toun* fait prime à la halle, comme une bonne action à la bourse.

Ces qualifications, — la première exceptée, — peuvent être trouvées exagérées ; mais, en ma qualité de Provençal, je les défends du bec et des ongles, — *unguibus et rostro*. — A Paris, nous ne connaissons que le thon mariné dans une huile souvent inférieure, enfoui dans un bocal de verre soigneusement étiqueté : bien heureux encore sommes-nous lorsque ce prétendu thon n'est pas du veau bouilli accommodé à la sauce provençale.

Il y a quelques années, feu le propriétaire du bazar provençal vendait des pâtés de thon au maigre pendant le carême. — Je cite le texte exact de feu Aymès. — Je dois avouer qu'ayant voulu, certain jour maigre, goûter à cette prétendue gourmandise, je passai chez le père Aymès, me munis d'un pâté, et, une fois rentré chez moi, me hâtai de l'attaquer du couteau et des dents. Je me crus réellement empoisonné une heure après mon repas, et fus obligé de me soumettre au régime du lait et du thé pendant plus de vingt-quatre heures.

Un seul homme à Paris, — Quillet-Raymondet, le célèbre pâtissier du carrefour de Buci, — a initié loyalement les Parisiens au vrai pâté de thon ; il ne manque plus à notre capitale restaurée et remise à neuf que de voir cet admirable squamée exposé sur le marbre de nos halles, et débité en tranches comme le saumon où l'anguille de mer. Il y a là toute une spéculation heureuse à entre-treprendre, et du jour où nos cuisinières auront appris à court-bouillonner une rouelle de thon et à la servir toute chaude, cou-verte et entourée d'une sauce aux truffes, ou bien encore froide et relevée d'une rémoulade, ce jour-là la gastronomie parisienne aura fait un grand pas.

Le thon est un poisson touriste, un voyageur enragé qui, comme les sardines, les harengs et les maquereaux, aime les pérégrinations de long cours, et organise chaque année, dans les parages qu'il fré-quente, des « trains de plaisir » pour l'Europe, sur les côtes de l'Afrique, de l'Espagne et de l'Italie, et sur les rives du nouveau monde de la pointe du cap Cod jusqu'aux confins de la Floride.

Je ne doute pas que les thons ne se trouvent même dans les mers des Indes ; mais je ne veux parler que de ce que je sais : c'est assez mon habitude.

D'où viennent les thons ? quelle est leur demeure l'hiver pendant les six mois aimés de Borée ? Je l'ignore, et les savants eux-mêmes ne sauraient répondre à cette question.

Pline et quelques naturalistes anciens, — dans le savoir desquels je n'ai pas la moindre confiance, je l'avoue, — assignaient pour résidence ordinaire à ces poissons la mer d'Azov de nos jours, autrefois les *Palus Méotides*. Nos modernes ichtyologistes déclarent qu'ils viennent du grand Océan, et que, tandis que les uns pénètrent dans la mer Méditerranée par le détroit de Gibraltar, toujours en suivant les côtes et faisant ainsi une promenade continue, — sauf les inconvénients de ce pèlerinage, — de Tétouan à Tunis, de Tunis à Alexandrie, et de là à Constantinople, contournant ensuite la mer Noire et la mer d'Azov, pour revenir en nombre considérablement amoindri par les côtes de la Grèce et de l'Illyrie, de l'Italie, de la France et de l'Espagne, les autres se jettent bravement sur les

rivages américains et remontent des îles Bahama jusqu'à la baie de Penebscot.

Quoi qu'il en soit, que ces squamées géants partent du pied droit ou reviennent du pied gauche, ce qu'il y a de certain, c'est que c'est au retour de la belle saison que les thons reparaissent à la surface des mers, et se montrent aux yeux ébahis des pêcheurs.

Ce qui attire les poissons sur les côtes, ce sont indubitablement les glandées maritimes qui croissent *au renouveau* dans certaines vallées profondes de l'Océan et des autres amas d'eau salée. Ce goût marqué du thon pour les glands de la mer lui a fait donner en France le nom de *cochon maritime*, et aux États-Unis celui de *sea-wildboar*, « le sanglier de la mer ».

La principale cause de cette prédilection particulière est, selon moi, la facilité qu'ont ces poissons de déposer leur frai dans ces herbes solidement tressées ensemble, à travers lesquelles un navire à vapeur se fraye quelquefois difficilement un passage.

A l'inverse des autres poissons de la même famille, les thons n'aiment point à frayer à l'embouchure des fleuves, et cela probablement parce que l'instinct leur dit que les courants emporteraient leurs œufs en pleine mer. C'est sur les côtes, le long des rochers, dans les algues, que la femelle va pondre en se cachant de façon à ne point être aperçue.

Les thons s'avancent toujours en troupes nombreuses, suivant, quand l'occasion se présente, le sillage d'un navire, et jouissant à la fois de l'ombre qu'il projette, comme aussi des débris de cuisine lancés par-dessus bord et offerts à son avidité.

J'ai vu maintes fois des troupeaux formant un immense parallélogramme, et se livrant entre eux à des évolutions stratégiques dont se fût honoré un régiment de zouaves ou de chasseurs de Vincennes. Les pêcheurs émérites prétendent que leur ordre de marche est d'une telle régularité, que si l'on pouvait réussir à compter les sujets du premier rang et ensuite les rangs entre eux, à la file, on arriverait, — à une petite différence près, — au chiffre exact de la compagnie qui voyage de conserve. Le calcul arithmétique aidant, on aurait le nombre de proies dont on désire s'emparer.

Ne cherchez pas les thons par un temps calme : cette apathie de la nature réveille la leur. S'ils ne dorment pas, ils folâtrent sur la plaine liquide,

Et se livrent ensemble à de joyeux ébats.

A les voir du haut d'une montagne ou de la plate-forme d'un hauban, on croirait voir une troupe de veaux marins prenant leur récréation. Mais le vent s'est mis à souffler, les vagues moutonnent, les plis de l'Océan grandissent et se creusent en gigantesques sillons, et alors la troupe des squamées reprend sa route, défiant le flot, le perçant d'outre en outre, ou se laissant aller au caprice des eaux, sans toutefois perdre de vue la terre de plus de cinquante à quatre-vingts mètres.

O vous, chers lecteurs dont le château s'élève sur les côtes de nos mers fréquentées par ces familles de squamées, voulez-vous consacrer vos loisirs à la pêche des thons? écoutez le récit des moyens employés par les pêcheurs de France, de Navarre, de l'Espagne et même des États-Unis pour capturer le géant des poissons édibles.

Avant de parvenir à s'emparer des troupes de thons d'une manière collective, les pêcheurs de tous les pays n'employaient pas d'autre moyen que le harpon, et, — comme l'est le fusil pour le gibier à poil ou à plume, — ce moyen n'était pas très destructeur.

Le premier engin de braconnier usité par les pêcheurs inventifs fut la *traîne,* filet tendu à cinquante mètres de la côte et ramené à terre par une grosse corde double fixée à l'extrémité la plus éloignée. Cette traîne avait cela de désagréable, qu'on ne s'emparait tout au plus que d'un dixième de la compagnie, tandis que le gros du troupeau, effrayé par cette brusque séparation de ses congénères pilotes, rebroussait chemin et prenait la fuite.

C'était d'habitude pendant la nuit, — une nuit noire, — que l'embarcation dirigée par les pêcheurs faisait voile pour l'endroit où l'on avait remisé le troupeau de thons, au coucher du soleil. Les rames entourées de paille, on aidait le vent, et quand on avait atteint les parages voulus, on « affalait » doucement à l'eau le filet surmonté d'une forêt de lièges, et terminé par une masse de balles de plomb. Dès que la traîne était tendue, la barque faisait volte-face, et se tournant à gauche de la pointe extrême du filet, sans lâcher la corde, les pêcheurs ramaient de façon à contourner le troupeau de thons. Puis, à coups de gaffes et d'avirons, on battait l'eau — à la Xerxès, — pour qu'elle rendît sa proie. Les pêcheurs criaient à tue-tête, afin d'effrayer les scombres, et ceux-ci, épouvantés par les lueurs phosphorescentes des vagues éclairées par des torches de résine, par le bruit et le mouvement insolite qui se faisaient autour d'eux, se dispersaient en s'engouffrant dans les mailles du filet, que les pêcheurs réunissaient par les deux extrémités en tirant les cordes sur le rivage. Une fois à terre, on étalait sur le sable la prise, qui rarement, — à peu d'exceptions près, — était considérable et rémunératrice.

Appien raconte dans ses livres que les pêcheurs de son temps avaient inventé un filet tendu en pleine mer, lequel, d'après la description qu'il en donne, ressemblait fort au *rets* employé de nos jours dans toutes les pêcheries de thons; vaste engin tissé en sparterie, composé d'une falaise ou plutôt d'un barrage aboutissant à des passages, à des portes étroites, à des chambres, à des carrefours sans issues, vrai dédale sous-marin d'où le poisson, une fois engagé, ne peut plus se dépêtrer.

Les pêcheurs de nos jours ont-ils jamais lu Appien dans le texte latin ou traduit par un savant, je ne saurais l'affirmer, quoique j'en doute fort; mais ce qu'il y a de certain, c'est que l'un d'eux, — « celui qui le premier employa la madrague provençale ou le *pigs catcher* américain, » — plus observateur que ses camarades, et renonçant à l'usage du harpon, après avoir étudié les mœurs du thon, en déduisit les conséquences que voici :

Le thon ne voyage point seul. Il ne revient jamais sur ses pas et va toujours de l'avant, — un vrai Yankee connaissant le *go-ahead* américain; — s'il rencontre un obstacle sur sa route, au lieu de le briser ou de le franchir, il le contourne tout bêtement, sans songer que d'un seul coup de queue il pourrait souvent l'abattre.

Ceci une fois posé, le pêcheur inventeur comprit qu'il fallait profiter de la bêtise du thon pour s'en emparer. Il fabriqua un filet immense, formant muraille et se prolongeant fort avant dans la mer, au fond de laquelle il était amarré par des ancres et des câbles solides.

Cette construction n'a point subi de changement notable depuis le jour où elle a été mise en pratique. Les thons, de quelque endroit de la mer qu'ils arrivent, rencontrent l'extrémité de la palissade de sparterie, la suivent au lieu de passer outre, et alors, ne trouvant plus rien qui leur fasse obstacle et entrave leur marche, pénètrent dans la première chambre du filet, vaste carré composé de mailles plus serrées. Ces murailles perfides conduisent les scombres infortunés dans la seconde chambre, puis dans la troisième, et enfin dans la quatrième et dernière « pièce », vaste poche assujettie au fond de la mer par des ancres et des pierres, et terminée par un plancher en sparterie, d'une telle épaisseur et d'une si grande solidité, qu'un sou ne passerait pas à travers les mailles [1].

---

[1] Ceux de nos lecteurs qui, sans aller aux États-Unis, tiendraient à étudier sur place l'emménagement des madragues pour les thons, n'auront qu'à diriger leurs pas jusqu'à Marseille seulement. Ce n'est pas loin, grâce à la rapide locomotion du chemin de fer; dans ce coin de la mer Méditerranée que l'on aperçoit en sortant du souterrain de la Nerthe, un admirable tunnel, vrai travail de Romains qui couronne la tête de ligne du beau railway de Lyon à Marseille; lorsque, après avoir descendu de Paris au Pas-des-Lanciers, on a franchi ce dernier passage, que l'on devine sans le voir, eu égard à la vertigineuse rapidité de la machine, le voyageur, en rouvrant les yeux, découvre la mer Méditerranée et se sent ébloui, fasciné à l'aspect de cette nappe d'eau miroitant au soleil. La plaine liquide baigne le pied des hautes montagnes couvertes de forêts de pins terminés par des ombrelles de parasol, de champs d'oliviers et de ceps aux branches tordues, verdoyant et poussant d'une manière plantureuse, malgré l'aridité du sol que l'agriculteur a délivré des empiètements des ajoncs, des sauges et du thym parasites.

On arrive à Marseille; encore quelques tours de roue, et nous entrons en gare. Déjà nous apercevons Notre-Dame-de-la-Garde, au pied de laquelle s'appuie le château impérial, protégé par les batteries du fort Saint-Jean. Au couchant se développe la mer bordée à l'horizon par le château d'If, élevé sur les îles de Pomègue et de Ratonneau.

Mais avant d'avoir dépassé la station de Saint-Joseph, par-dessus les murailles des *bastides* marseillaises, on peut apercevoir devant la montagne où s'élève le château de M. de Foresta une place sur la mer ou la vague moutonne, à quelques encablures du Château-Vert, le premier restaurant de France et... de Marseille.

Cette description terminée, voici comment procèdent les pêcheurs pour remplir leurs madragues et approvisionner la halle aux poissons.

La pêche du thon se pratique deux fois dans la journée : le soir et le matin, avant le lever du soleil. Souvent, pendant les premières années de ma jeunesse, il m'est arrivé de me réveiller à trois heures après minuit et de me rendre sur la plage, à l'endroit convenu où m'attendaient quelques pêcheurs. Nous faisions force de rames, accompagnés de trois bateaux qui précédaient celui où je montais en compagnie du maître pilote, le chef de l'entreprise.

Il s'agissait de rencontrer les troupeaux de thons, afin de les rejeter au milieu des filets, ce qui ne tardait pas à arriver. Dès que nous les voyions bondir sur la crête des vagues, les quatre embarcations se rapprochaient à l'instant, serrant la voile au plus près du vent, de façon à pousser les thons le long de la première sparterie aboutissant aux chambres et à la bastille du milieu.

Quel plaisir, quelle joie, lorsque tous ces dauphins, à peu d'exceptions près, dépassaient le premier filet pour se jeter dans les méandres de la sparterie! On poussait à bord des cris de joie à ébranler les échos du rivage, et plus on faisait de bruit, plus les poissons fuyaient pour tomber dans le piège.

Enfin les thons étaient captifs. Ce qui restait à faire pour les « amariner », c'était de les amener dans les quatre bateaux. Aussi, par ordre du patron, les deux plus grandes barques se plaçaient-elles à droite et à gauche de la chambre du milieu, que les hommes d'équipage se hâtaient de soulever à fleur d'eau.

Ils étaient là tous ces squamées au dos bleu, frétillant, sans se

C'est là que gît la grande madrague élevée par la corporation puissante et vénérée des *peissouniers* de la cité phocéenne.

Et ce n'est point une petite affaire que celle d'entretenir en bon état ces filets immenses, exposés aux détériorations de la mer, aux attaques des requins et des autres poissons de mœurs équivoques et belliqueuses, qui, dès qu'ils se voient entourés de mailles perfides, brisent tous les obstacles qui les retiennent prisonniers. Il faut avoir la fortune d'un riche suzerain, ou bien s'associer en commandite comme le font un grand nombre de pêcheurs, pour pouvoir subvenir à toutes les dépenses imprévues, sans compter la première mise de fonds.

La municipalité de Marseille concède et garantit aux pêcheurs de la madrague l'emplacement pour dix, quinze et vingt années même. Ce privilège, très en faveur autrefois, a pourtant été retiré, depuis 1851, à un grand nombre de concessionnaires, sous le prétexte que ces filets tendus entravaient la navigation maritime. Si cette méchante raison eût été mise en avant pour la navigation d'un fleuve, j'eusse compris; mais j'avoue que sur la mer cette difficulté soulevée et donnée pour argent comptant me paraît chimérique. Quant à moi, je vote en faveur des *peissouniers* de Marseille. En vrai gastronome, je tiens à manger du thon, et les gourmands de la cité phocéenne déclarent que les priver de leur mets favori, c'est un crime de lèse-nation.

douter le moins du monde du sort qui les attendait : c'était le moment difficile, car il s'agissait d'arrimer les thons dans la cale de la plus grande embarcation, et de ne rien rendre à la mer.

Les pêcheurs, gens très habiles et fort adroits en général, saisissaient chaque thon par sa queue, extrêmement déliée et ayant la forme d'une graine d'érable, et, le soulevant avec une force herculéenne, le précipitaient au fond de leur barque, assommé par le choc, palpitant et se débattant dans une dernière agonie.

Une fois la pêche achevée, on rejetait au fond de la mer tout le filet, que l'on amarrait de nouveau à ses ancres, à ses poids de plomb et de pierre; puis chaque bateau retournait à Marseille, où, sur la Canebière, le butin était confié à ces grandes femmes génoises, portefaix en jupons, qui le portaient à la halle aux poissons.

Au siècle passé, le plaisir de la pêche aux thons était un passe-temps pareil à celui des courses de nos jours. Chaque riche famille possédait une belle barque qu'on pavoisait ce jour-là, et à bord de laquelle les parents, les amis étaient entraînés à la suite des pêcheurs de thons. Le départ de ces chaloupes aux banderoles éclatantes, sur les bancs desquelles la joie et la beauté avaient pris place, l'aspect de cette mer limpide, les senteurs balsamiques du rivage, la fraîcheur de l'atmosphère, la chaleur douce du soleil, dont les rayons irisaient les flots, tout offrait à la vue et aux sens un spectacle émouvant, duquel fut si bien inspiré Joseph Vernet lorsqu'il peignit une de ses marines les plus estimées.

A notre époque, les filets des madragues marseillaises voient moins de visiteurs qu'au temps où le célèbre peintre enfantait cette toile remarquable, une des plus admirées de tout le musée du Louvre, et cependant cette mode, complètement passée il y a quelques années, revient peu à peu sur les côtes de la Méditerranée.

Aux États-Unis, la pêche du thon est un des passe-temps les plus aimés des riverains de l'Atlantique. Non seulement les pêcheurs de profession se donnent fréquemment le *deduict* d'une « chasse aux thons » (*tunnies hunt*), mais encore les amateurs ont-ils près de leurs propriétés des filets en sparterie ressemblant, à peu de chose près, à ceux de la Méditerranée.

L'un de ces derniers, un Espagnol du Mexique, retiré aux États-Unis depuis 1838 pour échapper aux dangers des *pronunciamientos* de son pays, don Alvear Manoel Alfenarès, riche planteur de la Caroline du Sud, s'était lié avec moi aux bains de mer de Newport, où je l'avais rencontré en 1842, et je reçus un matin une lettre de lui qui m'engageait à aller passer quelques semaines sur ses terres, à Winyan-Bay, non loin de Savannah.

« Venez, m'écrivait-il, cher monsieur, mes deux filles et moi nous serons enchantés de vous faire les honneurs de notre habitation, et peut-être mon fils sera-t-il de retour de la Havane pour vous conduire à la chasse et à la pêche. Après vous, je crois que c'est le plus intrépide sportsman du monde, Agréez, etc. etc. »

Certes, l'invitation était trop gracieuse pour ne pas l'accepter. Je profitai d'un congé arraché à la mauvaise grâce de mon rédacteur en chef, et je partis un beau matin par le *southern railway*.

A trois jours de là, je foulai le sol de la plantation de don Manoel. Il faut avoir été l'objet de ses soins, des dorloteries que l'on vous prodigue dans ces maisons bénies, où l'hôte est l'ami, où l'ami est le frère, pour regretter ces heures passées, cette époque lointaine dont le souvenir ne s'efface jamais.

Je vois encore comme si c'était hier, quoique ce récit date de quinze ans, ces deux belles créoles en robes blanches, se tenant par la main sous la véranda de l'habitation de Winyan-Bay, venir à ma rencontre et me conduire jusqu'au grand fauteuil sur lequel l'une me forçait à m'asseoir, tandis que l'autre me débarrassait de mon panama et de mon bâton de voyage.

« Votre chambre est préparée, disait Pepina.

— Un bain vous attend, ajoutait Rosita.

— Nous ne vous laisserons plus partir, reprenait l'aînée.

— Vous voilà de la famille, mon cher ami, faisait le père, brochant sur le tout. Je suis heureux de vous voir. A dire vrai, je ne comptais pas sur vous : les Français promettent, mais tiennent peu. Vous faites exception à la règle. Allons! vous allez passer dans votre chambre; j'ai donné des ordres à Ryno, mon valet de chambre, pour qu'il vous soigne de son mieux. Il est midi et demi; vous prendrez votre bain, vous ferez la sieste jusqu'à quatre heures, puis vous vous livrerez aux mains de Ryno, qui est un excellent coiffeur, un parfait domestique. Votre toilette faite, vous reviendrez ici, où nous vous attendrons. Liberté; d'ailleurs je suis trop content de vous voir pour vous gêner en rien. »

Ce qui fut dit fut fait. A l'heure précise, plus tôt même que plus tard, je rejoignis mes hôtes. Je n'avais d'ailleurs pas dormi une seconde dans le hamac où je m'étais étendu après avoir rafraîchi mes membres fatigués dans un bain parfumé d'essence de magnolia.

Pepina et Rosita avaient fait une toilette nouvelle, qui leur seyait à ravir. L'une portait une robe de foulard jaune couverte de dentelles noires; l'autre, un fourreau de satin rose de Chine orné de bandes de velours noir. Dans leur chevelure luxuriante, luisante comme l'ébène, des fleurs de grenadier restaient accrochées près d'un peigne d'écaille placé sur le côté, *à la mauvais sujet,* comme disait leur père dans son baragouin anglo-français.

Je n'ai point à décrire ici les détails du dîner, qui fut exquis, de la soirée qui s'écoula à causer, à chanter, à former mille projets chimériques. Je me bornerai seulement à parler d'un seul point qui termina la causerie du soir, lequel a rapport au commencement de cet article et au sujet qu'il traite.

Au moment où nous songions à nous retirer tous, un des nègres de don Alvear Manoel se montra au bas de la piazza de l'habitation.

« Maître, fit-il d'une voix timide.

— Ah! c'est toi, Tybald! que veux-tu à cette heure?

— J'arrive de la pêcherie pour vous prévenir que les *tunnies* arrivent, et qu'il fera bon pêcher demain.

— Qu'on donne une piastre et une bouteille de tafia à ce brave Tybald, s'écria don Alvear Manoel, pour la bonne nouvelle qu'il apporte. Les *tunnies* ne pouvaient pas se présenter plus à propos à Winyan-Bay pour les plaisirs de mon hôte. Allons nous coucher tous, et bonne nuit, *caro amigo;* demain soyez prêt à six heures, et nous partirons après déjeuner pour la pêcherie. Je vous promets un sport qui vous ravira, et dont vous garderez bonne mémoire. »

Dès que l'aube parut, je me jetai à bas de mon lit, me vêtis d'un costume blanc irréprochable et me glissai hors de mon appartement, rôdant autour de la maison et fumant un cigare.

Tout à coup la porte de la maison s'ouvrit, et don Alvear Manoel parut sur le seuil.

« Hé quoi! déjà debout! s'écria-t-il. Voilà qui est extraordinaire. Je vois bien que vous êtes un pêcheur enragé. A table, si le cœur vous en dit; mes deux filles nous attendent dans la salle à manger. »

En effet, Pepina et Rosita étaient assises à leurs places : devant elles se trouvait la cafetière de chocolat sacramentelle, qu'elles faisaient mousser pour le rendre meilleur.

Nous nous serrâmes mutuellement la main, chacun de nous sourit à l'autre en demandant des nouvelles de nos santés; on mangea, ou plutôt on grignota, deci delà, quelques bribes de cet excellent déjeuner, car l'appétit n'était pas encore ouvert; puis on songea au départ.

Don Alvear Manoel avait fait atteler deux chevaux à un char à bancs américain très confortable, dans lequel nous prîmes tous place; puis, sur son ordre, le cocher nègre fouetta ses bêtes, qui partirent d'un excellent pas sous la grande allée ouverte dans la forêt sombre, et plantée de grands arbres de toutes essences, qui entourait Winyan-Bay. La route qui côtoyait la mer me parut bien courte, eu égard à la gracieuse compagnie dans laquelle je me trouvais. Une demi-heure après notre départ, nous arrivions à l'entrée de la baie où était située la pêcherie de don Alvear Manoel.

Comme les madragues de la Méditerranée, l'échafaudage de sparterie de mon hôte s'étalait de la côte aux chambres du milieu, dans lesquelles, au dire de Tybald, se trouvaient déjà six thons qu'il avait aperçus en allant inspecter le *pigs-catcher*. « Mais, ajoutait le moricaud, quand se lèvera le soleil, j'espère voir arriver en foule les squamées de l'Atlantique. Trois barques de la pêcherie sont en pleine mer et dirigent les thons vers la côte; deux fois ils on fait un signal de réussite. Voyez vous-même, maître. »

Don Alvear Manoel, dirigeant ses regards vers l'endroit indiqué par son esclave, aperçut, en effet, hissée au mât de ses embarcations, une flamme dont la couleur indiquait une chance favorable.

Bientôt, tandis que nous causions ensemble sur divers sujets relatifs à la pêche, Tybald attira notre attention sur une nombreuse quantité de points noirs qui se dessinaient sur la cime des vagues moutonnantes de l'Océan.

« *The wild boars coming* (voici les sangliers)! » s'écria-t-il.

En effet, les thons devenaient de plus en plus visibles; ils s'avançaient en bon ordre, en rang de bataille, nombreux et prêts à tout

renverser. Par bonheur, les travaux de la madrague de mon hôte étaient d'une solidité à toute épreuve : les premiers poissons qui donnèrent dans les chambres eurent beau se débattre, ils étaient bien pris; puis les seconds arrivés le furent de même, jusqu'au moment où la madrague fut pleine; alors les thons restés en dehors suivirent les contours extérieurs de la sparterie, et filèrent vers la haute mer, pour aller plus loin retrouver la côte en continuant leur pérégrination.

Le moment était arrivé d'assister à la pêche merveilleuse, c'est-à-dire de relever la chambre du milieu, moment solennel pour les *fishermen* de Winyan-Bay. La barque d'honneur de don Alvear Manoel, conduite par quatre rameurs, nous amena en quelques minutes sur le lieu de la pêche.

Pendant ce temps-là, les trois embarcations des pêcheurs s'étaient rapprochées de la côte, et venaient procéder à la prise.

Pepina et Rosita riaient comme des folles en songeant à la belle pêche à laquelle elles allaient assister. J'étais heureux de leur bonheur.

« Allons, *boys!* s'écria don Alvear Manoel, c'est le moment. *Go ahead!* et surtout n'en laissez pas échapper un seul. »

Les pêcheurs n'attendaient que cet ordre, et, dès qu'il eut été jeté à la folle brise du matin, ils soulevèrent le filet de sparterie dans lequel frétillaient et se débattaient trente-deux thons de toutes tailles. Les nègres sont d'une fort grande habileté à toutes les chasses et à toutes les pêches; mais ils n'ont rien innové. Leurs procédés pour prendre les thons par la queue et les jeter au fond de leur barque étaient les mêmes que ceux de nos *pescaïres* de Marseille. Ce qui me charmait, c'était d'assister à cette fête nautique en si agréable compagnie.

Debout sur l'avant de notre embarcation, Rosita et moi nous examinions tout joyeux « l'amarinage » des poissons géants, dont quelques-uns mesuraient un mètre et demi de longueur, lorsque tout à coup la belle enfant, perdant l'équilibre, tomba à la mer : je poussai un grand cri, et, sans songer à mon ignorance à peu près complète de la natation, je me précipitai dans le sein d'Amphitrite pour arracher Rosita à la mort. J'avais déjà saisi sa robe et cherchais à l'atteindre, — ce qui eût été aussi inutile que dangereux pour l'un et pour l'autre, — lorsque Tybald, sautant par-dessus bord, saisit sa maîtresse d'une main ferme et la remit en peu d'instant à bord de l'embarcation de son père entre les bras de sa sœur. La belle enfant n'avait pas perdu son sang-froid; elle riait de sa mésaventure, et quand, repêché par un autre nègre, je repris place à ses côtés, nous partîmes tous d'un grand éclat de rire, ce qui guérit toutes les blessures de notre amour-propre, froissé à l'endroit de la toilette.

Les thons furent tous pris, depuis le premier jusqu'au dernier, et le soir même on les portait, suivant l'usage, au marché de Savannah : on en réservait quatre seulement pour les besoins de la maison de don Alvear Manoel, et celui que le maître *cook* de mon hôte apprêta au gras, assaisonné d'une sauce au *gumbo*, me parut un mets succulent, comme il l'était, en effet, au dire de mes aimables hôtes.

Je ne puis raconter ici en détail certaines émotions, certaines causes qui firent qu'au lieu de devenir un des fils du planteur de Winyan-Bay je suis encore garçon. Ainsi va la vie. Il me suffira de dire que Pepina et Rosita étaient l'une et l'autre « engagées » de leur propre consentement à deux frères qu'elles aimaient.

Pendant la première semaine de mon séjour à Winyan-Bay, j'avais appris tout cela et fait connaissance avec ces jeunes gens. Bientôt je ne songeai plus à ces rêves. J'avais trouvé des sœurs chez les deux créoles, et, faute de mieux, je me contentai de l'amitié de mes hôtes, si désireux de prévenir mes moindres désirs.

Hélas ! comme tout plaisir apporte avec lui le revers de sa médaille, le mois s'écoula, — trop court, — l'heure du retour sonna, et je dus un matin reprendre le chemin de fer se dirigeant sur New-York, à mon grand déplaisir et à celui de toute la famille Alfenarès et de leurs amis, qui se trouvaient si heureux au bord de la mer, loin des soucis, des affaires et des méchancetés du monde.

LES GÉANTS DU LABRADOR

Je n'apprendrai rien à mes lecteurs en leur disant que la baleine est le plus grand des animaux connus de la création, et qu'elle est le géant des mers, comme l'éléphant est celui de la terre. La baleine franche, la première du genre cétacé, n'a pas moins de quarante-cinq à cent pieds de long. Il est même certains voyageurs qui ont poussé l'exagération jusqu'à donner le double de cette dimension à quelques spécimens rencontrés par eux sur des mers lointaines, dans des parages... inconnus; mais cent pieds sont déjà une belle longueur, et je m'en tiens là.

Il y avait dans le port de New-York, en février 1848, trois grands navires accotés les uns aux autres à l'un des *warfs* de la rivière de l'Est, qui attendaient le moment favorable pour quitter la baie et se rendre aux pêcheries lointaines de la baleine. Un matin, par désœuvrement, je m'étais hissé par l'échelle de corde appendue le long de la paroi bâbord jusque sur le pont du plus gros de ces navires, et, avec la permission du capitaine, qui fumait tranquillement sa pipe sur le gaillard d'arrière, j'avais demandé à un matelot de me montrer l'intérieur de cette maison flottante.

C'était un grand trois-mâts de cinq cents tonneaux, équipé, approvisionné avec soin, et disposé de façon à pouvoir braver les mers orageuses et les glaces des régions polaires. L'équipage se composait de trente-deux hommes remplissant à bord des fonctions distinctes, et de deux capitaines, l'un chargé de conduire le bâtiment sur le lieu de pêche, l'autre chargé spécialement de la prise et du dépècement des cétacés. Du reste, à ce que m'apprit le gabier qui me conduisait dans tous les méandres de la cale puante du baleinier, me montrant tout en détail, et se croyant obligé de m'ouvrir chaque tonneau, chaque caisse de tôle, il n'y avait aucune rivalité, aucune lutte, aucune jalousie entre les deux chefs de l'expédition, qui étaient tout simplement deux frères jumeaux, deux *good twins,* répétait-il à chaque phrase. Venaient ensuite quatre officiers, y compris le maître de manœuvre, un chirurgien, un charpentier expérimenté, deux tonneliers, un forgeron, un cuisinier pour la table des supérieurs, un *cook* (le coq de notre marine) pour l'équipage, et vingt-deux matelots, mousses, etc. etc., servant de harponneurs et de rameurs. Le long des parois du navire, appendues à des barres de fer solidement amarrées, je remarquai six baleinières et une septième derrière le château d'arrière.

L'appartement du capitaine et les chambres des officiers étaient d'une simplicité primitive, comparés avec les splendides emménagements de certains navires que j'avais souvent visités dans le port.

« Sur un baleinier, me fit observer le gabier, le luxe est inutile : on marche dans l'huile, on se tache, on s'abîme ses effets, quoi! Aussi faut pas faire le flambart : c'est bon pour les aristocrates de paquebotiers ou de négociants amateurs. »

Cette sortie me suffit pour l'intelligence de la chose, et je devinai, — ce qui est vrai, — que le matelot d'un baleinier aime peu les autres matelots. Est-ce par un sentiment de jalousie, ou par tout autre motif? je ne saurais le dire.

« Dès qu'on a pris la mer, continua mon cicerone, on établit un rôle de pêche; le chef, le harponneur et les quatre autres rameurs de chaque baleinière sont désignés tour à tour. Ensuite tout harponneur reçoit vingt harpons, six lances, deux pelles tranchantes, un hachot, deux couteaux d'embarcation, une grande provision de manches de harpons, de lances et de pelles, et une quantité suffisante de ligne ou menu cordage d'un usage indispensable. Puis, tout en faisant route vers les parages où l'on va chercher la baleine, l'équipage se livre sans relâche à une multitude de travaux préparatoires et principalement à l'installation des embarcations, dont chacun s'occupe avec une fraternelle sollicitude. La baleinière est le premier des instruments du bord; c'est elle qui décidera de la victoire; il faut qu'elle vole comme la flèche. On l'espalme, on la grée de ses appareils, on la dispose pour la chasse et pour le combat. On a soin d'embarquer à bord tout ce qui est nécessaire à la réparation des baleinières, et le charpentier a fort à travailler pour les entretenir en bon état durant le cours entier de la campagne.

Après la pirogue, le harpon joue le rôle le plus important; le gabier me mit entre les mains un dard en fer, formant un angle obtus d'environ cent vingt degrés, dont les côtés tranchants ont trois pouces de hauteur. Je n'avais jamais vu d'arme plus effilée ni plus terrible. Le troisième côté du triangle, épais d'environ six lignes,

tient par le milieu à une branche en fer d'une extrême souplesse, dans laquelle s'emboîte le manche en bois qui sert à lancer le harpon. Le métal doit être assez malléable pour se tordre en tous sens et ne jamais rompre; il faut qu'en quelques coups de maillet on puisse le redresser, lors même qu'il aurait pris la courbure d'un tire-bouchon.

Lorsque j'eus tout vu, tout étudié, je glissai un *half dollar* (50 cents, autrement dit 2 fr. 50 c.) dans la main de mon cicerone et je remontai sur le pont. Les deux *good twins* étaient là, devant une table fort bien servie, ma foi! et déjeunaient du meilleur appétit sous la tente de la dunette.

« Eh bien! *Sir,* avez-vous compris ce que c'est qu'un navire baleinier? me dit celui des deux capitaines à qui je m'étais d'abord adressé.

— Parfaitement, gentleman, parfaitement. En ma qualité de journaliste et d'étranger, je tiens particulièrement à m'instruire, et sauf une pêche à la baleine, que je n'ai pas vue et à laquelle je ne crois pas avoir jamais la bonne chance d'assister, je suis édifié sur la question.

— Ah ! vous êtes journaliste, Sir ? fit le second officier.

— Oui, Monsieur, attaché à la rédaction du *New-York Herald*.

— Ah bah ! prenez donc la peine de vous asseoir. »

J'ai déjà raconté, dans le chapitre troisième, toute la déférence, tout le respect que les Américains portent aux *reporters* de la presse en général et en particulier, à ce point que sur les chemins de fer on leur donne un passage gratuit sur le simple vu de leur carte, — laquelle, soit dit en passant, pourrait bien être fausse, — que les hôteliers ne veulent point de leur argent et les servent comme des princes, etc. — On ne trouvera donc pas extraordinaire que les *twins* du *Jackson*, — tel était le nom du baleinier, — me fissent un parfait accueil, d'autant plus que le *Herald* était, s'il ne l'est encore, un des journaux les plus influents de New-York.

Je déjeunai donc avec mes nouvelles connaissances, et l'on me fit promettre de revenir à bord tant et aussi souvent que bon me semblerait. Je dois avouer que ces deux capitaines étaient des gens d'un très agréable commerce, et que j'eus toujours par la suite un grand plaisir à me trouver en leur compagnie.

Un soir, j'étais seul au bureau du journal, occupé à rédiger un article pour le livrer aux imprimeurs, qui l'attendaient, lorsqu'on frappa à la porte de notre « sanctum ».

« Entrez, » dis-je aussitôt; et je vis apparaître un de nos pilotes aux nouvelles qui me demanda si j'étais attaché à la rédaction du journal.

« Mais oui ! mon brave homme. Que nous apportez-vous? quelque bonne nouvelle sans doute?

— Oh! certainement, une nouvelle qui fera demain matin sensation dans la ville.

— Parlez, je vous écoute.

— Cet après-midi, à trois heures, une baleine énorme est venue échouer à la pointe nord de Long-Island.

— Bah! quelle plaisanterie! une baleine! mais c'est impossible.

— C'est la vérité, je m'y connais; c'est une baleine franche [1], — *a right wale*, vous dis-je. »

---

[1] La tête de la baleine franche égale à peu près le quart de sa longueur totale; deux canaux ou évents, qui partent du fond de la bouche et se rendent au sommet du crâne, servent à l'animal pour respirer et rejeter l'eau entrée dans sa gueule lorsqu'il a plongé. On aperçoit de plus de deux lieues cette double colonne d'eau, hauté parfois de vingt pieds

J'hésitais à croire le récit de cet homme; mais il n'était pas ivre, il parlait avec assurance, et enfin, quitte à avouer le lendemain « que nous avions été mal informés », je me décidai à rédiger un *city item* (faits divers) que j'envoyai à l'imprimerie en même temps que les derniers feuillets de mon article.

Je regagnais mon domicile; minuit sonnait au City-Hall, lorsque

au-dessus du niveau de la mer; les vigies alors s'empressent de signaler une baleine, et le navire met le cap dans sa direction.

L'ouverture de la bouche de la baleine franche est tellement grande, qu'elle pourrait livrer passage à un homme. Sa mâchoire supérieure est garnie des deux côtés de quatre à cinq cents fanons, lames parallèles et flexibles qui sont détaillées dans le commerce sous le nom vulgaire de *baleines*. Chaque fanon entre par un bout dans la gencive, la traverse et pénètre jusqu'à l'os longitudinal; mais comme une frange de crins attachés au bord concave du fanon sort en dehors des lèvres, on appelle encore fort improprement *barbes* ces grandes lames, qui occupent la place des dents dont la baleine est dépourvue. Aussi n'exerce-t-elle aucun travail de mastication. Elle se nourrit de très petites proies, des moindres poissons et surtout de mollusques.

La nature a donné à la baleine des nageoires d'une structure et d'une force proportionnées à sa masse, non point composées d'arêtes jointes les unes aux autres par des membranes, mais formées d'os articulés comme ceux de la main et des doigts de l'homme. Une queue gigantesque disposée horizontalement et non verticalement, ainsi que la queue des poissons ordinaires, complète l'appareil locomoteur de la baleine. La couche énorme de graisse qui enveloppe le monstrueux cétacé allège beaucoup le volume de son corps, et tient l'eau à une distance convenable du sang, qui sans cela pourrait se refroidir. Elle sert ainsi à conserver la chaleur naturelle de l'animal.

Le cachalot macrocéphale, moins fort que la baleine franche, quoique souvent plus long, mais toujours moins gros, est peut-être encore plus recherché par les pêcheurs. Il diffère considérablement de la baleine franche; sa mâchoire inférieure est garnie de dents coniques et un peu recourbées, qui ont à l'extérieur la couleur et la dureté de l'ivoire, mais qui, dépouillées de leur émail, sont plus tendres et moins blanches. Le marin, qui utilise toutes les parties du cachalot, en fait le plus grand cas.

Les baleiniers estiment beaucoup moins la baleine à bosse et la baleine à aileron ou « baleinoptère gibbar »; car ces dernières espèces produisent infiniment moins d'huile que les baleines franches et les cachalots. Toutefois on ne dédaigne pas, en guise de passe-temps et à défaut de mieux, le souffleur, quoiqu'il n'ait guère que quinze à vingt pieds de long sur sept à huit de circonférence; ce dernier cétacé fournit un fort baril d'huile d'excellente qualité.

Pendant longtemps on a cru qu'il n'existait qu'une seule espèce de baleine franche, et l'on est resté dans cette erreur jusqu'au moment où M. Delalande, apportant au muséum d'histoire naturelle le squelette complet d'un de ces animaux pris dans les environs du cap de Bonne-Espérance, a fourni à M. Cuvier l'occasion d'apercevoir les différences très notables qui existent entre la baleine du Sud et celle du Nord.

Les traits de dissemblance consistent principalement, pour ce qui concerne la charpente osseuse, dans la soudure des sept vertèbres cervicales, et dans deux paires de côtes de plus.

La baleine australe a la tête beaucoup plus déprimée que celle du Nord; ses nageoires pectorales sont aussi plus longues et plus pointues; les lobes de sa queue sont moins échancrés : les baleiniers s'accordent aussi à la représenter comme sensiblement plus petite que la baleine arctique, ses dimensions ordinaires étant de quarante à cinquante pieds.

D'après cela, l'équateur formerait en quelque sorte la ligne de démarcation entre les domaines de la baleine du Nord et ceux de la baleine du Sud. Mais on conçoit qu'aucune des observations relatives au géant des mers ne peut être d'une exactitude rigoureuse.

tout à coup l'idée me vint d'aller à bord du *Jackson* prévenir un de mes amis de ce qui se passait à l'extrémité de Long-Island.

Tout le monde dormait à bord, sauf le matelot de quart. Je le hélai en lui disant que j'avais à parler à un de ses *gentlemen-officers*, pour affaire grave, et le prudent *sailor*, allumant une lanterne à la flamme de l'habitacle, vint me chercher par la main afin de me conduire sans danger jusque sur le pont.

Il alla ensuite réveiller les deux *twins*, qui me firent prier aussitôt de descendre dans leur cabine. Leur étonnement fut grand lorsque je leur racontai ce que m'avait appris le pilote aux nouvelles.

« *Good God!* s'écria le premier, si nous pouvions partir tout de suite !

— Qui nous en empêche? Appareillons sans rien dire; demain au point du jour nous irons chercher nos papiers, pour être en règle, et tout en descendant la rivière et la baie jusqu'à Sandy-Hook, celui de nous deux qui sera allé au Custom-House rejoindra facilement le bord. »

Ce qui fut dit fut fait : les deux capitaines se levèrent. On manda les hommes sur le pont, et on leur apprit, — sans leur rien avouer, — que pour affaire urgente on allait appareiller sur-le-champ.

« Appareiller? fit le subrécargue; mais nous n'avons pas de provisions à bord.

— N'importe, c'est une promenade que nous allons faire, et qui durera tout au plus trois jours. Donc il y a assez de vivres ici pour ce laps de temps. D'ailleurs, au point du jour, nous aurons du pain frais et tout ce qui sera nécessaire. Sus! mes *boys!* au travail et dépêchons-nous. »

Au lever de l'aurore, le *Jackson* se trouvait en pleine rivière, hors de son warf, et il coulait doucement au fil de l'eau, à la marée descendante. Pendant ce temps-là, le second capitaine courait se munir de papiers nécessaires à l'excursion que projetait le navire baleinier; et, à dix heures du matin, monté sur une embarcation prise à la Battery, il rejoignit son bord, suivi par votre serviteur, qui avait trouvé l'occasion favorable pour assister, sinon à une « pêche », du moins à une « prise » de baleine.

Le vent favorisait notre voyage; il souffla même sud-ouest au moment où nous passions devant la Quarantaine et le fort Hamilton, puis, au delà de Sandy-Hook, la mer moutonnait, les vagues roulaient vent grande largue de telle façon, qu'à une heure après midi nous tournions la pointe de Long-Island, nos lunettes braquées

sur la plage, cherchant dans tous les méandres de la côte le monstre
dont le *Herald* avait annoncé l'échouement.

Enfin, au delà du cap de sable qui termine l'île, un point noir
apparut entre deux îlots ; on examina avec soin cette tache d'encre
sur la mer, et tout à coup un matelot monté dans les haubans hurla,
d'une voix de stentor, ces mots qui font tressaillir tout baleinier,
quelque accoutumé qu'il soit à les entendre :

« *Wale! a right wale! she blows.* » (Une baleine ! une baleine
franche ! elle souffle.)

C'était bien, en effet, le monstre que m'avait annoncé la veille le
pilote aux nouvelles du *Herald*. Échoué sur cette plage, où il était
descendu des mers du Labrador, entraîné par une cause inconnue, le cétacé, malade peut-être, incapable de se conduire, s'était
laissé aller à la dérive et avait atterri au hasard. La marée l'avait
abandonné la veille ; puis, à la mer montante, il s'était relevé et
cherchait à regagner les profondeurs de l'Océan et les parages où il
était né.

J'ai oublié de dire que l'équipage du *Jackson* avait été averti du
but de l'excursion dès que le navire s'était trouvé au milieu de la
baie de New-York ; aussi un grand tumulte suivit-il l'annonce de la
présence de la baleine. Ce n'était plus une épave que l'on allait
recueillir, c'était un combat qu'il faudrait livrer.

Le navire avançait toujours, et bientôt on ne fut plus qu'à une portée de canon du *géant* du Labrador, qui jetait deux colonnes d'eau par ses évents et paraissait jouir d'une excellente santé, pour le moment du moins.

« Aux canots! » s'écria alors le capitaine chargé de la prise, et les marins se précipitèrent, chacun volant à son poste; les baleiniers descendirent à la mer. Les chefs prirent les avirons de gouverne; les harponneurs, à l'avant, disposèrent leurs armes redoutables, tout en nageant leurs avirons. La flottille appuyait la chasse du monstrueux cétacé, qui, ayant aperçu ses ennemis, fuyait lâchement et évitait la bataille.

C'était un admirable spectacle, et, monté dans les haubans du *Jackson*, je ne perdais aucun détail de ce combat naval.

Une des baleinières avait devancé les autres; le capitaine qui la dirigeait encourageait le harponneur par ses gestes et ses paroles. Tout à coup l'engin destructeur fut brandi par l'exécuteur des hautes œuvres du *Jackson*; il fendit l'air et entra dans le flanc du géant.

Le cétacé frappé donnait des coups de queue terribles, agitait ses nageoires et se débattait avec rage. S'il eût atteint l'embarcation, elle eût été broyée comme un fétu de paille. Mais, au lieu d'attaquer, le monstre se mit à fuir, entraînant après lui la baleinière victorieuse par le harpon fixé dans son corps, auquel était nouée la corde liée à un des anneaux de l'embarcation. La baleine plongeait, puis elle remontait à la surface de la mer teinte de son sang. Cette lutte dura trois quarts d'heure, et enfin, épuisée, haletante, elle reparut pour rendre le dernier souffle. Elle agonisait.

Quelques minutes après, le capitaine accosta la proue de son canot contre la poitrine du cétacé, et l'acheva en plongeant dans la partie extérieure qui correspond aux poumons une longue lance à main parfaitement aiguisée.

Au même moment on poussa au large; car les convulsions de la mort étaient aussi à craindre que la force colossale du monstre, dont les évents jetaient du sang, comme une heure auparavant ils jetaient de l'eau. La baleine roulait en tous sens sa masse gigantesque; elle se débattait et défendait le peu de vie qui lui restait.

Afin de hâter sa mort, les autres baleinières s'avancèrent avec précaution, et l'on porta de nouveaux coups de harpon, de lance et de pelles tranchantes au cétacé furieux. C'était principalement à la queue, vers sa jonction avec le corps, que les marins cherchaient à atteindre le monstre, de façon à trancher un des gros vaisseaux sanguins.

Par un hasard miraculeux, aucun malheur ne vint attrister ce combat livré au géant du Labrador. Car il arrive souvent qu'un canot tout équipé est entraîné au fond de la mer, et disparaît avec tous ceux qui le montent; d'autres fois une embarcation est lancée en l'air pour s'être trouvée au-dessus de la baleine au moment où elle remontait à fleur d'eau.

Enfin le cétacé rendit le dernier soupir. Des hourras prolongés retentirent à bord de toutes les baleinières. Nous leur répondîmes du *Jackson;* car le navire s'était rapproché autant qu'il l'avait pu du théâtre de la lutte.

Bientôt un autre travail commença : on hissa de nouveau les baleinières à leur place; puis le navire accosta la baleine, qui fut solidement amarrée par la queue au moyen d'une chaîne à tribord, et cette vaste carcasse dépassait en longueur la moitié du bâtiment.

Sur l'ordre du capitaine, on avait cargué toutes les voiles et jeté les deux ancres sur un bon fond de roches, afin de pouvoir procéder le lendemain, sans être dérangé, à l'opération du dépècement. De cette façon, les lourds apparaux ne pouvaient pas céder, les épais blocs de graisse arrachés à la baleine ne se décrocheraient pas et n'écraseraient pas les gens de l'équipage. Il s'agissait aussi d'éviter le feu qui convertit en huile les tranches énormes enlevées successivement au cétacé.

Tous les préparatifs terminés, la nuit étant venue, l'on songea à dîner, ce qui se fit à bord du *Jackson,* avec un faste auquel les marins n'étaient pas accoutumés. Les deux capitaines offrirent une triple ration à leurs hommes; on but largement, on mangea de même; toutes les pipes s'allumèrent, et puis les chansons les plus gaies éclatèrent de toutes parts. Un clair de lune admirable illuminait cette scène grandiose, dont le souvenir reste gravé dans la mémoire une fois qu'on a assisté à pareille fête.

A minuit cependant tout le monde dormait, sauf le matelot de quart chargé de piquer les heures. Enfin l'aube se leva, et à peine fit-il jour qu'on songea à procéder au dépècement, et, pour y parvenir, on frappa des palans au bout des vergues, on garnit le guindeau et l'on distribua des pelles à dépecer aux travailleurs. Un marin descendit ensuite sur la baleine flottante, et entoura l'un de ses ailerons à l'aide d'une chaîne terminée par des anneaux de grandeurs différentes qui bouclaient l'un dans l'autre, étreignant fortement les nageoires : on les attacha ensuite aux appareils de poulie appendus au-dessous de la vergue.

Pendant que tout ceci se passait, les baleiniers se servaient de leurs pelles montées sur de longs manches, et tous les dépeceurs placés à bord les faisaient agir avec ensemble. On vira le guindon, et l'on enleva une grande tranche de lard avec le premier aileron; puis le corps de la baleine tourna sur lui-même comme une bobine que l'on dévide. Dès que la tranche atteignait la hauteur de la vergue, on accrochait un autre appareil en bas, puis on coupait la partie déjà brisée et on l'amenait à bord tout en soulevant une seconde tranche. Une activité sans pareille régnait sur le pont, et ne cessa que lorsque le corps fut entièrement dépouillé de sa graisse.

On songea alors à détacher la tête du tronc, et quelques hommes armés d'une hache parvinrent à couper un os gigantesque et à isoler cet énorme morceau de la carcasse. On appliqua immédiatement les appareils à la monstrueuse mâchoire, et on la hissa à bord pour en arracher les fanons. La carcasse fut abandonnée aux requins et aux oiseaux de proie accourus de toutes les directions, de tous les coins de l'horizon, à tel point que leurs cris nous assourdissaient et empêchaient la voix de l'un de parvenir à l'oreille de l'autre sans s'égosiller.

Le lard du géant maritime avait été étendu dans l'entrepont par couches de trois pieds de largeur et de dix à quatorze pouces d'épaisseur sur dix-huit à vingt de long. On le coupa ensuite par morceaux, qui furent jetés dans de vastes chaudières établies au pied du mât de misaine. Toute la nuit fut employée à la fonte du lard, et les baleiniers chauffaient les fourneaux à l'aide de cretons (*scraps*) imprégnés d'huile. A voir ces marins manipulant cette horrible cuisine dont l'odeur nauséabonde m'écœurait au suprême degré, on eût dit une troupe de démons confectionnant un philtre, ou préparant leur cuisine avant de partir pour le sabbat. En dehors de ce spectacle, nos oreilles étaient passablement écorchées par des chansons plus que grivoises, nasillées à l'américaine, sur des airs que n'avaient point écrits Rossini, Bellini, ou même Verdi le célèbre.

Au petit jour, notre capitaine de mer, qui s'était reposé sur le capitaine de pêche des soins de toute l'opération que je viens de décrire, fit mettre à la voile pour rentrer à New-York. Tandis que le *Jackson* marchait bâbord amures, le cap au sud-sud-ouest, ayant le vent grande largue, toutes voiles dehors, des bonnettes basses aux bonnettes de perroquet, les voiles d'étai déployées et le pavillon hissé à la place d'honneur, nous filions onze nœuds à l'heure,

et l'équipage arrimait les barils d'huile et les caisses de tôle dans
la cale.

Au moment où, vers trois heures de l'après-midi, nous passions
devant le fort Hamilton, recevant la visite des employés de la
douane, tout le travail était terminé, et une heure après le navire
reprenait sa place le long des warfs de la rivière de l'Est.

Pendant que nous étions absents à la pêche de la baleine de Long-
Island, le *Sun*, journal rival du *Herald*, s'était égayé au sujet de ce
qu'il appelait notre « canard ». Une baleine dans les eaux de New-
York avait paru à nos confrères une « monstruosité » sans pareille,
un « abus de confiance » sur la crédulité publique. Aussi avait-il
fulminé contre mon article, et sa prose se terminait par un violent
éclat de rire.

Le public ne savait à qui des deux ajouter foi ; mais il fut bien
étonné lorsque le lendemain matin je publiai, dans le *Herald*, une
narration des plus détaillées du voyage du *Jackson* à la pointe de
Long-Island.

Le *Sun*, qui avait déjà, à d'autres époques précédentes, publié
« le Voyage à la lune de Herschell » et autres plaisanteries du même
genre, élucubrations savantes du célèbre Edgar Poë, ne crut pas
devoir répondre à l'argument sans réplique que je fis imprimer tout
au long, suivi de ma signature.

La pêche faite par le *Jackson* avait rapporté aux deux capitaines une somme ronde de 3,000 ollars, et je reçus d'eux, un beau
matin, certain présent que je garde encore avec le plus grand soin :
une admirable épingle pour mes cravates, bijou d'or représentant
une baleine aux yeux de diamants, « juste rétribution, — disait
la lettre d'envoi, — de la bonne découverte que vous nous avez
fait faire dans la nuit du 22 mars 1848 et du bénéfice qu'elle a
produit. »

Du reste, le fait que je viens de raconter est une exception à la
règle générale. Le Labrador, à l'heure où je publie ces pages, est
maintenant à peu près désert : ses géants sont morts, ou ont quitté
les côtes pour des climats inconnus à l'homme, par delà l'Islande
dans les baies de Sandrig, Nord-Friord, Mio-Friord et Seidin-
Friord sur la côte est, et près de Oëd-Friord sur la côte nord. C'est
au mois de juillet que leur apparition est plus fréquente, et alors
elles se rendent par troupes le long des côtes et dans les baies les
mieux closes.

Quelle est la loi des migrations de la baleine ? Après avoir fré-
quenté certains parages pendant des siècles, pourquoi s'en éloigne-

t-elle pour n'y plus revenir? Qui dira la cause de son retour périodique en des lieux déterminés? Comment expliquera-t-on sa fuite ou son départ, l'irrégularité ou la régularité de ses habitudes nomades?

Il est prouvé par l'expérience que la baleine peut vivre sous toutes les zones; on la rencontre, en effet, dans les régions tropicales, sur les côtes d'Afrique et du Brésil, dans le golfe de Panama et sur les rives de l'Arabie Heureuse; on la trouve aussi sous la ligne équinoxiale, comme, par exemple, aux îles Gallapagos, de même qu'au milieu des glaces polaires, par delà le 86º de latitude nord, et au sud du cap Horn et des îles Malouines. Autrefois elle se montrait en abondance dans nos mers; des troupes de baleines peuplaient le golfe de Gascogne et même la Méditerranée.

Il est certain encore que la baleine est nomade : ainsi celles de l'hémisphère austral fréquentent les diverses baies de la côte occidentale d'Afrique, du cap de Bonne-Espérance au 10º de latitude sud, ou environ. Elles y séjournent depuis le mois de juin jusqu'au mois de septembre, et y mettent bas; après quoi elles se dirigeraient, au dire des observateurs, à l'ouest vers les îles Tristan da Cunha, ou les côtes du Paraguay et de la Patagonie.

Mais la chasse faite par les pêcheurs à ces grands cétacés a été cause de nombreux changements dans leurs habitudes de stations; il y a des siècles que les baleines ont abandonné la Méditerranée, bien qu'elles y apparussent autrefois incontestablement, comme nous l'apprennent Plutarque, Pline et plusieurs autres auteurs anciens. Les petites espèces de cétacés étaient même à cette époque l'objet d'une pêche assez importante dans les mers de la Grèce.

Plus tard, aux xiie et xiiie siècles de notre ère, les marins basques se livraient fort activement à la pêche des baleines; mais comme elles s'éloignaient de plus en plus du littoral, les hardis navigateurs s'ingénièrent à découvrir leur retraite. Ils les poursuivirent à travers l'Océan, arrivèrent, dit-on, jusqu'au Canada, rencontrèrent, chemin faisant, les bancs de Terre-Neuve, et s'adonnèrent depuis lors à la pêche de la morue. C'est même à ces diverses circonstances que l'on doit attribuer la fable qui circula peu après la mort de Christophe Colomb, relativement à un pilote biscayen qui aurait eu, selon Fernand Lopez de Gomara, l'honneur de la priorité de la découverte des Indes occidentales.

La baleine, traquée sur toutes les mers, a presque entièrement perdu, dans notre hémisphère surtout, ses points de repaire. Ses pérégrinations n'ont plus leur régularité d'autrefois; son instinct, plus développé que celui des autres poissons voyageurs, l'a mise en garde contre les dangers qui la menaçaient périodiquement dans tels ou tels parages. Le géant des mers fuit l'homme, son persécuteur. Il cherche un abri dans les glaces du Nord et du Sud, et souvent, relancé jusque dans ces régions inhabitables, il reparaît dans des zones moins glaciales. Aussi le théâtre des pêches a-t-il très souvent changé, et dans des espaces de temps fort courts.

Les Hollandais, ayant organisé la pêche de la baleine sur une grande échelle, formèrent vers le milieu du xvııe siècle des établissements permanents au Spitzberg. Les criques et les havres d'une terre presque inconnue de nos jours étaient alors annuellement sillonnés par trois à quatre cents navires baleiniers. La baie de Grouenhave ou *Groën-haven,* suivant les vieilles cartes du *Grand illuminant Flambeau de mer,* le large canal de l'Iszond, les côtes de l'île de Voorland et la rade de Smeeremberg, devinrent le centre d'un mouvement extraordinaire pendant la saison de la pêche. Le village de Smeeremberg, qui empruntait son nom du verbe *smeeren* (fondre), était, à onze degrés du pôle, un lieu où l'on trouvait autant d'objets de luxe, de distraction et de plaisir qu'à Amsterdam, la capitale des Provinces-Unies. Mais l'éloignement progressif de la baleine, la guerre maritime, les terribles incursions de Jean Bart et celles de Duguay-Trouin forcèrent les Hollandais à abandonner une factorerie dont il serait difficile d'assigner exactement aujourd'hui la situation topographique.

Il y a vingt-cinq ans, la côte orientale du Groënland était estimée par les baleiniers anglais comme une excellente station de pêche; à présent les bâtiments traversent sans s'y arrêter les mêmes parages, et vont chercher ailleurs le nomade cétacé.

On a dit avec raison que, pendant l'hiver, les baleines disparaissent d'auprès des rivages envahis par les glaces, et que, quittant le voisinage des pôles, elles se rapprochent des zones tempérées. On comprend, en effet, que, gênées dans les banquises, elles fuient des lieux où elles risquent d'être étouffées par les couches de glaces qui les priveraient de la respiration de l'air atmosphérique, sans lequel elles ne peuvent vivre.

Deux mots encore avant de terminer. La chair de la baleine est immonde. Les matelots baleiniers sont de cet avis; mais les goûts changent comme la mode. Qui croirait cependant qu'il fut un temps où la chair de baleine était un mets royal en Angleterre? Il n'est pas besoin de remonter jusqu'aux Saxons, grands mangeurs de cétacés, pour trouver un exemple d'un si singulier goût; car ces poissons ou plutôt leurs chairs parurent sur les tables royales jusqu'au xvɪᵉ siècle. Dès 1243, nous voyons Henri III inviter les shérifs de Londres à fournir à sa table cent pièces de baleine. Les baleines trouvées à la côte étaient considérées comme épaves royales; on les coupait en morceaux et on les portait sur des chars dans les cuisines du roi. Édouard II fit donner une gratification de vingt schellings à trois matelots qui avaient pris une baleine au pont de Londres. Celles que l'on trouvait sur les bords de la Tamise appartenaient au lord-maire, et ajoutaient, par leur présence sur les tables, à la magnificence des festins municipaux.

Au xɪɪɪᵉ siècle, des pièces de baleine furent achetées pour la table de la comtesse de Leicester. L'Angleterre était fournie de ce mammifère si recherché par les soins des pêcheurs normands, pour qui la baleine était un article de commerce important. Les Normands avaient diverses recettes pour la cuisson de la baleine; quelquefois ils la faisaient rôtir et la servaient à la broche; mais le plus ordinairement ils la servaient bouillie avec des pois.

De nos jours j'hésite à croire que les Carême et les Chevet de Paris consentissent jamais à servir sur une table des filets de baleine rôtis ou à la sauce. Dans tous les cas, je suis certain que peu de gourmets se hasarderaient à goûter d'un tel plat.

X

LES MONSTRES DE L'ATLANTIQUE

Je revenais d'un voyage à la Havane à bord d'un navire à voiles qui avait été remorqué jusqu'en plein golfe du Mexique, en vue des embouchures du Mississipi. Le vent s'était tu, la brise elle-même avait cessé. La mer ressemblait à une glace immense, incommensurable; et, quoique les voiles fussent déroulées, notre navire n'avançait pas d'une ligne. On eût dit une énorme baleine échouée, soutenue au-dessus des eaux par sa légèreté relative. La température tropicale, le soleil ardent, tout conspirait pour rendre insupportable l'immobilité dans laquelle se trouvait le *San-Christoval*. Un jour s'écoula de la sorte, puis deux, puis trois, une semaine enfin; et si nous avions perdu de vue la terre, c'était plus par la force des courants que par le caprice du flot.

Nous jouissions, — si tel mot peut rendre notre désappointement, — d'un calme plat qui faisait enrager l'équipage et les passagers. En vain le capitaine s'était-il mis en frais d'imagination pour distraire les voyageurs confiés à ses soins; ses bons dîners, les soirées musicales, les bals même n'avaient point réussi à dissiper la langueur, l'atonie, le découragement de tous les bipèdes entassés dans le *San-Christoval*.

La seule distraction qui nous fût agréable était celle de la pêche. Nous aimions tous à voir se glisser le long des flancs du navire des troupes de dauphins énormes dont les écailles d'or bruni étincelaient et chatoyaient au soleil, à travers le prisme des rayons irisés. Nous éprouvions un grand plaisir à voir le capitaine et ses matelots harponner ces monstres de l'Atlantique, ou bien s'emparer d'eux à l'aide de gros hameçons.

Rien n'était plus curieux que la pêche de ces squamées, qui s'élançaient sur l'appât et étaient aussitôt accrochés. Dès qu'ils se sentaient appréhendés au corps, ils s'élançaient avec impétuosité, emportant la ligne jusqu'à ce qu'ils fussent arrêtés, à bout de corde; puis ils sautaient en l'air, et parvenaient quelquefois à se détacher. Lorsque cette bonne chance ne leur arrivait pas, nous laissions le monstre accomplir toutes ses évolutions; et dès qu'il était épuisé on le hissait sur le pont, où il sautait encore à droite et à gauche, comme s'il eût été dans son élément; puis tout d'un coup le corps se raidissait, la vie s'en allait, et la rigidité s'emparait de ce poisson géant.

Les dauphins du golfe du Mexique voyageaient par troupes de cinq ou six individus, chassant en meute dans l'eau comme le feraient des loups au milieu d'un bois. Le but de leur chasse était ordinairement le poisson volant ou le « gouvernail », autrement dit la perche marine, qu'ils happaient sous les flancs du navire, où elle se tient attachée.

Ce qu'il y avait de plus amusant, c'était de voir les dauphins chercher à atteindre les poissons volants. Ceux-ci échappaient d'abord à leurs ennemis par la rapidité de leur fuite; ils s'élançaient ensuite en l'air, c'est-à-dire au-dessus de la surface de l'eau en déployant leurs nageoires, dont la forme est celle de grandes ailes, et prenaient leur volée à droite et à gauche comme une compagnie de perdreaux s'élançant d'un trèfle devant le chien d'un chasseur ou poursuivis par un faucon. Il est vrai que le vol n'était pas aussi prolongé; aussi les dauphins, qui les suivaient de l'œil, s'élançaient-ils deci delà, de façon à happer un des retardataires au moment où il retombait dans la mer.

Ce qu'il y avait de plus étonnant dans les évolutions de nos dauphins, c'était l'affection qu'ils semblaient se porter mutuellement. L'un d'eux était-il pris au *hook* ou harponné, tous ceux qui restaient libres l'entouraient et paraissaient vouloir lui porter secours. Et quand le poisson capturé, à bout de forces, était tiré en l'air, hissé par la corde perfide jusqu'au sabord par lequel il arrivait sur le pont du *San-Christoval,* ses pauvres camarades poussaient un soupir à fendre l'âme. Un moment après cependant, le malheur

paraissait oublié ; les autres survivants revenaient aux appâts,
s'aventuraient sous le harpon et payaient de leur vie leur folie ou
leur courage.

Certain matin, le cinquième depuis notre départ, un soleil torré-
fiant faisait fondre la poix de notre navire, et nul n'osait s'aventurer
sur le pont, si ce n'est les matelots chargés de la manœuvre, et encore, de peur de coups de soleil, ces braves *tars* se couvraient-ils la
tête de grandes toiles blanches ; le maître coq du bord vint m'avertir

qu'une multitude de dauphins couvraient la mer tout autour du
San-Christoval. A entendre mons Daniel, — ainsi se nommait le
cuisinier, — c'était un signe de vent, et, qui plus est, d'un vent
favorable.

Je me hâtai de monter sur la dunette, et dans l'espace de deux
heures Daniel et moi nous avions pris dix dauphins à l'aide d'un
morceau de requin coupé en tranches, nourriture que ce poisson
semble préférer à toute autre. Du reste, le dauphin peut être classé
dans l'ordre des goulus, car, lorsque la faim le presse, il se jette sur
tous les appâts. J'en ai vu même se laisser prendre avec un morceau
de drap blanc entortillé sur l'hameçon.

Malgré la présence nombreuse des dauphins à bâbord et à tribord
du *San-Christoval,* la brise ne s'était point levée ; les gens de l'équipage et le capitaine paraissaient désespérés, et les passagers éprou-
vaient le même sentiment. Moi je n'avais qu'un seul plaisir, et je m'en

donnais à cœur joie : ce plaisir était celui de la pêche. Je ne me lassais pas. Après déjeuner, ce jour-là, je jetai mon *hook* à la mer, et bientôt je vis un énorme dauphin qui avalait l'appât et entraînait le fil de caret. Mordious! le poisson était énorme; il tirait, il tirait à entraîner le navire, et il me fallut l'aide de deux matelots pour hisser ma capture jusque sur le pont. C'était réellement un admirable squamée que je ne cessais pas d'admirer, tandis que sa queue battait sur le pont avec la régularité de la baguette d'un tambour. Ce qu'il y avait surtout de remarquable dans ce poisson monstre, c'était la couleur de caméléon de ses écailles, qui passaient de l'or au lapis, du lapis à l'émeraude, du saphir à l'argent. Lorsqu'on lui ouvrit le ventre pour en retirer les entrailles et le dépecer en morceaux pour les besoins de la cuisine, on trouva dans son estomac une manne de poissons volants disposés côte à côte, tous la queue en bas, ce qui nous fit supposer que les dauphins avalaient toujours leur proie en commençant par la queue.

La longueur de tous ces poissons était environ de trois à cinq pieds, et leur poids variait de dix à trente-cinq livres. Leur forme est très étroite, eu égard à leur longueur; leur chair est ferme, blanche, et ressemble fort à celle du thon ou de l'esturgeon, quoique, à mon goût, elle soit très fade.

Le soir de ce jour mémorable dans mes courses vagabondes, je vis harponner deux requins par nos matelots : l'un était une femelle, qui mesurait sept pieds de long, dans le ventre de laquelle on trouva deux petits tout vivants qui ne demandaient qu'à s'en aller; cela nous fut prouvé par l'un d'eux, qui, jeté à la mer, plongea et se mit à nager comme s'il n'eût fait que cela depuis nombre d'années. Le second requin était un mâle, qui subit le sort de ses confrères, fut dépecé en rondelles et servit d'appât à tous les pêcheurs de dauphins.

Le jour suivant, le calme durait encore; et comme nous étions las de la chair de squamée, nous variâmes nos plaisirs en jetant la ligne aux perches marines, qui grouillaient, littéralement parlant, sous notre poupe. Nous les prenions à l'aide d'un petit morceau de lard fixé à un hameçon solidement ficelé autour d'un fil solide. Dans la matinée nous prîmes deux cent trois de ces poissons, et depuis trois heures jusqu'au soir cent vingt et un. Chacun se régala ce jour-là; car ces perches sont le mets le plus exquis que je connaisse au monde.

Dès l'aube, le lendemain matin, nous étions en vue de Key-West, emportés par le courant, sans que le moindre souffle se jouât dans nos voiles. La vigie signala à l'avant une troupe de marsouins [1] qui s'ébattaient dans la plaine liquide.

Je n'avais jamais vu d'aussi près ces cétacés admirables, les monstres de l'Atlantique; aussi je pris un vrai plaisir à étudier leurs

ébats. J'aurais cru qu'ils se roulaient sur eux-mêmes en tournant comme une meule : cette illusion était produite par des ailerons de

[1] Quelques voyageurs, des auteurs même, ont rangé le marsouin dans la famille des baleines, dont il serait la plus petite espèce, car sa longueur dépasse à peine dix à douze pieds. Sa conformation extérieure n'a cependant que de vagues rapports avec celle de la reine des mers. Sa tête allongée présente plutôt de l'analogie avec le groin d'un cochon. Sa gueule est garnie, en haut et en bas, de petites dents pointues. Il a sur la tête une ouverture par laquelle il rejette de l'eau en soufflant; ce qui lui vaut encore le sobriquet de *souffleur,* applicable surtout à la variété la plus grande. Parmi tous les cétacés, le marsouin passait chez les anciens pour un mets très délicat. Je ne suis pas de leur avis; mais les goûts ne sont-ils pas dans la nature?

Les Saxons appelaient le marsouin *cochon de mer,* et les ecclésiastiques du moyen âge lui avaient conservé ce nom traduit en latin. On acheta des marsouins pour la table de Henri III, en 1426, et l'évêque de Swinfield, qui vivait à la même époque, s'en régalait toutes les fois qu'il en trouvait l'occasion. On servit des marsouins à un somptueux banquet offert à Richard II à Durham-House, et à l'installation solennelle de l'archevêque Neville, quatre poissons de cette espèce parurent sur la table. En 1491, les baillis de Yarmouth firent présent à lord Oxford d'un beau marsouin, qu'ils accompagnèrent d'une adresse dans laquelle ils disaient qu'ils lui envoyaient ce présent parce qu'ils pensaient que rien ne pouvait être plus agréable à Sa Seigneurie.

Au mariage de Henri V, on servit au repas des marsouins rôtis, que l'on considérait encore comme un mets de haut goût. Au festin du couronnement de Henri VII parurent également des marsouins. On en servit de rôtis, de bouillis, en pâtés et enfin en *délicieux puddings.* On a conservé les recettes des sauces et coulis de marsouins, et des poètes du XVe siècle les ont chantés. La chair du marsouin fut en grande faveur jusqu'au XVIe siècle. Il en fut servi sur la table de Henri VIII, et Wolsey, Somerset et d'autres seigneurs de la « Chambre étoilée », dînant en partie fine, y savourèrent un de ces cétacés qui avait coûté huit schellings.

La reine Élisabeth elle-même, qui avait le goût très raffiné, aimait le marsouin. On en vendit sur le maché de Newcastle jusqu'en 1575, époque où il cessa d'être recherché.

deux pieds de long, paraissant et disparaissant avec une étrange rapidité. Du reste, au dire des matelots et des pêcheurs expérimentés, le marsouin est très pacifique; il ne se nourrit guère que de chevrettes et d'encornets; mais il fournit un baril d'huile de très bonne qualité, et les pêcheurs baleiniers eux-mêmes ne dédaignent pas de le harponner lorsqu'il vient se jouer sous l'étrave du navire.

Son extrême agilité rend sa capture difficile; aussi n'est-ce point une mince gloire que de le frapper du premier coup de harpon.

Les marsouins n'ont pas été l'objet de fables homériques comme les requins; toutefois les superstitions maritimes leur ont fait aussi leur petite part : « ils nagent toujours, disent les matelots, dans la direction d'où vient le vent et naviguent à sa rencontre; ils présagent le mauvais temps et passent pour être aveugles pendant un mois de chaque année. »

C'était donc un bon augure pour la continuation de notre voyage, et pour cette seule raison nous eussions dû les épargner. Mais tout chasseur, comme tout pêcheur, est insatiable, et nous ne songeâmes qu'à nous emparer d'un de ces poissons géants. Pendant cette journée, ils s'étaient tenus à distance; mais après souper la lune s'était levée et brillait dans tout son éclat, ce qui nous permit d'apercevoir trois énormes marsouins à dix mètres au plus du navire. Le coq du *San-Christoval*, très habile harponneur, se hâta de prendre un trident disposé à cet effet, et, choisissant bien son temps, il piqua le cétacé au milieu des deux épaules, entre la tête et le corps, de telle façon qu'il lui fût impossible de se détacher. Après bien des manœuvres, on le hissa sur le pont, où il poussa un profond gémissement, agita la queue et les nageoires à plusieurs reprises, et rendit bientôt le dernier souffle. On le laissa là jusqu'au lendemain matin, et, après le premier déjeuner, maître Daniel nous appela pour faire sous nos yeux l'autopsie de l'animal. Les intestins étaient encore chauds, et disposés de la même manière que ceux d'un petit cochon. Dans l'estomac on trouva plusieurs sèches à moitié digérées. La mâchoire inférieure dépassait la supérieure d'environ vingt centimètres, et chacune était garnie d'une simple rangée de dents coniques d'un demi-pouce de long, disposées de telle façon qu'elles jouaient les unes dans les autres. Le poisson pesait quatre cents livres.

Ce fut là une occasion très favorable d'examiner à souhait un des plus curieux spécimens des monstres de l'Atlantique. D'ailleurs j'en voyais un pour la première fois, et je ne me lassais pas d'admirer ce phénomène de la création.

La seconde pêche de marsouins à laquelle j'assistai fut à Sandy-Hook, près de New-York, en compagnie de quelques sportsmen de mes amis. Nous étions venus là pour pêcher des *clams,* — espèce de clovis qui ressemblent fort aux *praïres* de Toulon, — et nous baigner. C'était une partie projetée depuis longtemps.

Tandis que nous étions assis sous un « ajoupa » nègre, autour d'un déjeuner homérique, un des moricauds qui nous servaient nous avertit qu'on apercevait une troupe de marsouins à une portée de fusil du rivage. Rien n'était plus vrai. En un clin d'œil notre plan de bataille fut décidé. Nous étions vingt-trois personnes, et nous avions dix canots à notre disposition. Nous nous divisâmes en deux corps d'armée, et, longeant la plage, nous nous dirigeâmes, les uns à droite, les autres à gauche, de façon à ne pas effrayer les marsouins et à les prendre par derrière dans un demi-cercle. L'un des deux pêcheurs embusqués à bord de chaque canot ramait; l'autre se tenait debout, une gaffe dans les mains. Bientôt les deux lignes se rapprochèrent de façon à empêcher les cétacés de retourner vers la haute mer. Plus nous avancions, plus les marsouins se voyaient acculés vers la terre, et, à l'aide de nos gaffes, nous battions l'eau de façon à faire le plus de bruit possible. Bientôt on aperçut le fond de la mer : les marsouins sautaient comme des chèvres et cherchaient à rebrousser chemin; mais nous les frappions sans pitié. Les uns tombaient sans vie, les autres recommençaient la lutte, si bien que sur quatorze cétacés neuf « mordirent la poussière... des vagues »; les autres, plongeant, disparurent à nos yeux.

Un des plus curieux incidents de cette chasse fut celui-ci. Un de nos amis, Dick Moon, qui n'avait pas encore avalé une bouchée au moment où le nègre nous avait annoncé la présence des marsouins, crut pouvoir sans danger se jeter à l'eau. En effet, apercevant un de ces gros poissons à sa portée, il lui sauta sur l'échine, s'empara de ses ailerons, et remorqua sa proie jusqu'au rivage, où gisaient déjà huit victimes amenées à la côte par ses camarades. Ce fut là une pêche miraculeuse dont parlèrent les journaux des États-Unis, en citant les noms de ceux qui y avaient pris part, suivant l'usage américain, usage qui serait de fort mauvais goût en France... pour la plupart du temps.

Je reviens avec mes lecteurs à bord du *San-Christoval*, qui marchait à cette heure, après douze jours de calme, poussé par un vent grand largue, ce qui nous fit entrer dans le port de Savannah vingt-quatre heures après.

Tout en faisant route, nous avions pris une scie et un narval, autres monstres de l'Atlantique égarés dans nos eaux par des causes inconnues.

Voici, au sujet de ces deux poissons, ce que m'apprit le capitaine du *San-Christoval*, vieux loup de mer qui avait fait toutes les pêches du Labrador et des mers de la Californie, en quête de fanons et d'huile de baleine.

« La scie, autrement dit l'espadon, dont la longueur totale atteint parfois une vingtaine de pieds, est l'ennemi le plus féroce et le plus dangereux de la baleine; il la poursuit partout avec un acharnement infatigable et la menace de sa longue épée dentelée, arme terrible placée en avant au bout antérieur de sa tête. »

La scie approche quelquefois des navires, témoin l'exemple suivant et le nôtre, puisque nous avions capturé un de ces squales géants.

Le capitaine me raconta que, pendant un de ses voyages, une pirogue baleinière ayant rencontré un espadon immobile et probablement endormi à la surface de la mer, le harponneur lui lança vigoureusement son fer dans le milieu du dos. Heureusement l'embarcation s'écarta aussitôt ; car l'animal se débattit avec une violence qui eût pu compromettre la pirogue et peut-être une partie des hommes qui la montaient. Après quelques convulsions, il entraîna le canot avec une vitesse extraordinaire. Le chef de la pirogue ne savait d'abord quel moyen employer pour en finir avec l'espadon. C'était la première fois, et probablement aussi la dernière, qu'il

chassait une scie. Il se détermina cependant, non sans hésitation, à faire haler sur la ligne afin de se rapprocher du redoutable squale ; mais à peine en fut-on à huit ou dix brasses, que l'animal se débattit encore pour couler bientôt après. On parvint alors à le ramener à flot au moyen du harpon et de la ligne qui y était fixée, et, le trouvant mort, on le remorqua.

« Cette scie, me disait le capitaine du *San-Christoval,* n'avait que huit pieds de long ; sa peau était d'une grande finesse et d'une couleur grisâtre. La chair ressemblait beaucoup à celle de la bonite ou du thon, et les yeux étaient grands et fort beaux.

« Généralement, ajouta-t-il, on ne prend les scies qu'à la suite d'un de ces combats prodigieux qu'elles livrent aux baleines, spectacle auquel on assiste rarement, mais qui frappe l'imagination des navigateurs les plus blasés sur les grandes scènes de la mer lorsqu'ils le contemplent.

« Les espadons voyagent par bandes comme les baleines elles-mêmes, et les attaques· sont parfois de véritables batailles sous-marines.

« Lorsque les deux troupes se rencontrent, dès que les espadons ont trahi leur présence par quelques bonds en l'air, les baleines se réunissent et serrent les rangs. Les scies, de leur côté, se forment en ligne, engagent l'action et font,

> . . . . suivant leur amiral,
> De cent combats divers un combat général.

« L'espadon cherche toujours à prendre la baleine en flanc : soit que son instinct cruel lui ait révélé le défaut de la cuirasse, car il existe, près des nageoires brachiales du cétacé, une partie où les blessures sont mortelles ; soit parce que le flanc offre une plus grande surface à ses coups.

« La scie recule pour mieux prendre son élan. Si son mouvement échappe à l'œil fin de la baleine, celle-ci est perdue : elle reçoit le coup de son ennemi, et meurt presque aussitôt. Mais si la baleine aperçoit le squale au moment où il se précipite sur elle, par un bond spontané elle s'élève hors de l'eau de toute la longueur de son corps, et retombe toujours sur le flanc avec une détonation qui retentit à plusieurs lieues et blanchit la mer d'une écume bouillonnante.

Le gigantesque cétacé n'a que sa queue pour défense ; il tâche d'en frapper son dangereux ennemi, et s'en débarrasse d'un seul coup s'il parvient à l'atteindre. Mais si l'agile espadon évite la fatale queue, le combat devient plus terrible. L'agresseur sort de l'eau à son tour, retombe sur la baleine et s'efforce non de la percer, mais de la scier avec les dents dont sa défense est pourvue. On voit la mer se teindre de sang ; la fureur du cétacé n'a plus de bornes. L'espadon le harcèle, le frappe de tous côtés, le tue et court bientôt à d'autres victoires.

« Souvent aussi l'espadon n'a pas le temps d'éviter la chute de la baleine ; il se borne à présenter sa scie aiguë au flanc de l'animal gigantesque qui va l'écraser ; il meurt alors comme Machabée, étouffé sous le poids de l'éléphant des mers.

« Enfin la baleine bondit encore quelquefois, entraînant dans l'air son assassin, et périt en faisant périr le monstre dont elle est la victime.

« Et maintenant, mon cher monsieur, ajoutait le capitaine du *San-Christoval*, représentez-vous sur une mer écumante, rougie par le sang des vainqueurs et des vaincus, deux troupes de ces animaux acharnés à s'entre-tuer, et vous comprendrez ce tumulte indescriptible, cette agitation, ces *soufflements* furieux, ces chocs terribles, ces mugissements sauvages, ces bonds désordonnés, ces assauts rapides, cette arène liquide qui frémit et gronde, cette tempête produite par une lutte véritablement effroyable; voyez ensuite la lice ensanglantée, houleuse encore, et roulant d'immenses cadavres immobiles; vous serez alors saisi d'une profonde horreur. »

Voilà ce que me racontait le marin américain, et je me disais que les combats héroïques des espadons contre les baleines pourraient assurément fournir la matière d'un poème étrange, où le grandiose le disputerait au bizarre. La mare de sang chargée de corps monstrueux privés de vie, immolés les uns sur les autres, serait un tableau digne d'inspirer un rival du chantre de la *Batrachomyomachie*. Si le divin Homère n'a pas craint de célébrer les guerres des rats et des grenouilles, pourquoi un de ses fils en Apollon n'aborderait-il pas le récit des exploits de l'espadon et de la résistance formidable du géant des eaux ?

Ces épisodes de pêche, ou plutôt de batailles maritimes, me remplissaient d'étonnement, et je les aurais volontiers relégués parmi les fables, si je n'eusse souvent vu à Paris, au muséum d'histoire naturelle, des défenses de scies authentiquement retirées des ventres de baleines. Des pêcheurs arrêtés sur le champ de carnage avaient recueilli les dépouilles sans courir de dangers, et les héros des deux camps avaient bouilli dans la même marmite, confondant leurs huiles dans le même récipient.

Je ne fatiguerai pas mes lecteurs en leur donnant ici la série de noms décernés par les classificateurs à l'espadon, autrement dit la scie, et les distinctions établies entre les variétés diverses de ces squales, au nombre desquels on a rangé le narval, un des plus dangereux ennemis de la baleine.

Par un triste privilège, le gigantesque cétacé, tout inoffensif qu'il est, se trouve en butte aux attaques d'une myriade de persécuteurs de toutes tailles : le ver testacé le ronge; le dauphin gladiateur a l'audace de venir lui dévorer la langue; l'espadon le scie et le perfore; l'homme le harponne; le requin s'acharne sur son cadavre, et dispute ses restes aux albatros, aux damiers et à tous les autres gros oiseaux maritimes.

Les licornes, dit-on, se forment en pelotons serrés pour attaquer la baleine, et la tuent, pour ainsi dire, à la baïonnette. Il faudrait le voir pour le croire!

Le narval que nous avions pris avait, comme la scie, la tête armée extérieurement d'une défense en spirale, longue de sept pieds et plus; cette défense sortait de la gueule, se dirigeait en avant et imitait l'ivoire, ce qui tend à prouver que ce n'est pas une corne, malgré le nom de l'animal, mais bien une véritable dent. Toutefois on a trouvé d'autres poissons à peu près du même genre, et confondus sous la même dénomination, qui méritaient complètement d'être traités de licornes, puisque leurs défenses sortaient du milieu du front.

On concevra que la question soit fort litigieuse, attendu que le narval ne se laisse prendre ni à l'hameçon ni d'aucune autre manière. On ne peut guère le harponner. Il évite les navires, dès qu'il a reconnu que ce ne sont pas de gros poissons. Mais, s'il se trompe, s'il prend la carène d'un bâtiment pour le dos d'un cétacé, il se livre lui-même ou laisse au moins sa corne offensive comme gage de son aveugle témérité.

Ce squale, qui a d'ordinaire jusqu'à trente et quarante pieds de longueur, s'élance, en ce cas, sur le navire avec une vitesse et une force prodigieuses, perce le bordage, et occasionnerait une voie d'eau des plus graves si sa corne ne bouchait toujours le trou qu'elle a fait.

Lorsque le narval frappe par le travers ou par l'avant, pour peu que le sillage soit rapide, la défense casse près du bord, et l'animal s'enfuit. Mais, quand l'attaque du squale a eu lieu par l'arrière, comme son corps se trouve dans le sens de la longueur du bâtiment, on le remorque nécessairement jusqu'à ce qu'il tombe en décomposition. Si cependant la blessure a été faite à fleur d'eau, on scie la corne, afin de n'avoir plus à traîner un fardeau qui entrave singulièrement la marche du navire. Enfin, si l'on n'a pu s'en débarrasser à la mer, on a soin, au premier point de relâche, de s'échouer afin d'en venir à bout.

Notre cas, à nous, n'était point semblable. Le narval que nous avions pris était venu tout bêtement planter sa corne dans les flancs du navire, et n'avait pu la retirer. On l'avait assommé à coups de gaffe; puis, profitant du calme, on était parvenu à retirer l'os et le poisson intacts : de telle façon qu'en arrivant à New-York, la peau de ce squale gigantesque put être naturalisée, et que M. Barnum, qui florissait à cette époque dans son « muséum », situé à l'angle de Park-Place, put l'exposer à la curiosité publique. Il mesurait vingt-six pieds de longueur, de la queue à l'extrémité de la corne.

<h1 style="text-align:center">XI</h1>

<h2 style="text-align:center">LE LAC DES SAUMONS</h2>

C'est un chemin bien rebattu, j'en conviens, que celui que nous allons prendre. Grâce aux bateaux à vapeur, l'Hudson est devenu une véritable grande route, et il n'est point d'homme ayant tant soit peu voyagé dans le nord des États-Unis qui ne l'ait parcourue. Dieu seul peut savoir combien de pages et de croquis ont été « commis » à l'endroit de ses bords. Mais où chercher sous le soleil, par ce temps de locomotion et de fureur descriptive, un coin que n'aient point exploré les écrivains d'impressions de voyage et les lithographes de pacotille, voire même les peintres de ces panoramas gigantesques dont le mérite se mesure au pied carré ?

Cependant, malgré tout ce que mes lecteurs ont pu lire ou voir, le peintre aussi bien que le poète des rives de l'Hudson est encore à trouver, ou plutôt on ne rencontrera jamais une plume ou un crayon assez puissant pour reproduire les splendeurs déroulées par la main de Dieu sur les rives de ce fleuve privilégié.

Lorsqu'on s'embarque sur l'Hudson par une belle matinée de printemps, la baie de New-York forme une éclatante introduction au poème sublime de la nature, dont les pages vont passer devant les yeux du voyageur. A droite, cette masse pittoresque et confuse que présente de loin aux regards une grande cité, apparaît à travers le rideau des mâtures sans nombre qui bordent les quais ;

à gauche, les Champs-Élysées d'Hoboken se détachent sur le fond plus sombre des premières collines de New-Jersey; en arrière, dans un demi-lointain, la Battery, les côtes de Long-Island, les Narrows, et une vaste plaine azurée, couverte de voiles à peine arrondies par la première brise. Tout cela, baignant dans l'atmosphère calme et bleuâtre du matin, forme un spectacle d'une incomparable grandeur.

Bientôt la rive droite du fleuve s'avance, et l'on entre dans le cours de l'Hudson proprement dit. D'un côté se dresse cette muraille de roches taillées à pic que l'on désigne sous le nom de Palissades; de l'autre, à la Cité Impériale qui fuit succède une ligne continue de villas et de cottages. Jamais contraste ne fut plus tranché : ici la nature dans sa simplicité sauvage; là les productions mignonnes, mais en comparaison mesquines, de notre civilisation.

Mais le bateau à vapeur qui nous emporte franchit vingt milles en une heure, et atteint l'extrémité des Palissades. Le fleuve s'élargit; la campagne cultivée succède aux jardins; les villages, groupés de distance en distance sur la rive, remplacent les maisons de plaisance qui la bordaient tout à l'heure. Encore quelques tours de roue, et l'on aperçoit les premières ondulations du terrain qui annoncent les Highlands.

A partir de ce moment commence, pour se prolonger sur une étendue de cinquante milles environ, un panorama dans lequel la nature semble avoir épuisé tout ce qu'elle avait de magnificence et de variété. La rivière traverse, dans le sens de sa longueur, une chaîne de montagnes dont les mamelons s'élèvent, par des accidents sans nombre, depuis le simple coteau jusqu'à des pics de huit cents pieds et même de quinze cents pieds de haut. L'œil embrasse ainsi, jusque dans leurs moindres caprices, le profil de tous ces sommets.

Ici les collines courent le long du bord, comme un vaste encadrement de verdure; là elles s'abaissent pour laisser, entre deux mamelons, une échappée de vue et un vallon en miniature où s'éparpillent les maisons blanches de quelque hameau né d'hier. Tantôt les roches escarpées encaissent la rivière à pic; tantôt la chaîne semble fuir à l'horizon, et forme un vaste amphithéâtre dont la pente presque insensible vient mourir dans le lit même du fleuve. Plus loin se dresse un gigantesque piton isolé, pyramide boisée dont le regard aperçoit à peine la cime.

Au milieu de la gorge creusée à travers ces ondulations du sol, l'Hudson décrit mille détours qui ajoutent encore à la variété des aspects. Parfois il court droit devant lui, ouvrant une perspective de cinq à six milles; ailleurs il dévie par une courbe gracieuse; plus loin il forme, au contraire, un coude inattendu. Ce dernier mouvement, assez rare en général dans les grands cours d'eau, se répète ici avec une singulière fréquence et produit les effets les plus pittoresques. Dans certains endroits, à Caldwell, par exemple, un promontoire semble littéralement barrer le passage; ce n'est qu'au moment précis où on le double que la rivière révèle sa course et ouvre tout à coup un nouvel horizon.

A peine est-on sorti des Highlands, que vers l'ouest se dessine la ligne bleue d'une chaîne nouvelle, plus imposante encore que celle qu'on vient de quitter. Cette fois ce sont les montagnes de Catskill, dont le sommet atteint une hauteur de quatre mille pieds. Malheureusement pour les curieux, elles restent toujours à l'arrière-plan, et ne se rapprochent un instant de la rivière que pour se perdre de nouveau dans les vapeurs de l'horizon.

Il faudrait un volume pour donner une idée, encore incomplète, du tableau que j'essaye témérairement de vous esquisser. Comment retracer les mille détails qui viennent apporter à chaque instant un nouveau sujet de surprise et d'admiration? Comment peindre le ruisseau qui coule capricieusement, cascade microscopique, sur le flanc du rocher, ou descend comme un filet d'argent entre deux marges de mousse épaisse? Comment décrire les baies sans nombre formées par le fleuve et ses doubles rives aux endroits où il reçoit ses affluents, et les îles jetées au milieu de son cours? Comment enfin énumérer, sans tomber dans la glaciale monotonie d'un itinéraire, ces villes, ces bourgs, ces maisons qui surgissent, presque à chaque tour de roue, sur l'un et l'autre bord, tantôt assis sur la plage, tantôt perchés au sommet de la montagne, le plus souvent étagés sur les flancs de la colline?

Encore une fois, c'est un de ces spectacles magnifiques qu'il y aurait folie de vouloir décrire; véritable kaléidoscope de la nature, qui, outre la variété du paysage, revêt une teinte nouvelle à chaque heure du jour ou du soir, à chaque pas du soleil qui monte à l'horizon, à chaque dégradation de la lumière qui se perd dans la nuit.

Lorsque les montagnes de Catskill se sont abaissées à l'horizon, le pays revêt une physionomie nouvelle. Les collines diminuent de hauteur, et à peine rencontre-t-on çà et là quelques sommets plus élevés, arrière-garde vagabonde des Highlands. En même temps les

bois disparaissent, pour faire place aux champs en pleine culture :
la ferme et l'usine détrônent sans retour le cottage de plaisance et
l'hôtel fashionable. On entre enfin à pleine vapeur dans le pays
agricole, dont les paisibles et riants aspects accompagnent le voyageur jusqu'à Albany. Il a quitté New-York alors que le soleil montait à peine à l'horizon ; il arrive à sa destination au moment où
le jour s'incline vers l'occident. Il a ainsi vu, sur son passage, les
rives éclairées tour à tour par l'atmosphère limpide du matin,
par les teintes chaudes et vives du midi, par les lueurs affaiblies
du soir. Fatigué d'admiration, il entre dans le port à l'heure du

repos, et involontairement cette idée se présente à son esprit, que
sa course offre la frappante image de la vie humaine. Celle-ci est-
elle, en effet, autre chose qu'une journée de route, dont les principaux accidents et les émotions les plus vives prennent place au
milieu du voyage ?

J'avais fait, certain jour, le voyage que je viens de décrire en
quelques pages, et, assis sur la piazza de l'hôtel, je songeais à mon
retour à New-York, car j'avais terminé mes affaires, lorsque je vis
arriver deux nègres portant dans un panier à deux anses un saumon
gigantesque qui pesait à vue d'œil environ cinquante kilos.

« Tudieu ! quel monstre ! m'écriai-je. Onques de ma vie je n'ai vu
de saumon aussi énorme !

— Oh ! mais les Français n'ont pas encore tout vu, » répliqua, en
forme de réponse, un quidam assez drôlement équipé, assis ou
plutôt couché dans un « rocking-chair », et faisant des copeaux
à l'aide d'un morceau de bois et d'un grand couteau-poignard.

J'allais relever cette impertinence, lorsque, en jetant les yeux sur mon interlocuteur, je reconnus un de mes anciens camarades de « trappe », Horace Mead, de Philadelphie, dont j'ai déjà parlé au chapitre de la chasse aux bisons publiée dans mon volume de *Chasses dans l'Amérique du Nord.*

« Je ne me trompe pas, mon vieil ami, m'écriai-je, c'est bien vous ?

— Eh! mon Dieu, oui. Je ne vous reconnaissais pas : c'est seulement au moment où vous avez parlé que le son de votre voix a réveillé mes souvenirs, » fit Mead en me serrant les deux mains à l'américaine, de façon à les arracher à mes poignets. « Et que faites-vous donc à Albany? ajouta-t-il,

— J'y suis venu pour assister à l'ouverture de la législature. J'ai fait mon travail de *reporter,* et me voici en vacances pour huit jours.

— Ah! tant mieux! dans ce cas je ne vous quitte pas, et je vous emmène ce soir à mon cottage des Highlands, à mon *shooting-box.*

— Ce n'est pas de refus; j'accepte, nous causerons de nos courses aux prairies et nous chasserons ensemble, si cela vous convient.

— Tout cela se fera; mais dans cette saison, si vous le voulez bien, nous pêcherons plutôt que nous ne chasserons.

— Soit! j'y consens, et je me fie à vous pour organiser à mon endroit un sport impérial.

— Laissez-moi faire, vous serez content. Un mot encore : avez-vous fini vos affaires? Êtes-vous libre de partir cet après-midi, de façon à être débarqué vers deux heures à mon *landing* de Stony-Point?

— Je me tiens à vos ordres, et ne vous demande que le temps de payer ma note d'hôtel et de boucler ma valise.

— *All right.* Nous partons à cinq heures, et sur ce, mon cher Bénédict, vaquez à vos affaires; moi, je vais songer aux miennes. Le rendez-vous est dans le bureau de l'hôtel. C'est convenu. »

Mead me quitta après avoir replacé son couteau fermé dans sa poche, et je ne le revis plus qu'à l'heure désignée. Il se tenait près du *bar-room,* vêtu d'une peau de bique. Son chapeau de guerrillero sur le coin de l'oreille, debout, un verre à la main, humant un sherry-cobbler auquel tenait compagnie un autre verre rempli de la même boisson hygiénique, préparé d'avance à mon intention.

« Très bien, s'écria-t-il en m'apercevant, fidèle au rendez-vous. J'aime cela! Allons, avalez ce nectar, et en route. »

Ce qui fut dit fut fait; nous montâmes un instant après dans l'omnibus de l'hôtel, qui nous conduisit au steamboat à bord duquel nous devions descendre l'Hudson jusqu'à Stony-Point.

Le chemin que j'ai décrit en remontant le fleuve géant des États-Unis, nous le suivîmes de nouveau en le descendant; et, à deux heures du matin, l'avertisseur de la maison flottante sonnait la cloche, en criant à haute et intelligible voix sur le pont et dans toutes les chambres de l'entrepont du steamboat : *Passengers for Stony-Point, on the deck!*

La nuit était noire; mais, grâce aux lanternes du bateau à vapeur et aux torches allumées par le *ferryman* de Stony-Point, nous mîmes pied à terre sans qu'il nous arrivât malheur.

« Maintenant, mon cher camarade, me dit mon ami Mead, je vais vous conduire à Engle-Tavern, où nous nous coucherons jusqu'au lever de l'aurore. Les chemins que nous devons suivre pour arriver à ma cabane de chasse et de pêche ne sont pas assez beaux pour que nous nous y aventurions la nuit. Venez, suivez-moi. »

Et il me conduisit, en effet, jusqu'à la porte d'une taverne très confortable où on logeait à pied et à cheval, et dont l'hôte se montra très gracieux pour les deux voyageurs. Je dois dire que Mead comptait parmi ses commensaux les plus assidus.

Les draps de mon lit étaient fort blancs, les matelas très doux; aussi je m'abandonnai promptement aux sensations délicieuses d'un sommeil exempt de tout reproche de conscience, heureux de vivre et de me sentir vivre. A cinq heures du matin, mon camarade fut obligé de me secouer vivement pour m'arracher à cette béatitude.

« Debout, paresseux! allons! Je vous donne dix minutes, et en route. »

J'ai pour habitude en voyage de ne point écouter ma paresse, et je répondis à l'appel de Mead en sautant à bas du lit, en me débarbouillant vivement le visage, et en me lavant les mains à la hâte. Cinq minutes après j'étais devant la porte de « Eagle-Tavern », et je prenais place à côté de mon ami sur les coussins d'un wagon auquel était attelé un excellent cheval de montagne, parfait trotteur à l'occasion, mais d'un pied aussi sûr qu'un mulet des Alpes ou des Pyrénées.

C'était du reste fort nécessaire; car à peine eûmes-nous le dos tourné à Stony-Point, qu'il nous fallut gravir une montagne ardue, le long de laquelle serpentait un chemin en assez mauvais état, cahotant et cahotés. Derrière cette montée nous en trouvâmes une autre, puis une plaine, puis un autre escarpement, et ainsi de suite pendant deux heures, le tout au milieu de bois de pins, de mélèzes et de génévriers, parmi lesquels poussaient çà et là des érables rouges au feuillage déprimé.

Mead, qui m'avait raconté ses exploits de chasse et de pêche pendant toute la route, me dit enfin, au détour d'une large crevasse ouverte dans une roche afin de laisser un passage à la route :

« Nous voici bientôt arrivés, mon très cher; ma cabane de chasse est là, derrière ce mamelon. »

A peine avait-il prononcé ces paroles, que notre véhicule « tourna la difficulté », traversa un pont de bois jeté sur un ravin, et nous nous trouvâmes en face d'une barrière élevée qui séparait le chemin d'un bosquet touffu planté d'arbres de toutes les essences.

La barrière était ouverte, car on attendait le maître de Woodcock-house, et nous parcourûmes en quelques minutes un chemin bien entretenu, bordé d'un côté par une colline couverte de genévriers, de châtaigniers et de massifs de rhododendrons, de kalmias et d'azalées, croissant dans toutes les fissures des roches d'une façon vraiment luxuriante. Tout à coup le bruit d'une cascade se fit entendre, et nous passâmes encore sur un pont fait de troncs d'arbres bruts jetés sur un courant d'eau fort rapide et d'une limpidité sans pareille.

De l'autre côté du pont s'étendait une verdoyante pelouse, à l'extrémité de laquelle j'aperçus un élégant cottage construit en planches et recouvert de belles ardoises. Le long des murs de cette demeure, des lierres et des lianes grimpaient en compagnie d'un fouillis de clématites vivaces, de cobæas aux grappes rouges et de rosiers aux fleurs odorantes. La maison entière, à l'exception des fenêtres, disparaissait sous cet amas de verdure.

« Eh bien! mon cher ami, que dites-vous de ceci? Mon habitation des champs, la seule que je possède, — *hoc erat in votis,* — est-elle de votre goût?

— Je serais bien difficile si je pensais autrement.

— Bon! nous y voilà. Halloa! Hé! là-bas, Mary! »

A cet appel, une bonne vieille femme se présenta sur le seuil de la maison, suivie d'un nègre, qui se plaça à la tête du cheval pour le retenir et nous permettre de descendre du wagon.

« Mary! je t'amène un de mes vieux amis que je recommande à tes soins, fit Mead à sa domestique. Mon cher camarade, je vous présente mon personnel : ma femme de charge, dont l'âge empêche les médisants de parler à mon endroit; et Tingo, mon fidèle Yolof, aussi intelligent qu'il est noir. »

Sur ces paroles, laissant à ses gens le soin de notre bagage, Mead m'introduisit dans le parloir de son logis, petite bonbonnière de seize mètres carrés, au milieu de laquelle était placée une table devant une vaste cheminée, style Tudor. Sur une des parois, vis-à-vis du foyer, un bahut de chêne supportait des plats d'étain, des verres, des assiettes et deux pots à fleurs remplis de magnoliers, de verveines et de lis d'eau. Trois gravures représentant des sujets de chasse, modestement encadrées, étaient appendues contre les murs, et, au-dessus du manteau de la cheminée, deux bois de cerfs retournés[1] soutenaient quatre armes à feu bien entretenues. Dans un des angles de ce salon, qui servait également de salle à manger, des lignes de toutes sortes étaient placées avec ordre, en compagnie d'un grand filet de pêche, bien sec et aux mailles intactes.

Je passerai sous silence le repas exquis que nous servit la vieille Mary, repas composé de poisson délicieux, saumon, truites, bécasses rôties, etc. etc.; le tout accompagné d'un plum-pudding sans pareil, et arrosé d'un bordeaux que n'eût pas désavoué le café Anglais.

Le soir à la veillée, Mead me prévint que le lendemain matin nous allions commencer nos excursions de pêche.

« Je vous conduirai au lac des saumons, ajouta-t-il, et, Dieu me damne! je suis certain que vous vous souviendrez jusqu'à la fin de vos jours de la partie de pêche que je vous ferai faire. Je dois vous prévenir, mon cher ami, que tel que vous me voyez je suis marchand de poissons, et c'est moi qui fournis les marchés de New-York et d'Albany, voire même de Boston. Ma pêcherie est une des plus considérables et des plus productives des États-Unis. Bon an, mal an, j'encaisse une somme ronde de 5 000 dollars. Vous voyez que j'ai bien fait d'acheter le Woodcock-house. La maison était bien délabrée quand je me suis présenté comme acquéreur; mais j'ai bon nez, et j'ai compris tout le parti qu'on pourrait tirer de l'emplacement et surtout de la pisciculture pratiquée sur une grande échelle.

Mead m'expliqua alors en détail quel était son commerce. Il cultivait le saumon et la truite saumonée, comme d'autres élèvent des chevaux, voire même des lapins. Grâce aux traités passés avec les grands hôtels des principales villes de l'État de New-York et les grands marchands de poissons des différents marchés du comté, il avait fort à faire pour livrer sa marchandise. Les lacs, les étangs et les rivières qui y aboutissent étaient mis en coupe réglée, comme l'est une forêt dans un vaste domaine. Du reste il n'avait pas de voisins, et sa propriété, au milieu des montagnes Catskill, pouvait à juste titre passer pour une des premières du pays.

---

[1] Les bois des cerfs de l'Amérique du Nord ont les andouillers tournés en bas. On ne peut donc s'en servir qu'en plaçant la tête sens dessus dessous,

Il lui fallait le lendemain fournir un certain nombre de saumons à New-York, et, pour arriver au chiffre demandé, Mead devait mettre à contribution les grands moyens de son exploitation. Depuis cinq jours les hommes à ses gages « entrappaient » le poisson et l'amenaient dans les angles du lac où l'on devait faire le choix.

Le chef des pêcheurs, qui vint le soir au « rapport », déclara qu'il y avait chance de réussite, et que la gent écaillée grouillait d'une façon désespérante dans le grand lac de Mount-top.

C'était là, en effet, que devait avoir lieu la pêche à laquelle Mead m'avait convié. Le lendemain matin, lorsque nous parvînmes en cet endroit, le soleil se levait radieux derrière une montagne chevelue, couverte de pins, de mélèzes, de thuyas et d'érables. J'ai vu de nombreux levers de soleil dans ma vie, mais onques Phébus ne m'avait paru plus brillant que ce jour-là. J'admirais et je me taisais.

Devant nous s'étendait un lac magnifique, dont la surface était d'une lieue carrée, lac alimenté par de nombreux courants d'eau descendant les pics des Catskill, et dont le trop-plein se dégorgeait dans un large canal aboutissant, par les vallées, jusqu'au fleuve Hudson. Il paraît que c'est par ce chemin liquide que les saumons remontaient jusqu'au « lac du Cèdre » (*Cedar-Lake*), et que, trouvant là une nourriture abondante, ils avaient pullulé d'une façon miraculeuse, parvenant dans ces eaux limpides à des grosseurs fantastiques.

Mead en avait pris sur ces domaines qui pesaient jusqu'à vingt-cinq kilos.

« Allons, mes *boys*, s'écria-t-il en arrivant à la pêcherie, où ses hommes à gages l'attendaient, il s'agit de faire bonne pêche ce matin. J'ai une belle commande pour New-York et pour Philadelphie. Il me faut au moins soixante pièces d'ici à ce soir. Tout est-il prêt?

— Oui, maître, répondit le chef des pêcheurs, et lorsque vous voudrez nous commencerons.

— A l'instant, en barque, fit alors Mead, et pas de fausse manœuvre; ne perdons pas de temps. »

Dans une grande chaloupe était étendu un immense filet de sparterie, garni de plomb et de liège, que l'on transporta sur un point de la côte distant d'une portée de fusil, où nous attendaient quatre hommes. On leur jeta la corde, fixée à l'une des extrémités, et, s'éloignant aussitôt du rivage, le chef des pêcheurs « affala » le *net* dans l'eau, en recommandant à ses hommes de faire le moins de bruit possible en ramant.

Dès qu'on eut formé un demi-cercle, on aborda, à trois portées de fusil, sur un autre point du même rivage, où quatre autres pêcheurs reçurent la seconde corde du filet. Puis la barque revint se placer au milieu de cette seine géante, et, sur un signe de Mead, les huit hommes de la plage commencèrent à tirer, tandis que notre embarcation poussait et aidait le filet deci delà, en battant l'eau à grands coups de gaffes.

Bientôt les pêcheurs de la rive crièrent que tout allait bien, qu'ils sentaient de la résistance, et que, selon toute probabilité, la première pêche allait être fructueuse. Le filet était parvenu à quatre mètres du rivage, et déjà, sur le sable qui venait mourir sur le bord, nous apercevions des mouvements rapides trahissant la présence des poissons. Quelques minutes après, quelle ne fut pas ma joie en voyant pris dans les mailles quatorze saumons de toutes tailles, dont le poids variait de dix à vingt kilos, quarante-cinq truites saumonées, des perches, des carpes, des anguilles même, tout cela grouillant pêle-mêle sur le rivage !

On fit un tri, rejetant à l'eau tout ce qui n'était pas vendable; puis on enfouit chaque espèce de poissons dans des mannes garnies d'algues fraîches, et la prise fut transportée à la pêcherie. Les hommes placèrent tous ces paniers, remplis de poissons et prêts à partir pour leur destination, dans une cave fraîche creusée sous le roc, derrière le hangar et la maison.

La même opération que je viens de décrire fut renouvelée à quatre différentes reprises dans le courant de la journée, et quand vint la nuit, mon ami, au lieu de soixante saumons, en avait soixante-sept à sa disposition.

Un chariot, attelé de trois forts chevaux, descendait pendant la nuit à Stony-Point, et déposa à bord du steamboat, qui se rendait à New-York, les paniers que Mead adressait à ses divers correspondants.

Le soir, tandis que le véhicule de mon ami se rendait au débarcadère, nous soupions gaiement dans cette charmante salle à manger du *shooting-box* que j'ai déjà décrite.

Mead me promit pour le lendemain une chasse aux bécasses, très nombreuses dans les bois, puis une pêche aux saumons aux flambeaux et au harpon.

En deux mots, pour ce qui regarde la chasse, je dirai que lorsque vint la nuit nous avions dans nos sacs, mon ami et moi, vingt-neuf *scolopax minor,* toutes tuées au fusil, à l'arrêt de deux bons pointers, *Frost* et *Mera,* un chien et une chienne, qui m'avaient pris en affection dès mon arrivée à Woodcock-house.

Dès que le crépuscule commença à envelopper les Catskill de ses ombres, nous partîmes du cottage, Mead et moi, pour nous rendre au lac où l'on nous attendait. Les embarcations étaient prêtes, les torches préparées; aussi, dès qu'il fit nuit noire, le chef de la pêcherie demanda au maître s'il voulait procéder au travail.

« Certainement, répondit Mead, et surtout pas de maladresse. Vous savez que je n'aime pas qu'on abîme ma marchandise. Ne visez et ne lancez le harpon qu'à coup sûr. »

Ce qui fut dit fut fait : le harponneur ne manqua pas un seul des poissons sur lesquels il lança son arme terrible, sorte d'engin formé de trois branches de fer armées de dards triangulaires et barbelés, et recourbés comme qui dirait un fer à cheval au milieu duquel se trouverait une pointe. A l'extrémité de la hampe était fixée une corde de cent mètres, enroulée sur l'avant de la barre et solidement amarrée par l'autre bout à un anneau de fer rivé sur le bordage.

Lorsque nous fûmes parvenus au milieu du lac, le chef des pêcheurs fit allumer une torche, et tout d'un coup les lueurs de cet incendie subaquatique se projetèrent au-dessus de la surface liquide, de façon à laisser voir clairement à dix mètres en avant du bateau. Un moment après, Mead me montre du doigt un point noir qui se tenait immobile à une toute petite distance de notre embarcation.

« C'est un saumon, » murmura-t-il à mon oreille.

Le harponneur avait également aperçu ce poisson, et, d'une main sûre brandissant son arme, il lança le harpon, qui pénétra dans les chairs et enserra l'animal de telle façon, qu'il lui fut impossible de se délivrer.

Au même moment la corde se déroula avec une rapidité vertigineuse; puis, avant même qu'elle eût atteint toute sa longueur, elle s'arrêta; le poisson était mort. Le harponneur et ses deux camarades amenèrent la corde, en ayant soin de l'enrouler à mesure qu'on la retirait de l'eau. A la fin, le poisson apparut à la surface de l'eau, et on l'enleva prestement dans le bateau. C'était un magnifique saumon qui pesait dix-sept kilos, et n'était presque pas endommagé.

Trois fois, coup sur coup, le harponneur renouvela ce terrible jeu, et réussit sans manquer le pauvre saumon qu'il visait avec son arme. Comme le plaisir de cette pêche m'était offert à moi tout seul, je demandai grâce à la quatrième tête, et Mead ordonna à ses pêcheurs de regagner le rivage.

Il n'entre pas dans le cadre de ce chapitre de raconter en détail les journées agréables que je passai avec mon vieil ami des prairies. Qu'il suffise à mes lecteurs de savoir que je quittai Mead avec regret, et que, lorsque la poste m'apporte encore une de ses lettres, j'éprouve une joie toute particulière à ces souvenirs du temps passé.

XII

LES TORTUES DE L'ILE DE SABLE

Je me suis toujours demandé comment l'art culinaire français négligeait la tortue[1] et n'en avait fait qu'un mets de luxe d'une cherté inabordable. Les auteurs anciens, Diodore de Sicile, Pline et Strabon, parlent cependant des chélones comme d'un aliment fort commun dans les classes même inférieures de la société de leur temps; et de nos jours, dans toutes les Antilles, le long des côtes de

[1] Les naturalistes rangent la tortue dans la classe des reptiles, grande série des vertébrés. Linné en a fait le genre *testudo;* Brongniart, la famille des *chéloniens,* dont il a divisé les quatre-vingts espèces différentes en cinq sections : les *tortues* proprement dites, les *émydes,* les *chélydes,* les *triones* et les *chélones.* Les caractères généraux de ces diverses espèces consistent dans la cuirasse osseuse qui remplace chez elles la peau sur une grande partie du corps; car les tortues n'ont de peau qu'aux quatre membres et à la tête, qui est, chez elles, couverte de plaques, comme chez les lézards et les serpents. Cette cuirasse, soudée à l'intérieur de l'épine dorsale, se divise en deux parties : la supérieure est appelée carapace; l'inférieure, plastron. La tête de la tortue est de forme pyramidale ou triangulaire; ses yeux sont petits; trois paupières les recouvrent. Son cou est très extensible; les doigts de ses pattes sont terminés par des ongles. Son estomac est très robuste; car elle digère parfaitement les mollusques dont elle se nourrit parfois. Sa mâchoire est d'une très grande force. La lenteur de la tortue est proverbiale; sa stupidité n'est pas moins renommée, et pourtant elle s'apprivoise facilement. Les tortues d'Europe appartiennent à la catégorie des animaux hivernaux; elles s'endorment pendant la saison des froids. Manger, se reproduire, se blottir et dormir, telle est l'existence de la tortue, qui a la vie très dure. Comme preuve à l'appui, je dirai que j'en ai vu une à Key-West dont la tête était coupée, le corps partagé, la cuirasse arrachée, et qui remuait encore en donnant des signes de souffrance.

l'Amérique du Nord et de celles du Sud, aux îles Maurice et Bourbon, dans les grandes Indes, à Batavia, en Chine, au Japon et même en Angleterre, la chair de la tortue passe, à juste titre, pour un mets savoureux et délicat, à tel point qu'il est un des plats nationaux du Royaume-Uni. La Grande-Bretagne est le seul pays de l'Europe où la chair de tortue soit appréciée comme elle doit l'être : les importations de Liverpool, de Southampton et de Londres s'élèvent annuellement à cent trente tonnes anglaises, soit environ cent trente-deux mille kilogrammes. Pour conserver les tortues plus sûrement vivantes pendant une longue traversée, on les renferme dans des barriques placées debout. Mais un grand nombre de capitaines ne font pas tant de façons : ils les laissent sur le pont, renversées sur le dos, et se contentent de les arroser matin et soir avec quelques seaux d'eau de mer. Dès qu'elles arrivent, on se hâte de les parquer dans des réservoirs où on les nourrit de plantes marines, de débris de légumes, et d'intestins de poissons et de volailles. Elles se conservent ainsi jusqu'à l'hiver, aux rigueurs duquel elles ne résistent pas. C'est l'amiral Anson qui apporta la première tortue qui fut mangée à Londres en 1762. Le prix de la chair de tortue, suivant que le marché est plus ou moins fourni, varie de 1 fr. 40 à 5 francs le kilogramme.

La France, qui si souvent suit à tort l'exemple de l'Angleterre, n'a pas eu l'esprit de l'imiter sur ce point, et si l'on demande quelquefois une soupe à la tortue chez Philippe ou au café Anglais, c'est tout simplement parce que ce plat se vend cher et que son chiffre figure bien sur la carte à payer du dîner auquel M. X... a convié ses amis.

Il est rare de voir une tortue sur le carreau de la halle, et lorsque cette exception se présente, je tiens de nos premiers marchands de comestibles qu'elle trouve rarement acheteur.

Ah! mes chers compatriotes, laissez-moi vous dire que « vous ignorez les *bons* choses de *cette* monde », comme me l'affirmait un Américain chez lequel je mangeai pour la première fois de ma vie un *boucan* de tortue.

C'était une composition exquise et d'un goût parfait; d'un aspect étrange, j'en conviens, mais auquel on finissait par s'habituer lorsqu'on vous avait expliqué la nature de la viande. Qu'on se figure un plastron de tortue, autrement dit toute l'écaille du ventre de cet ovipare, sur laquelle on avait laissé trois à quatre centimètres de chair avec toute la graisse y attenante. La viande était verte et d'une saveur sans pareille. On l'avait saturée de jus de citron, saupoudrée de piment et assaisonnée de sel, de poivre, de girofle et d'œufs battus; puis on avait mis ce plastron au four, sous la garde d'un moricaud armé d'une brochette, et dont la mission était de transpercer de temps à autre la croûte formée par les œufs et recélant la sauce, afin que celle-ci pénétrât jusqu'à la carapace. Quand tout avait été cuit à point, on avait servi chaud, et chacun avait trouvé une saveur délicieuse à ce *boucan* sans pareil.

Aux Antilles françaises, anglaises et espagnoles, la chair de la tortue se met à toutes les sauces. On en fait de la soupe, on la rôtit à la broche, on l'accommode en gibelotte, en daube, en fricassée, en pâtés. Son foie, ses intestins, ses os même se consomment. Aussi la tortue est-elle appelée par les Américains *Sea-pig* (le porc de l'Océan). Quel éloge!

Non seulement la chair des chélones est agréable au palais, mais elle est d'une digestion facile : elle diffère en cela de la plupart des poissons. On peut en manger un, deux et même trois kilogrammes sans le moindre inconvénient.

A la Martinique, les tortues se vendent à raison de 2 et 3 francs le kilogramme. Elles sont, par conséquent, l'objet d'une chasse très active, ce qui diminue leur nombre sur les côtes habitées. A l'époque du carême, des navires armés spécialement pour cet objet quittent le port de Saint-Pierre pour aller au loin pêcher des tortues, et ils en rapportent souvent une grande cargaison.

L'île Hetera, une des Bahamas, la plus éloignée de la côte au milieu de l'Océan, est un point renommé pour la pêche des tortues. Il y a bien encore l'îlot du Caïman, à la pointe extrême de la Floride, et l'île Marguerite, sur les rives de Vénézuela ; mais, comme je n'entends parler que de ce que j'ai vu, je m'en tiendrai à l'île Hetera, sur laquelle, il y a quatorze ans, j'ai assisté à une pêche vraiment miraculeuse dont je raconterai les incidents dans le courant de ce récit.

Quelques mots encore au sujet des chélones avant d'entrer en matière, ou plutôt avant de commencer ma pêche.

Les tortues franches, autrement dit vertes, pèsent environ de cent cinquante à deux cents kilogrammes ; mais les plus grosses ne sont pas les meilleures : celles de cinq à dix kilogrammes passent avec raison pour les plus délicates.

On m'a parlé à la Nouvelle-Orléans d'une tortue verte monstrueuse qu'on avait prise, en 1848, à Port-Royal, dans la baie de Campêche, mesurant quatre pieds du dos au ventre et six pieds de ventre en largeur. Le fils d'un capitaine de navire, jeune enfant de dix à onze ans, à qui l'on avait donné l'écaille de cette tortue, s'aventurait sur la mer au milieu de cette carapace érigée en chaloupe, et voguait souvent à plus d'un mille loin de la côte. Le gras avait produit huit gallons d'huile.

Le plus habile pêcheur de Key-West[1], où j'étais allé passer quelques jours pendant l'été de 1848, se nommait Downing. De Charleston à Savannah, de Saint-Augustin à Talahassee, de Port-Musqueto à la baie de Chaham, autrement dit dans toute la Floride, on connaissait Downing le mulâtre, le grand fournisseur de chélones de tous les marchés de cette partie des États du Sud.

M. Elliott, de Savannah, à qui j'avais été recommandé par mes amis de New-York, m'avait remis un billet pour Downing, par qui je fus reçu à bras ouverts en arrivant à Fort-Impérial[2], où il passait toute la saison de la pêche dans une charmante habitation.

« Une pareille recommandation, Monsieur, est un honneur pour moi, me dit Downing, et je m'efforcerai de satisfaire mon ancien protecteur en vous étant agréable. Puisque vous voici à Fort-Impérial pour une ou deux semaines, je vais organiser une partie de pêche à Hetera, et je suis sûr à l'avance que nous aurons, vous et moi, un sport comme on en a rarement dans sa vie. Le temps est d'ailleurs très favorable, la lune est dans son plein, et j'ai ici, sous la main, quelques naufrageurs de mes amis qui ne demandent pas mieux que de se donner quelque bon temps.

---

[1] Key-West, où l'île Thompson, située à vingt lieues du rivage de la Floride, tire son nom du mot espagnol *cavo* (îlot rocailleux), et non point, comme certains traducteurs (quand même!) ont prétendu, du mot anglais *key* (clef). La Clef-de-l'Ouest ne signifie rien, tandis que l'Ilot-de-l'Ouest, — ce qui est topographiquement vrai, — est exact. C'est un poste militaire important des États-Unis, et un comptoir où se fait un commerce considérable.

[2] Fort-Impérial, station militaire à trente milles au-dessous de Saint-Augustin.

— Des naufrageurs! m'écriai-je. Mais vous connaissez donc ces gens-là? J'ai probablement mal entendu. Dans mon pays ce sont des assassins, des voleurs...

— Mille pardons! Monsieur, en Amérique les naufrageurs sont des gens très bien vus dans la société; ce sont des pêcheurs prêts en tout temps à porter secours à leurs semblables, mais autorisés, par les lois du pays, à s'approprier les débris d'une épave et tout ce que la mer jette à la côte. Les compagnies d'assurance payent intégralement, c'est l'usage. Il faut bien laisser vivre le pauvre monde, puisque la loi le permet.

— Allons! va pour vos naufrageurs, maître Downing, ce sera un caractère nouveau à étudier. Revenons... à nos moutons, c'est-à-dire à nos tortues.

— Monsieur veut-il me permettre de lui montrer mon musée.

— Votre musée?

— Oui! ma collection de tortues. Elles ne sont pas vivantes; mais, quoique empaillées, elles vous donneront un spécimen de ce qu'est le genre chélonien de notre hémisphère. J'exerce depuis quarante ans le métier de pêcheur, et j'ai recueilli les plus beaux « sujets » de mes expéditions. Après les avoir disséqués et naturalisés, je me suis amusé à les suspendre tous aux parois de mon salon.

— Parbleu! je serais curieux de voir votre galerie, mon cher hôte; le plus tôt possible sera le mieux. »

Sans se faire prier, Downing ouvrit une porte de sa maison et m'introduisit dans une vaste pièce crépie à la chaux depuis le toit jusqu'au plancher, sur les murailles de laquelle étaient étalées plus de deux cents écailles de tortues de toutes sortes, de toutes grandeurs.

Onques de ma vie je n'avais vu tant de chélones « amarrées » dans un si petit espace.

« Voici, me dit alors Downing, les tortues de mer de l'espèce verte; il y en a de quatre sortes : les tortues à « bahut », les grosses-têtes, les becs-de-faucon et les « green ». Les premières, comme vous pouvez vous en convaincre, sont plus grosses que les autres, ont le dos plus élevé et plus rond; seulement leur chair est puante et malsaine. Il en est de même des grosses-têtes, que l'on ne mange qu'en cas d'absolue nécessité. Ces deux espèces ne se nourrissent que des mousses de mer qui croissent sur les rochers de nos récifs. Quant aux becs-de-faucon, ainsi nommés à cause de la forme de leur tête et dont la gueule allongée est terminée par un bec crochu, ce sont celles qui servent aux fabricants de peignes et aux ébénistes incrusteurs. C'est encore là un fort mauvais manger, et j'ai vu souvent des pêcheurs qui, malgré mes avis, s'étaient nourris de ces tortues, être pris de vomissements et de maux d'entrailles intolérables. On eût dit qu'ils étaient empoisonnés. Voici maintenant deux magnifiques tortues vertes dont j'ai refusé, quand elles étaient en vie, cent piastres pièce. Que voulez-vous! je suis amateur, et j'aimais mieux compléter ma collection que gagner quelques écus à colonnes. Mais pardon, Monsieur, je vous ennuie peut-être avec mon bavardage...

— Non pas, mon cher Downing ; continuez, je vous prie, dis-je en m'avançant de plus près vers les deux écailles de tortues appendues contre la muraille.

— Les tortues vertes, ajouta le pêcheur, ont la carapace plus verte que leurs autres congénères : c'est de là que leur vient leur dénomination. Ce sont les plus grosses tortues, et l'on en a vu qui pesaient jusqu'à six et sept cents livres. Celles-ci n'apportèrent qu'un poids de trois cent quatre-vingts et trois cent quatre-vingt-dix-neuf livres dans la balance ; mais leur forme régulière, la transparence de leur « maison », me les firent remarquer parmi une vingtaine qui avaient été retournées à Hetera par mes hommes et moi. Je les gardai, malgré les récriminations de mistress Downing, qui vivait à cette époque : — que Dieu ait son âme! la pauvre chère femme, — ajouta le pêcheur sans paraître trop regretter celle qui n'était plus. Je les gardai donc, bon gré, mal gré, et les vidai moi-même, conservant l'extérieur et me régalant de l'intérieur, qui produisit la meilleure *turtle soup* que j'aie jamais mangée depuis que j'ai l'âge de raison. Si mon verbiage ne vous ennuie pas trop, Monsieur... »

Je fis un signe de tête négatif.

« Les tortues vertes se nourrissent d'une espèce de valisneria qui croît dans nos mers, dans les fonds de quatre, cinq ou six brasses d'eau. Cette plante est d'un goût agréable, et produit des feuilles allongées, petites, ténues, d'un quart de pouce de large et de six pouces de long[1]. C'est à cette nourriture que les *green* chélones doivent la couleur verte de leur chair et de leur écaille. Le gras de leur viande est pourtant jaune, et cette particularité existe chez toutes les autres tortues, même chez celles que l'on pêche à Boc-

---

1 En général, les tortues marines se nourrissent de fucus, d'hydrophytes, de mollusques et de toutes les algues dont est tapissé le fond de la mer. On les voit en troupes, comme un banc de maquereaux ou de harengs, venir manger à de certaines heures, le soir et le matin.

cataro, à Portobello et dans les baies de Campêche et de Honduras, comme aussi dans les atterrages de la Jamaïque et de Cuba. A Port-Royal, où je me trouvais, il y a six semaines, pour régler un compte avec un de mes correspondants, fit Downing, il y a des réservoirs préparés exprès sur le bord de la mer où on garde les chélones vertes en vie, et d'où on les transporte sur le marché, qui est abondamment pourvu de cette viande succulente, nourriture ordinaire de ce pays-là et particulièrement des petites gens.

« Voici ensuite, ajouta mon interlocuteur, quatre chélones que l'on m'a rapportées du Gallopagos, ces îles qui fournissent le guano à l'Europe : leur écaille est plus épaisse que celle des autres chélones, car elle a deux à trois pouces d'épaisseur.

« Si vous passez à droite, Monsieur, vous trouverez sur la paroi toutes les tortues d'eau douce de notre pays. D'abord les *loths,* ainsi nommées à cause de leur forme, qui est vraiment extraordinaire. Les *hécates,* qui se tiennent toujours dans les étangs d'eau douce et ne viennent à terre que rarement; leur poids varie de cinq à huit kilogrammes, et leur forme est ronde. Les *terrapins,* plus petites que les précédentes, ont l'écaille du dos taillée d'une façon bizarre, bien ouvragée et de plusieurs nuances; elles vivent dans les lieux humides ou marécageux. Celles que voici viennent de l'île des Pins, près de Cuba. Vous remarquerez, ajouta Downing, qu'elles sont marquées sur le dos de plusieurs entailles. C'est un usage parmi les chasseurs espagnols, lorsqu'ils en trouvent dans les bois, de les porter dans leur cabane, puis de les laisser aller, une fois marquées, et elles ne s'écartent jamais trop loin. Lorsque ces chasseurs retournent à Cuba, après une absence de six semaines, ils emportent souvent quatre à cinq cents tortues qu'ils vendent et qui sont très bonnes à manger. Chacun d'eux a reconnu ses prises à sa marque.

« Les *chélides,* que nous trouvons dans les eaux douces des États-Unis, et dont voici un admirable individu, me dit ensuite mon pêcheur, ont la bouche fendue comme celle d'un crapaud, au lieu de l'avoir en bec de perroquet. Leurs membres sont très gros et ne rentrent point sous leur carapace, comme peuvent le faire ceux des *émydes* à queue de serpent. Ces tortues ont cela de particulier, que, lorsque le reptile a caché ses membres, sa carapace se referme comme une boîte, de façon à les cacher complètement.

— Je me rappelle d'avoir trouvé cette tortue dans les Swamps du New-Jersey, dis-je au mulâtre.

— En effet, répliqua-t-il, elle abonde dans tous ces marécages, ainsi que les *snapping turtles* (les *triones*), ainsi nommées parce qu'elles sont méchantes et cherchent à mordre ceux qui veulent les attraper. Ces dernières vivent de poissons, de reptiles aquatiques et de canards. Remarquez qu'elles n'ont que trois ongles au lieu de quatre ou cinq, et que leur carapace est formée non point par une écaille dure et solide comme chez les autres variétés, mais bien par une peau molle et épaisse qui se durcit à mesure que vieillit le trione. Enfin, pour vous épargner des explications fastidieuses, je me bornerai à vous montrer, en dernier lieu, cette *bourbeuse* aux doigts palmés, au long cou, au nez en forme de trompe, dont l'espèce vit, dit-on, cent années. »

J'admirai longtemps encore, tout en prêtant une oreille attentive aux explications de Downing, la collection qu'il avait artistement disposée dans son musée de tortues; puis je me disposai à rentrer à Fort-Impérial, et je pris congé du pêcheur.

« Monsieur, me dit tout à coup celui-ci, je suis peut-être bien hardi d'oser inviter un blanc à ma table; mais, si vous daignez accepter mon hospitalité, je me fais fort de vous offrir un souper plus confortable que celui de la taverne de *Hog's head,* où vous avez élu domicile.

— Je n'ai pas de préjugés au sujet des hommes de couleur, répondis-je à ce brave homme, et, pour vous prouver que je ne parle pas du bout des lèvres, j'accepte votre invitation.

— Merci, Monsieur, merci de cet honneur, s'écria Downing; je demande seulement une demi-heure pour tout préparer, et vous promets un repas complet de tortues.

— Un repas de tortues!

— Oui, Monsieur : potage, entrées, rôti, plat doux, c'est une tortue verte qui fera les frais de notre souper. Reposez-vous sur mon habileté; je passe, à juste raison, pour un habile cuisinier, et m'enorgueillis de mon talent. »

Downing, après m'avoir offert un excellent panatella et m'avoir installé dans un *rocking-chair* [1], sous une tonnelle de magnolias et de lianes fleuries, rentra dans son logis, escorté d'une jeune négresse, son aide de cuisine et sa domestique, me laissant plongé dans les délices d'une douce rêverie.

Je songeais, en effet, à la bizarrerie de ma destinée, qui, m'ayant fait naître sur les rives de l'Arc, en pleine Provence, m'avait amené

---

[1] Fauteuil à bascule très usité dans les États-Unis.

de l'autre côté de l'Océan, dans une île de sable, aux limites de la civilisation, hôte d'un mulâtre, loin de ma famille, de mes affections, entraîné par l'amour des aventures, la passion de la chasse et de la pêche.

Tout en songeant de la sorte, je humais la fumée de mon cigare, dans les spirales de laquelle je suivais les rêves de ma fantaisie. Bientôt pourtant un parfum exquis, apporté par une douce brise, vint caresser mes narines; la fenêtre de la cuisine de Downing était ouverte, et par là s'échappaient des effluves inconnues qui s'adressaient à mon palais et à mon estomac.

Machinalement je passai à plusieurs reprises ma langue sur mes lèvres, et j'appréciai à l'avance les promesses que le pêcheur m'avait faites.

Je le vis paraître enfin devant moi, revêtu d'un pantalon blanc en toile et d'une veste de la même étoffe.

« Maître, le repas est prêt, fit-il. Vous plairait-il de dîner ici ou dans la cuisine?

— Ici, rien ne s'y oppose, » répondis-je.

Ce que j'avais désiré fut exécuté au même instant. Mia (c'était le nom de la négresse) aida à son maître à apporter la table, la recouvrit d'une nappe blanche, et disposa en un clin d'œil des assiettes, des fourchettes, des couteaux, des verres et deux pots d'une respectable capacité remplis d'ale mousseuse.

Au moment où j'approchais ma chaise de la table, Downing parut sur la porte de son logis, tenant dans ses mains calleuses une vaste terrine renfermant une *green turtle soup* dont, en véritable artiste, il me vanta tout d'abord l'excellence.

« A table, Downing, lui dis-je; là, plus près de moi, » ajoutai-je en m'apercevant qu'il s'était modestement assis à l'autre extrémité, par déférence pour la couleur de ma peau.

Le pêcheur ne se le fit pas dire deux fois; il avança sa chaise, et, soulevant le couvercle de la terrine, plongea dans ses flancs rebondis une louche de bois, à l'aide de laquelle il retira de menus morceaux d'une matière verdâtre et gélatineuse, des boulettes de la grosseur d'un œuf de pigeon et des œufs roussâtres nageant dans une sauce brune d'où s'exhalait un arome tout particulier, qui flattait au suprême degré les papilles de mon odorat. J'avais déjà, dans les tavernes et les hôtels des États-Unis, mangé en mainte occasion d'excellentes *turtle soups;* mais jamais, je puis le dire, aucun de ces brouets exquis n'avait eu autant de charme pour moi.

Il va sans dire que je fis honneur à ce potage incomparable, dont bientôt il ne resta plus trace ni dans la terrine ni dans nos assiettes.

Après le potage vint un *steak* de tortue, assaisonné de jus de citron et de piment, plat succulent et savoureux qui subit le même sort que le premier mets.

Mia nous servit en troisième lieu un plat doux façonné à l'aide des œufs de la tortue verte, dont la saveur inconnue, l'arome étrange me séduisit et m'étonna à la fois.

Certes, si jamais Chevet ou Potel et Chabot façonnaient ce mets princier, ils exploiteraient là une veine qui assurerait leur fortune.

Tout ce dîner fut arrosé d'un excellent vin de Catawba, vin américain s'il en fut jamais, dont le cru ressemble fort à du vin de Beaune et de Joigny[1]. Au dessert, nous savourâmes des ananas, des bananes, des avocats, et autres fruits sans pareils pour le goût et la saveur.

Un verre de vieux rhum et un excellent « cabaña » complétèrent ce repas exquis, dont j'ai gardé le souvenir malgré les années écoulées, ce qui prouve la vérité de cet axiome égoïste, formulé, je crois, par d'Aigrefeuille : « La plus sûre reconnaissance est celle de l'estomac. »

Tout en fumant le « cabaña » et en « lappant » le *genuine brandy* de la Jamaïque, je demandai à Downing s'il avait songé à notre pêche.

« Pas encore; mais en une demi-heure tout peut être prêt, et nous allons nous mettre en route, si bon vous semble, à moins que vous n'aimiez mieux remettre à demain. M'est avis même que ce serait plus prudent, dans l'intérêt du succès de notre pêche.

— Je reste à vos ordres, mon hôte, répondis-je au mulâtre. Je suis maître de mon temps pour une semaine, et je laisse à vos soins l'arrangement des plaisirs que vous m'avez promis.

— Voici ce que je propose à Votre Seigneurie, ajouta le pêcheur. Demain matin je vous conduirai à deux lieues d'ici, au milieu des terres, près d'un *pond* où vivent en grand nombre des tortues d'eau douce, dont la réputation est répandue dans tous les restaurants de la Louisiane. Nous resterons là tout le jour; puis après-demain

---

[1] Le catawba est une vigne qui produit un jus très sucré, lequel paraît être fort propice à la fabrication du vin. C'est d'ailleurs le meilleur raisin des États-Unis. A l'aide de ce raisin on fabrique d'excellent cru, et les plants se propagent avec la plus grande rapidité. Dans un temps qui n'est pas éloigné, les Américains pourraient bien se passer de nous pour les vins ordinaires.

nous irons coucher à Hetera. Ne craignez rien, nous avons là-bas une cabane très confortable à l'abri d'une montagne de sable, et vous vous trouverez en compagnie des plus hardis naufrageurs de l'Union. »

Je laissai Downing sur le seuil de sa porte et rentrai à mon hôtel, où je ne tardai pas à regagner mon lit; car le départ pour le pond aux tortues devait avoir lieu dès l'aube.

A l'heure dite, Downing était à la porte du caravansérail du Fort-Impérial, et nous nous hâtions de sortir de la ville au pas accéléré de deux chevaux.

Nous atteignîmes bientôt les rives d'un courant d'eau encaissé dans un ravin profond et ombragé par des arbres très élevés. En suivant ce ruisseau, nous parvînmes à un grand lac aux bords tapissés de gazon et d'un cercle tellement régulier, qu'on eût cru se trouver dans un bassin creusé par la main des hommes, au milieu d'un parc ou parmi les méandres d'un jardin anglais. On l'appelait le lac Worth.

Downing avait apporté des lignes dans ses poches; il n'y avait plus qu'à se procurer des hampes, afin de les ajuster; mais ce ne fut point là chose difficile. Une fois nos engins de pêche ajustés, nous nous établîmes sur le bord le plus élevé et jetâmes nos hameçons dans le lac. Cinq minutes après, nous remarquâmes çà et là un léger mouvement de l'eau, et au milieu des petits cercles qui ridaient la surface du pond je vis apparaître des points noirs que je pris tout d'abord pour des têtes de serpents.

Downing, lui, ne s'était point trompé.

« Voilà les tortues, murmura-t-il à mon oreille. Attention! elles ne tarderont pas à mordre. »

En effet, un de ces chélones s'approcha jusqu'au rivage sur lequel nous étions, et j'aperçus distinctement sa longue tête, qui ressemblait à un museau, s'élever au-dessus de l'eau et regarder autour comme pour deviner le danger.

Je m'étais retourné pour interroger Downing et lui demander par quel moyens nous pourrions nous emparer de la tortue, lorsque je sentis soudain un coup sec donné à ma ligne. Je crus tout d'abord qu'un poisson était venu se suspendre à mon hameçon; mais quelle ne fut pas ma surprise en amenant à la surface une tortue, la même sans doute que celle qui était venue respirer un instant auparavant à la surface du lac.

Ce chélone n'était point trop gros; aussi je parvins sans grande difficulté à le ramener sur le bord.

Downing, afin de s'assurer que la prise ne s'échapperait pas, la renversa tout simplement sur le dos, en ayant soin d'enfoncer quatre petits coins en bois à l'entrée de ses pattes, afin de prévenir toute velléité de fuite.

Notre pêche fut bientôt abondante, et j'eus le plaisir de compter sur le sable, à quelques pas de nous, quatorze tortues, dont la plus petite pesait cinq kilogrammes.

Tandis que j'observais tranquillement les quatre lignes tendues devant moi, Downing m'appela à voix basse et me montra, à environ cent mètres plus loin, à l'angle d'une anse ouverte vers l'embouchure d'un ruisseau, un raccoon énorme, au dos brun, au museau pointu et à la queue rayée de blanc et de noir.

« Attention, » murmura le mulâtre, dont les yeux brillaient de joie; car il n'est pas d'animal que la race de couleur aime plus à tourmenter que le pauvre raccoon.

Il est pour eux ce qu'est le renard aux *hunters* de la vieille Angleterre.

Le raccoon ne nous avait pas vus; car, s'il eût eu vent de notre présence, il eût prestement pris la fuite. Dans l'ignorance du danger, il rampait pas à pas le long de la berge, se hissant de temps à autre sur un tronc d'arbre abattu, du haut duquel il pouvait mieux voir dans l'eau.

« Regardez bien, continua mon guide, la bête est venue pour pêcher.

— Bah !

— C'est comme je vous le dis. Le raccoon est très friand de tortues.

— Je n'en doute pas. Mais de quelle façon s'y prend-il pour s'emparer de sa proie ?

— Vous allez voir; seulement ayez un peu de patience. »

J'écoutai les avis de Downing, qui m'engagea à ne pas quitter l'abri de feuillage derrière lequel nous nous étions cachés, et je demeurai les yeux grands ouverts, me demandant comment procéderait le quadrupède. Allait-il s'élancer à l'eau pour happer une tortue, ou bien attendrait-il que l'une d'elles se hasardât sur le sol ?

Le raccoon déjoua toutes mes conjectures.

A deux mètres de l'endroit où il s'était blotti, on apercevait un tronc d'arbre retenu au rivage par ses racines et soutenu au dehors de l'eau par ses branches, dont quelques-unes sans doute avaient trouvé un point d'appui au fond du lac.

Le raccoon s'avançait à pas lents vers ce tronc d'arbre, dont l'ombre protégeait un certain nombre de tortues dressant leurs têtes au-dessus de l'eau : il ne les perdait pas de vue, et, quand il eut réussi à s'insinuer à travers les racines jusque sur la partie plane de l'arbre, il plaça sa tête entre ses pattes de devant, tourna sa queue

du côté de l'eau, et s'avança à reculons, petit à petit, jusqu'à ce que sa queue touchât presque la surface du lac ; puis il se mit à la remuer d'un côté et d'autre.

Le corps du rusé animal était tellement roulé sur lui-même, que pour tout autre que nous il eût été impossible de deviner à quelle espèce de la création il appartenait.

Bientôt une des tortues aperçut cet appendice caudal qui s'agitait d'une façon étrange : elle nagea lentement, ouvrit ses deux mâchoires et saisit les poils extrêmes de la queue.

A peine avait-elle serré cet appât d'un nouveau genre, que le raccoon se redressa, et, donnant une violente secousse, tira la tortue hors de son élément, la jeta sur la plage, à sec sur un lit de sable, et, à l'aide de son museau, la renversa prestement sur le dos, en ayant le plus grand soin de ne pas se laisser mordre.

Le *snapping turtle* était à la merci du raccoon, qui allait le dépecer à sa manière, lorsque Downing, m'engageant à le suivre, s'élança hors du fourré dans lequel nous étions enfouis, saisissant le fusil à deux coups dont il s'était précautionné et l'armant d'une main rapide.

A notre vue, au cri qu'avait poussé le mulâtre, le raccoon s'était réfugié sur un arbre et avait grimpé jusqu'au faîte. Malheureusement pour lui, l'arbre n'était pas élevé; aussi, lorsque Downing l'eut découvert au milieu d'une touffe de feuillage, il me passa l'arme et m'engagea à me donner le plaisir de tuer une « vermine ».

J'épaulai, je fis feu, et le pauvre raccoon vint tomber à nos pieds, à quelques centimètres de la tortue qui se débattait encore sur le dos. Ce quadrupède était un vieux mâle, à la fourrure splendide, dont je me fis faire plus tard un admirable bonnet de trappeur, en ayant soin de conserver la queue, ce qui me faisait ressembler, — je le regrette, — à un des sanguinaires pourvoyeurs de la guillotine pendant la fatale révolution de 93.

Cet incident de chasse une fois terminé, nous retournâmes à la pêche, et, quand vint le moment de rentrer à Fort-Impérial, les eaux du lac Worth nous avaient fourni dix-sept tortues, y compris celle que le raccoon avait pêchée pour nous.

Un des engagés de Downing, conduisant un léger véhicule traîné par un mustang de la Floride, ramena les pêcheurs et leur butin au logis, où les attendait un souper exquis dont la chair de tortue faisait encore tous les frais.

C'était au jour suivant que Downing avait fixé notre départ pour Hetera, où nous devions trouver une troupe de naufrageurs attendant là l'occasion de recueillir des épaves, et occupant leurs loisirs à la pêche des tortues. Mon hôte le mulâtre avait devant sa maison, à l'ancre dans une anse du rivage, un bateau ponté d'une belle dimension, jaugeant de vingt à trente tonnes, et gouverné par deux engagés. Ce fut sur cette pinasse solide que nous nous aventurâmes tous les quatre, le lundi 27 juin 1848. Bientôt, grâce à une brise favorable, nous eûmes franchi les récifs, et nous nous trouvâmes en pleine mer, faisant jaillir la blanche écume des deux côtés de notre proue, glissant en silence sur un océan inondé de lumière. Devant nous, des deux côtés de l'embarcation, des bandes de poissons volants plongeaient et se jouaient au milieu des varechs, des éponges, des pennatules et des coraux dont le fond était émaillé.

Nous apercevions à notre droite les récifs des Bahamas comme autant de points perdus vers l'horizon immense; mais, à mesure que nous avancions, ils grossissaient à nos yeux et verdoyaient, revêtus de la plus riche livrée des tropiques, et offrant à nos regards une diversité de nuances et de couleurs adoucies encore, rendues plus délicates par la pureté des cieux et l'éclat du soleil. C'était un spectacle féerique, et j'oubliai à le contempler les premières atteintes du mal de mer qui m'avait déjà soulevé le cœur.

Nous parvînmes, trois heures après notre départ de la côte ferme, à Hetera, où nous jetâmes l'ancre dans une anse profonde, abritée contre tous les vents, au fond de laquelle s'élevaient une tente et une cabane de feuillages et d'herbes entrelacées, que Downing me dit être la demeure des naufrageurs.

Les « gentlemen des épaves » étaient absents au moment où nous arrivâmes; ils n'avaient pas même laissé un des leurs pour garder leurs effets, abandonnés çà et là à la garde... de Dieu. Les vivres contenus dans des barils parurent à mon hôte peu suffisants pour sa cuisine; aussi dépêcha-t-il un de ses engagés, excellent chasseur, pour nous procurer de la venaison. Il lui remit à cet effet une carabine à un coup, chargée seulement d'une balle, et une heure après ce brave garçon revenait avec deux cerfs tués du même coup. Il avait attendu, pour accomplir cet exploit, que les animaux fussent tous deux côte à côte dans la direction de son point de mire, et les avait abattus sans autre forme de procès.

Downing se hâta de dépouiller l'un des cerfs, et, tandis qu'il le dépeçait, je signalai à l'un des angles de la baie une, puis deux embarcations remplies de marins qui se dirigeaient de notre côté. C'étaient les naufrageurs. Ils revenaient d'une expédition heureuse, dont ils nous racontèrent chaque détail dès que le mulâtre m'eut présenté à leur chef et à chacun d'eux; puis on songea au souper.

Les naufrageurs rapportaient des poissons que l'on accommoda à toutes les sauces possibles; les grillades de cerf eurent néanmoins la préférence, et l'on fit rôtir des canards sauvages et des courlis. Il va sans dire que ce repas, servi à des gens dont le robuste appétit était encore aiguisé par l'air salin de l'Océan, fut englouti en silence jusqu'à ce que la plus grosse faim eût été apaisée. Quand on arriva au dessert, composé de bananes, d'avocats et d'autres fruits des Bahamas, on porta des toasts et l'on se mit à chanter. Je me rappelle en-

core, à l'heure qu'il est, un couplet d'une des chansons des naufrageurs, dont voici le sens traduit en vers français :

Sur les rochers clairsemés de l'abîme,
Wreckers, allumons nos feux !
Guettons, des vents pauvre victime,
Le vaisseau malheureux.
Au marin que l'orage
Entraîne loin du port,
Tendons la main, compagnons du naufrage,
Sauvons-le de la mort.
Mais à nous appartient l'épave,
Et sa prise est de bon aloi.
Malheur à celui qui nous brave !
Telle est la loi.

Vingt-deux voix répétaient en chœur les quatre derniers vers, et
je vous assure que dans le calme de la nuit cet orphéon primitif
produisait un effet assez imposant.

Il fut ensuite question de la pêche que nous étions venus faire aux
Bahamas, et, comme la nuit arrivait, on songea aux préparatifs. Il
fallait se rendre au lieu de pêche avant l'heure où les tortues quittent
la mer pour venir déposer leurs œufs sur les bancs de sable propres
à l'éclosion de leur progéniture. Ces îlots, entrecoupés de profonds
canaux et formés de débris de coquillages, sont voisins du grand
récif de corail aimé des chéloniens de l'Océan. Tout le fond de la
mer, sur les côtes de la Floride, est couvert d'une épaisse couche de
coraux, de gorgones, de varechs et autres productions de l'abîme,
servant d'abri à une multitude innombrable de crustacés. Et sur ces
bancs de sable voltigent du matin au soir des nuées d'oiseaux de
mer, que l'on prendrait de loin pour des essaims d'énormes mou-
cherons.

Nous arrivâmes sur le grand îlot de sable au moment où l'astre
étincelant se plongeait à l'horizon dans la mer. Pour qui n'a jamais
vu un coucher de soleil sous ces latitudes, ce spectacle est d'un grandiose qui n'a rien de pareil sur la terre. Cet énorme disque rougeâtre,
dont les dimensions semblent triplées, disparaît aux deux dixièmes
sous la ligne des eaux profondes, et revêt d'une frange pourprée les
nuages qui planent à l'horizon lointain. A travers les vastes portiques
de l'occident on aperçoit un éblouissant éclat de gloire : on dirait
une fournaise dans laquelle bouillonnent des montagnes de minerai
d'or. Tout à coup l'astre disparaît en entier, comme s'il eût fait le

plongeon, et le voile grisâtre que la nuit tire sur l'univers monte lentement de l'est à l'ouest.

La brise de mer se leva à ce moment même, et les engoulevents prirent dans l'air la place des oiseaux diurnes, des sternes, des *mother carey chickens,* des gabians et des alcyons. De temps à autre cependant on voyait passer, attardée, une frégate ou bien un fou à manteau brun.

Une demi-heure après, Downing, qui s'était posté à mes côtés, derrière un amas de sable dont il avait fait un abri et une cachette, me montra, nageant avec lenteur vers le rivage et la tête seulement au-dessus de l'eau, des tortues qu'il m'assura être de la grosse et de la bonne espèce. Sur la surface à peine ridée du bras de mer qui séparait l'îlot sur lequel nous nous trouvions de la plage sablonneuse voisine, je distinguais confusément leur large carapace, et, tandis qu'elles avançaient lentement et avec effort, la brise apportait à mes oreilles le bruit d'une respiration précipitée qui trahissait leur inquiétude ou leur terreur.

Tout à coup la lune se leva et vint éclairer cette scène fantastique. Une tortue, ayant atterri, traînait péniblement son corps pesant sur le sable; car ses pattes et ses nageoires étaient mieux organisées pour nager que pour se mouvoir sur terre. Elle parvint cependant à l'endroit désiré, et se mit laborieusement à l'œuvre, écartant avec adresse le sable qui se trouvait sous son ventre, et le rejetant à droite et à gauche. Puis, lorsque le trou fut assez profond, elle déposa ses œufs, qu'elle arrangea avec le plus grand soin et qu'elle recouvrit proprement de sable.

Au moment où elle allait faire volte-face et regagner l'Océan, Downing se précipita en avant d'un seul bond, comme fait un tigre sur sa proie, et, assenant un coup de bâton sur la carapace près de la tête, saisit l'instant où le chélonien gardait une sorte d'immobilité causée par la peur, pour lui faire faire la culbute. Au même moment la tortue se trouva placée sur le dos, remuant pieds et pattes, mais ne pouvant plus fuir.

Nous avions à peine regagné notre cachette, que Downing attira de nouveau mon attention : une tortue énorme, à en juger par le déplacement d'eau qu'elle opérait autour d'elle, s'avançait vers la plage. A trente mètres du banc de sable, elle leva la tête au-dessus de l'eau, jetant autour d'elle un regard inquiet et passant attentivement en revue tout ce qui se trouvait à portée de son rayon visuel. Elle poussa enfin une sorte de sifflement, que Downing m'assura être un défi porté à ses ennemis, dans le but de les effrayer et de les obliger à lui laisser le champ libre. Puis, comme rien ne bougeait, elle nagea doucement vers le banc et s'avança sur le sable en soulevant autant que possible son cou. Elle trouva enfin un endroit qui lui parut convenable : elle procéda comme sa devancière, qui se trouvait cachée derrière le monticule de sable où nous étions abrités. En cinq minutes elle eut creusé, à environ soixante centimètres de profondeur, un trou où elle déposa ses œufs l'un après l'autre, lesquels étaient au nombre de cent soixante-dix-sept, comme nous nous en assurâmes avant de quitter l'île de sable. Ces œufs étaient de la grosseur d'un œuf de poule, fort ronds et couverts seulement d'une peau blanche et dure. La tortue qui se trouvait devant nous était un chélone à grosse tête, et Downing, qui connaissait la façon d'agir de ses pareilles, s'élança vers elle, à mon grand étonnement, avant d'avoir donné le signal convenu. Il m'expliqua en même temps que cette espèce, pendant qu'elle pondait, était incapable d'interrompre sa tâche, tant il lui semblait nécessaire de la continuer coûte que coûte.

« A moi ! » s'écria-t-il tout à coup.

Et, se plaçant devant la tortue, il appuya son épaule derrière l'une de ses pattes de devant, la souleva un peu, tout en la poussant de toutes ses forces, puis, par un élan subit, la jeta sur le dos. Comme la tortue était démesurément grosse et qu'elle se démenait à l'instar d'un diable dans l'eau bénite, Downing crut prudent de lui ficeler les pattes de façon à l'empêcher de se mouvoir.

Cela fait, nous procédâmes à d'autres captures, et, comme ce jeu m'amusait fort, nous le prolongeâmes jusqu'au moment où « le combat finit faute de combattants ».

Les naufrageurs, Downing et ses deux engagés avaient réussi à prendre cinquante-six tortues dans l'espace de deux heures et demie.

Dès qu'on eut amariné le butin au fond des embarcations, on

songea à aller à la chasse des œufs. Munis, les uns d'un petit bâton, les autres d'une baguette de fer, les chasseurs de *yolks* se répandirent sur la plage sablonneuse en sondant le sable aux endroits où se remarquaient les traces des tortues. Il n'est cependant pas toujours facile de les découvrir; car souvent les averses, les

orages et le vent même les ont presque entièrement effacées. Avant de retourner à l'anse d'Hetera, les naufrageurs, Downing, ses engagés et moi, nous avions découvert dix-huit nids de tortues et recueilli près de sept cents œufs [1].

1 Les œufs de tortue sont arrachés, sinon détruits sur place en grande quantité, ce qui n'étonnera personne lorsque je dirai que certains îlots des Bahamas et de toutes les îles connues sous le nom de Florida-Keys renferment dans l'espace d'un mille les œufs de plusieurs centaines de tortues. Ces chélones vertes creusent un nouveau trou à chaque ponte : le second est généralement près du premier, comme si la tortue n'avait aucun souvenir de l'accident qui lui est arrivé. On comprend sans peine que la multitude d'œufs qui se trou-

La prise avait été bonne, et nous songeâmes à regagner la tente d'Hetera, où nous attendait un souper confortable. Pendant le repas, j'entendis raconter à plusieurs convives des détails assez bizarres sur tout ce qui avait rapport aux tortues de mer.

Entre autres faits bons à signaler, je consignerai celui-ci : les chélones *au manteau vert* sont si abondants dans ces parages, que cinq à six cents hommes pourraient en subsister pendant plusieurs mois sans avoir recours à aucune autre sorte de provision.

Les tortues d'Hetera, — j'eus l'occasion de m'en convaincre, — sont extraordinairement grosses et grasses; la délicatesse de leur chair est telle, qu'on en mange avec plus de plaisir que d'un poulet.

Le moyen de prendre les tortues que je viens d'expliquer n'est pas le seul qui soit en usage sur les côtes des Florides. Aux embouchures des fleuves et des rivières, les *turtle fishers* tendent quelquefois d'énormes filets aux mailles fort larges, dans lesquelles les chélones s'embarrassent d'autant mieux qu'ils font plus d'efforts pour en sortir.

D'autres se servent d'un harpon; mais les tortues ont, dans ce cas, une telle force d'impulsion, qu'on me raconta une histoire d'un Caraïbe dont le canot avait été entraîné pendant deux nuits et un jour par une tortue harponnée. Le pauvre Indien, faute d'instrument tranchant, n'avait pas pu couper la corde attenant au harpon entré dans le corps de la tortue.

Downing, lui, avait inventé l'engin dont voici la description pour prendre des tortues en plein jour. C'était un instrument de fer qu'il appelait une cheville, muni à chaque extrémité d'une pointe pareille au « clou sans tête » dont se servent les faiseurs de filets, quadrangulaire, aplati, figurant à peu près le bec d'un pic. Au milieu de cet instrument il plaçait un fil de caret très fin, très serré, d'une longueur de cent mètres, assujetti solidement par l'un des bouts au centre de la cheville, où se trouvait pratiqué un trou par lequel passait le fil. L'autre portion de la corde, soigneusement enroulée, était placée dans une partie convenable de l'embarcation. L'un des

---

vent dans le ventre d'une tortue ne soient pas tous destinés à être pondus dans la même année. La plus grande quantité qu'un seul individu de cette espèce puisse pondre dans le courant d'un été est quatre cents environ; tandis que, lorsqu'une tortue est prise sur son nid au moment de pondre ses œufs, on les trouve dans son corps tout petits, dépourvus de coquille et empilés par larges couches dépassant le nombre de trois mille. Peu de temps après leur éclosion, les petits se frayent un passage à travers le sable qui les recouvre et se jettent immédiatement à la mer. Rien n'est plus curieux à voir que cette armée de petites tortues, à peine grosses comme un crabe, et gagnant l'Océan avec une rapidité relative.

bouts de la cheville entrait dans un étui en fer qui le retenait d'une manière lâche, attaché à un long épieu de bois, jusqu'à ce que la carapace de la tortue eût été transpercée par l'autre pointe. Dès que le pêcheur, assis dans la barque, apercevait un chélone se réchauffant à la surface de l'eau, il s'approchait en faisant le moins de bruit possible, et, parvenu à dix à douze mètres, lançait l'épieu avec l'intention de percer la tortue à cette même place que veut perforer un entomologiste pour piquer un insecte sur une plaque de liège.

A peine la tortue a-t-elle été atteinte, que le manche de bois se sépare de la cheville, à laquelle il tient fort peu. Le chélone, fou de douleur, se débat convulsivement, et plus la cheville reste dans la blessure, plus elle s'y enfonce, tant est grande la pression qu'exerce sur elle l'écaille de la tortue, qui file comme une baleine et qui bientôt s'épuise en vains efforts, cesse de se défendre et flotte à la surface de l'eau. On s'empare alors de la tortue en la ramenant au bout de la ligne avec de grandes précautions.

« De cette façon, me dit Downing, un seul de mes engagés s'est emparé de huit cents tortues dans l'espace d'une année. »

Le lendemain matin, au lever de l'aurore, le mulâtre me réveilla et me conduisit à son réservoir, sorte de construction carrée ou de parc en bois fait d'énormes souches, séparées les unes des autres de telle façon que la marée pénétrait librement dans cet espace. C'est là qu'on avait jeté les tortues prises la veille sur l'île de sable, et elles grouillaient dans cette crapaudière, s'efforçant de monter pour rejoindre la pleine mer. Peine inutile, toute fuite était impossible.

Il avait été décidé que nous passerions deux jours à Hetera pour y pêcher et y chasser. Je me livrai à ce dernier plaisir le long des grèves et dans le bois, où je trouvai du gibier d'eau de toute espèce, des cerfs, des faisans, des perroquets et autres oiseaux babillards. Mais ce qui m'amusa le plus, ce fut la pêche aux tortues faite par les engagés de Downing, dont un était un plongeur émérite.

Le mulâtre m'emmena le second jour, après déjeuner, en pleine mer, et me montra un grand nombre de tortues endormies sur l'Océan tranquille. Or voici comment la pêche se faisait, sans aucun instrument, sans aucun subterfuge. Pero, — tel était le nom du plongeur, — se tenait debout à l'avant, et, dès qu'il ne se trouvait plus qu'à sept à huit mètres de la tortue, il plongeait et nageait de telle façon, qu'il remontait à la surface à portée du chélone endormi. Il le saisissait alors tout contre la queue, et, s'appuyant sur le derrière, il le faisait enfoncer dans l'eau. La tortue, en se réveillant, se débattait des pattes de derrière : ce mouvement suffisait pour la soutenir sur l'eau aussi bien que le plongeur qui la maintenait, jusqu'à ce que l'embarcation vînt et les pêchât tous deux, homme et bête.

Je passerai sous silence les adieux que je fis aux naufrageurs d'Hetera, et mon retour au Fort-Impérial.

Au moment de me séparer de mon hôte, ce brave homme me fit présent d'une énorme tortue grosse-tête qui pesait trois cent cinquante-deux kilogrammes. Je me réjouissais à l'avance du nombre

de soupers et de *turtle steaks* que j'allais offrir à mes amis de New-York, où je ramenais ma prise; je calculais le nombre d'œufs qu'on eût trouvés dans son corps énorme, et je me représentais le beau char qu'on ferait de sa carapace, un char dans lequel Vénus elle-même aurait pu sillonner de nouveau le *cœruleum mare,* à la condition que ses colombes lui eussent, comme autrefois, prêté leur assistance, et qu'aucun requin, aucun ouragan, n'eût fait culbuter le véhicule de la déesse.

Or donc, embarqué à bord d'un steamer que j'étais allé prendre à Savannah, je remontais tranquillement le long des côtes, songeant à l'heure précieuse qui me rendrait à la terre ferme, tant je souffrais du mal de mer. Il va sans dire que j'avais recommandé ma tortue à un des matelots du bord, afin qu'il lui fournît sa provende de légumes et d'eau de mer. Lorsque nous entrâmes dans la baie de New-York, le vent s'était calmé, la tempête ne faisait plus rage; j'éprouvais une sorte de répit, et je pus monter sur le pont. Tout en me promenant sur le gaillard d'arrière, je m'enquis du sort de mon gros chélone au manteau vert.

« Hé! là-bas, Johnny, comment va ma tortue?

— Ah! Monsieur!

— Qu'est-ce à dire?

— Ah! Monsieur!

— T'expliqueras-tu Johnny! Est-elle morte?

— Non, Monsieur!

— Que lui est-il donc arrivé?

— Rien de bon, que je sache! Elle est...

— Vas-tu parler, drôle!

— Elle est tombée à la mer pendant la tempête. »

J'avoue que cette mauvaise nouvelle me trouva fort incrédule. Je me plaignis au capitaine, qui me répondit ne pas savoir ce que je voulais dire, et puis d'ailleurs « il n'était pas responsable du bagage de ses passagers. »

Je dus faire contre fortune bon cœur, tout en maugréant *in petto* de ma mauvaise chance. Mon pot au lait de Perrette s'était brisé au port.

Le lendemain de mon arrivée à New-York, en me promenant le soir le long de Broadway, quel ne fut pas mon étonnement en apercevant, à l'angle de Park-Place, devant la porte d'un célèbre *bar-room,* une tortue qui ressemblait à s'y méprendre à celle que m'avait donnée Downing, laquelle, au dire de Johnny, était tombée à la mer pendant la bourrasque.

« Pardon, monsieur le *bar-keeper,* dis-je au maître du restaurant, y aurait-il de l'indiscrétion à vous demander qui vous a vendu cette énorme tortue exposée à votre porte?

— Pas le moins du monde; elle m'a été apportée hier soir, à minuit un quart, au moment où j'allais fermer les portes de mon établissement, par deux matelots qui l'avaient placée dans un sac. Ils me l'ont vendue trente dollars (157 francs), et j'ai fait un bon marché.

— Je le crois pardieu bien! et moi qui vous parle, moi à qui on a volé cette tortue, je vous rembourserais bien la somme pour rentrer en possession de mon bien. »

J'expliquai au *bar-keeper* ce qui m'était arrivé; mais, comme il s'était engagé à fournir le dîner d'apparat des *aldermen* de New-York, qui avait lieu le lendemain, il se vit forcé de me faire un déni de justice.

J'allai me plaindre au *chief of police;* ce magistrat me rit au nez; pour lui je n'étais qu'un pauvre *Frenchman.*

Dans un accès de colère, je courus au steamer *Rainbow* pour me venger sur Johnny et le rosser d'importance. Johnny avait été débarqué le matin même et s'était dirigé sur Boston. Je dus avaler mon affront en silence, jurant, mais un peu tard, qu'une autre fois, si jamais je rapportais une tortue, je la ferais porter dans ma cabine et me chargerais moi-même de sa subsistance.

XIII

LES LIONS DU NEW-BRUNSWICK

J'avais souvent entendu parler du lion de mer comme du plus énorme phoque des régions arctiques, et maintes fois, dans mes conversations avec des capitaines de navire qui revenaient du Labrador, je m'étais enquis des lieux où se trouvaient ces monstrueux amphibies. C'est particulièrement sur les côtes de l'État de New-Brunswick, dans le haut Canada, vers la baie de la Chaleur, qui fait face aux îles Madeleine, que les lions de mer sont en plus grand nombre. La nature du sol, les herbes particulières qui croissent au fond de la mer, la tranquillité relative qui règne dans ce site éloigné des endroits civilisés, tout concourt à les attirer dans ces eaux, où le soir, le matin et quelquefois à midi on peut voir la plage couverte de lions de mer.

Un jour, grâce à ma profession de journaliste et de voyageur, pendant mon séjour à New-York, ayant appris qu'un *meeting* politique devait avoir lieu à Halifax, capitale de la Nouvelle-Écosse, je me décidai à me rendre dans cette ville pour sténographier les discours, rendre compte des débats et les transmettre immédiatement par le télégraphe électrique au journal auquel j'étais attaché. Je pris passage à bord d'un des steamers Cunard, et, sans oublier de joindre à ma valise de voyage la boîte de mon fusil, je me confiai aux vagues de l'Océan.

Je ferai grâce à mes lecteurs des détails de ma traversée, des incidents de mon assemblée politique, où les assistants faillirent en venir aux coups et se prendre aux cheveux, après s'être injuriés comme de vrais portefaix; j'ai pris l'engagement de décrire une chasse aux lions de mer, et je tiens ma parole.

Il me fallait, pour revenir à New-York, une fois ma tâche remplie, attendre le passage du steamer transatlantique venant de Liverpool, et faisant escale à Halifax. Que faire pendant huit jours dans une ville triste et morne comme la capitale de la Nouvelle-Écosse? La solution était difficile, et ce fut un des « amis » que je m'étais faits pendant les premiers jours de mon arrivée à Halifax qui se chargea de me tirer d'embarras.

« Parbleu! me dit-il, vous m'avez, hier soir, parlé de votre passion pour la chasse; je vais, si cela vous convient, vous faire faire connaissance avec un de mes cousins, Daniel Tevis, grand amateur de sport, et qui se chargera de vous faire passer quelques heures agréables avant votre retour parmi les Yankees. »

Nous voilà donc en route, et nous traversâmes toutes les rues de la ville, pour arriver à celle où se trouvait située la maison du cousin de mon ami de trois jours.

« Vous arrivez à propos et juste à temps, monsieur le chasseur français, me dit M. Tevis après m'avoir fait les honneurs de son salon. J'ai reçu ce matin la visite d'un Esquimau avec lequel j'ai fait connaissance, l'an dernier, sur les côtes de New-Brunswick : il m'a engagé à aller prendre part aux plaisirs des pêches et des chasses de sa tribu. Si j'en crois le rapport de mon sauvage, qui est venu acheter des munitions pour lui et les siens, le village qu'il appelle du nom barbare de Kamanatignia est bâti près de la pointe appelée Gasp, au nord de New-Brunswick, et en partant ce soir nous y arriverons au lever du jour. Ce projet vous sourit-il? »

Courir à mon hôtel sans même demander de plus amples explications, me vêtir de mon plus chaud vêtement, sortir ma boîte à fusil, me charger de munitions indispensables : telle fut ma réponse à la proposition de M. Tevis; et quand je revins auprès de lui, harnaché, équipé, et prêt à marcher en guerre, je bornai mon discours à ces paroles laconiques :

« Me voici, et j'aime à croire que je ne vous ai pas trop fait attendre! »

L'Esquimau qui devait nous servir de guide n'était point encore revenu, bien qu'il eût promis à mon nouvel ami de le prendre pour partir avant le coucher du soleil. Probablement l'imprudent s'était attardé dans quelque *bar-room,* affriandé par les douceurs du brandy, du gin ou du rhum. Nos suppositions n'étaient que trop fondées; car lorsque le malheureux vint nous trouver à la fin du dîner, que M. Tevis m'avait gracieusement offert de partager avec lui, il pouvait à peine se tenir sur ses jambes. Par bonheur l'instinct lui restait encore, à défaut de la raison; sans son aide nous n'eussions jamais trouvé la véritable route qui conduisait à Kamanatignia.

Lorsque le traîneau fut amené devant la maison, nous nous y entassâmes tous les trois avec nos bagages et deux chiens de chasse appartenant à M. Tevis, et le signal du départ fut enfin donné.

Le cheval couvert de grelots attelé au *sledge* faisait un bruit infernal, dominé pourtant, de temps à autre, par la voix de notre Esquimau criant à tue-tête : *Right, left, all straight,* afin de nous indiquer qu'il fallait obliquer à « droite », ou à « gauche », ou bien continuer « tout droit » devant nous.

Vers cinq heures du matin, grâce au clair de lune qui illuminait notre route, nous parvînmes devant une cinquantaine de huttes faites de boue et d'argile, et recouvertes d'une couche de branches de pin probablement destinées à faciliter l'écoulement des eaux.

L'aspect d'un village esquimau n'offre pas, à vrai dire, un coup d'œil fort pittoresque. Tout autour de nous nos yeux apercevaient des débris et des écailles de poissons, de la chair corrompue et autres immondices, dont les odeurs nauséabondes n'étaient atténuées que par la rigueur de la température.

Du reste, ce n'était point la seule épreuve qui nous fût réservée. Dès que la nouvelle du retour de Maroah (c'était le nom de notre guide) se fut répandue, aussitôt que l'on apprit que deux *gentlemen* de la ville l'avaient accompagné, tous les Esquimaux, hommes, femmes et enfants, se précipitèrent hors de leurs cabanes et nous entourèrent en poussant des hurlements de joie. Tous, sans aucune exception, étaient tellement couverts de vermine et de malpropreté, qu'à leur aspect nous reculâmes d'épouvante. Mais eux ne firent aucune attention au dégoût qu'ils nous inspiraient. Le sentiment de la répulsion leur était inconnu : ils ne le comprenaient donc pas chez les autres.

Les règles de la politesse en usage chez les Esquimaux exigent que tous les individus habitant le village, depuis le vieillard jusqu'à l'enfant qui commence à marcher, viennent vous saluer et vous donner une poignée de main. Cette cérémonie s'accomplit pour les deux étrangers avec le plus grand sérieux, au milieu d'un profond silence qui avait succédé aux élans d'une joie folle.

Lorsque cette présentation officielle fut terminée, nous eûmes, mon ami Tevis et moi, à soutenir un feu d'interrogations de toutes sortes, qui se succédèrent sans relâche et se trouvaient répétées même par ceux qui avaient entendu nos réponses.

« De quel pays êtes-vous?

— De bien loin, là-bas, derrière la mer.

— Est-ce le pays où pousse le tabac?

— Non! c'est là où se fabrique la poudre. »

Et les questions succédaient aux réponses, les réponses aux questions.

Pendant que nous étions ainsi retenus, mon camarade et moi, par les hommes du village, je remarquai une activité extraordinaire parmi la population féminine de l'endroit. C'était un spectacle vraiment curieux que celui de ces êtres réputés pour être la plus belle moitié du genre humain, et qui certes, sous le 68e degré de latitude, faisaient mentir cette locution trop généralement flattée. Les « femelles » de nos Esquimaux (je prie le lecteur de me pardonner cette expression un peu hasardée, mais très vraie) couraient d'une cabane à une autre, et se démenaient comme des diables prêts à fêter le sabbat. Le résultat de toute cette agitation fut qu'on vint nous engager à entrer dans une de ces cabanes, habitation sombre et misérable, enfumée et peuplée d'insectes de toutes sortes.

Tevis et moi nous fîmes contre fortune bon cœur, et, grâce à un feu pétillant que nous priâmes nos hôtes d'allumer dans le foyer de la demeure par trop hospitalière des Esquimaux, nous cherchâmes à vaincre notre répugnance.

La cabane du village de Kamanatignia se trouvait disposée de la manière suivante : le sol était garni de poutres posées l'une sur l'autre, et composant une espèce de plancher, tandis que la partie supérieure avait une forme pyramidale et était couverte de troncs d'arbres sciés en minces épaisseurs, et recouverte de branches de pin solidement liées contre cette fragile paroi.

L'usage adopté par les architectes kamanatigniens est de garnir l'intérieur des huttes avec de la tourbe, afin de donner plus de chaleur.

La cabane des Esquimaux est ordinairement divisée en deux dans toute sa longueur, c'est-à-dire à partir de la porte jusqu'au mur du fond, par des poutres parallèles. Celles-ci sont traversées par d'autres qui s'entre-croisent d'un mur à l'autre de la hutte. On forme ainsi neuf sections, dont les trois premières, voisines de la porte, sont destinées à la conservation du bois, des hardes et des ustensiles de ménage, tandis que les trois autres, adossées au mur du fond, renferment les provisions et les ustensiles les plus fins. Quant aux trois portions qui restent, la plus grande, placée sous l'orifice supérieur, par lequel s'échappe la fumée, sert de foyer ; l'espace à droite de ce foyer est occupé par le propriétaire et sa femme ; celui à gauche est le logis des autres habitants de la cabane. Si la famille est considérable, les membres les moins importants se logent comme ils le peuvent.

Le village de Kamanatignia n'était pas, du reste, seulement composé de cabanes. Les Esquimaux avaient construit, chacun à quelques mètres de leur habitation, des réservoirs pour le poisson, élevés sur de hautes poutres, afin que leurs provisions fussent ainsi à l'abri des atteintes des loups, des renards, des ours et d'autres animaux omnivores et particulièrement ichtyophages.

Les Esquimaux se nourrissent généralement de poisson frais, fumé, salé, cru ou cuit. Nous avons en Europe une sorte d'horreur peu raisonnée pour le poisson cru ; chez les habitants de Kamanatignia, où j'ai été à même de faire l'expérience du poisson cru, je déclare formellement qu'avec un peu de sel c'est un mets passable, et qu'au moyen d'une cuillerée de vinaigre le poisson cru devient très appétissant.

Tout autour du village esquimau se trouvaient parqués des brebis, des chiens et de petites vaches anglaises qui paissaient et broutaient, dans les espaces limités de leurs claies, l'herbe rabougrie du rivage. En temps de disette, l'hiver, lorsque les vivres manquaient, quand la chasse était impossible et la pêche peu pratiquée, ce pauvre bétail devait être tué, salé ou fumé, pour servir à nourrir les Esquimaux détenus dans leurs cabanes par l'épaisseur de la neige.

La cuisine des Esquimaux n'a pas une grande diversité de sauces ; elle ignore les artifices de Carême et de Brillat-Savarin, qui, du reste, lui seraient inutiles. Pas n'est besoin de réveiller l'appétit de gens qui ont toujours faim. Tuent-ils un cerf, ils le font cuire dans sa propre graisse, après en avoir haché la chair par petits morceaux. La langue passe pour un des mets les plus succulents. La graisse, et surtout la moelle des os, sont considérés comme un régal délicieux. Les Kamanatigniens font cuire le sang et le mangent en guise de potage. Parfois aussi le gardent-ils gelé dans des vessies, et ils le retrouvent l'hiver comme une précieuse conserve.

Il y a généralement plus de variété sur la table, ou plutôt dans la marmite des Esquimaux chasseurs, qui ont toujours appendus aux crocs de leur garde-manger diverses sortes de quadrupèdes et d'oiseaux. Ceux de Kamanatignia possédaient presque tous des jambons fumés d'ours et des lagopèdes (oiseaux aux pattes de lièvre, de la famille des alectrides et du genre « tétras ») salés et encaqués dans de petits barils. Pendant notre séjour parmi eux, ils composèrent des sauces de toutes sortes, dans lesquelles ils faisaient entrer pour condiments des graines de myrte, des baies de genévrier et des tiges d'angélique et de rhubarbe. On nous fit même goûter des confitures de mûres et d'angélique, enfermées dans des boîtes d'écorce de bouleau, qui conservaient aux fruits leur fraîcheur et leur piquant arome.

La boisson principale des Esquimaux de Kamanatignia consistait en lait coupé, en bouillon de viande ou de poisson, et le plus souvent en eau pure. En hiver, un chaudron placé sur le feu, et alimenté avec de la neige et de la glace, sert à abreuver les Esquimaux, qui boivent de l'eau tiède sans aucune répugnance. Une cuiller en bois est utilisée pour puiser à même dans le récipient.

Le soir même de notre arrivée à Kamanatignia, nous étions assis, Tevis, Maroah et moi, autour du foyer de notre cabane, digérant un dîner préparé par nos mains, et qui était composé de poisson et de tranches d'ours frais rôties sur le gril, le tout arrosé d'une bouteille de porto, lorsque le chef des chasseurs du village, nommé Tucurora, demanda la permission de causer avec les voyageurs blancs. Naturellement il entra aussitôt, et, après s'être accroupi sur une peau de renne et avoir rallumé sa pipe au foyer, il commença ses interrogations, dont le sens nous était traduit par notre camarade de chambre, Maroah. Le résumé de cette causerie, traduite par l'intermédiaire d'un drogman esquimau, fut que dès le lendemain on irait faire la pêche aux lions de mer, qui se trouvaient en ce moment en grand nombre sur des îlots situés près de la côte orientale, en deçà de celle de Saint-Jean.

La plupart de ces îlots étaient si bas, que souvent, lorsque la mer s'enflait, ils se trouvaient complètement submergés. C'était pourtant là que les pêcheurs allaient ordinairement attendre les troupeaux de lions de mer qui quittent les profondeurs de l'Océan pour se reposer sur ses bords.

Généralement les pêcheurs esquimaux cherchent à se placer sous le vent du troupeau, afin que l'animal, qui a le flair très fin, ne puisse pas soupçonner leur présence. Ils ont soin en outre de parler très bas et de ne pas faire le moindre bruit. Bien souvent leur attente dure des semaines entières; mais enfin le troupeau s'approche et s'établit au grand complet sur l'îlot, chaque rang repoussant au sortir de l'eau celui qui l'a précédé. Puis les lions de mer s'endorment paisiblement, sans soupçonner le danger qui les menace. C'est pendant ce sommeil que les pêcheurs se hâtent d'entourer l'îlot de tous côtés, en usant de la plus grande précaution pour ne pas réveiller le gibier.

Ces détails très circonstanciés, racontés à mon ami Tevis et à moi par Maroah et son camarade, nous avaient vivement intéressés. Il paraissait constant qu'un Esquimau placé en vedette sur l'îlot le plus voisin de la côte avait, le soir même avant le coucher du soleil, annoncé, par un signal convenu, que les lions de mer étaient enfin arrivés. La pêche était donc organisée pour le lendemain, et, certes, nous étions arrivés juste à point.

Nos préparatifs furent bientôt faits; car on nous prévint que nous ne devions point nous servir de nos fusils, mais bien d'une arme toute particulière dont Tevis et moi recevrions un échantillon au moment du départ. Quelle était cette arme? Maroah se refusa à satisfaire notre curiosité et nous engagea à nous coucher; car il s'agissait de se lever *at sunrisse,* c'est-à-dire en même temps que l'astre aux rayons dorés.

Je ne raconterai pas les péripéties de notre première nuit chez les Esquimaux de Kamanatignia, nuit interrompue par des démangeaisons indicibles, innombrables; car les puces et une sorte de punaise fourmillaient dans notre hutte. Du reste, on se fait à tout; et, je l'avoue à ma honte, dès le lendemain je ne faisais plus grande attention à tous ces insectes rongeurs.

Vers sept heures du matin, Maroah se présenta « chez nous » en sifflant un air bizarre qui, à ce que nous apprîmes plus tard, était le chant national du pays. Il nous trouva levés, sur pied et prêts à partir. L'Esquimau portait en main deux battoirs de la forme d'une pelle de boulanger, avec la seule différence qu'ils étaient faits d'un seul morceau de bois. Lui-même avait, appendu à sa ceinture, un troisième instrument du même genre.

« Bonjour, gentlemen, nous dit-il. Tout notre monde est prêt : on n'attend plus que vous. Voici deux assommoirs, et surtout frappez ferme sur le museau des lions de mer; sinon vous rentrerez les mains vides ce soir. »

Il nous expliqua alors qu'à l'aide de ces battoirs on frappait l'amphibie sur le museau, et qu'aussitôt il tombait assommé comme le lapin sur les oreilles duquel on frappe du revers de la main.

Au sortir de notre hutte, un spectacle des plus extraordinaires frappa nos regards. Devant nous, dans les eaux de la mer, deux cents esquifs environ, faits de branches d'arbre arquées sur lesquelles étaient tendues des peaux de lion de mer ou de vache, cousues ensemble avec grand soin et rendues imperméables, étaient montés par près de quatre cent cinquante natifs, tous armés de battoirs.

Le chef de la pêche, Tucurora, montait une barque d'écorce de bouleau, barque plus grande que les autres, où trois places nous avaient été réservées, pour Tevis, Maroah et moi. Nous élancer dans le bateau, nous y accroupir et rester immobiles, tout cela fut l'affaire d'un moment.

Quelques minutes après, le signal du départ était donné, et la petite flottille s'avançait en ordre parfait sur les flots limpides de la baie de Kamanatignia, en observant le plus profond silence.

L'îlot des lions de mer se dressait devant nous, et, sur un arbre élancé croissant sur la côte orientale, un lambeau de toile à voile flottait au gré du vent, signal fait par la vigie cachée dans les rameaux du tamaris hospitalier.

En arrivant sous le vent de l'îlot, Tucurora ralentit la marche de son bateau, tandis qu'au contraire les esquifs les plus éloignés faisaient force de rames pour contourner les deux cornes de l'îlot. Un quart d'heure après, le chef de la pêche demanda à voix basse au

pêcheur placé le plus près de lui si l'île était complètement entourée. Cette question passa de bouche en bouche, et la réponse affirmative revint de la même manière au chef, qui s'avança alors vers
la plage, suivi de tous les autres Esquimaux qui resserraient le cordon circonvallateur.

En jetant les yeux sur le sable qui se prolongeait d'un taillis
rocailleux jusqu'aux flots de l'Océan, quel ne fut pas notre étonnement, à Tevis et à moi, d'apercevoir, couchés les uns à côté des
autres, de nombreux amphibies ressemblant fort à l'espèce des
phoques, dont ils sont une variété ! C'étaient nos lions de mer.

Ces animaux ne diffèrent des phoques que par une sorte de
crinière frisée qui leur couvre les épaules, et par d'énormes moustaches ayant près de trente centimètres de longueur. La longueur
du museau et celle de la tête complètent la ressemblance du roi

des animaux. Du reste, c'est là la seule analogie ; car, comme leurs congénères, la terminaison *desinit in piscem*, et se compose d'une fort belle queue, aussi large et aussi dangereuse que celle d'un requin.

Ces pauvres lions, les plus inoffensifs de tous les êtres qui peuplent les profondeurs de l'Océan, dormaient profondément, et n'avaient pas même confié à l'un d'eux le soin de garder toute la communauté.

Tucurora donna l'exemple de l'attaque. Nous le vîmes s'élancer d'un bond sur le sable et frapper au museau, à l'aide de son assommoir, un énorme lion couché le plus près du rivage. Les autres Esquimaux imitèrent leur chef, et la boucherie commença, boucherie à laquelle, je l'avoue, Tevis et moi nous prîmes une grande part : tant le mauvais exemple « déteint » même sur l'homme le plus policé et le mieux élevé du monde !

Les animaux tués étaient aussitôt entassés sur le bord de la mer, et l'on en formait ainsi une muraille naturelle qui empêchait ceux qui survivaient au massacre de se plonger dans la mer et de gagner le large.

Les amphibies, ne trouvant plus d'issue, se jetaient de côté et d'autre ; mais de toutes parts ils étaient atteints par les pêcheurs, qui s'efforçaient de ne pas en laisser vivre un seul, ne fût-ce que pour *la graine.*

Le lion de mer, comme le cerf, pleure lorsqu'on va le tuer, et les cris poussés par ces pauvres bêtes désarmèrent maintes fois le bras de Tevis et le mien. Les Esquimaux n'y faisaient pas tant de façons, ils frappaient sans merci à droite et à gauche, et chaque coup était mortel. Une demi-heure suffit pour exterminer tout le troupeau. *Deux* lions seuls, parmi tous les amphibies, leur avaient échappé.

On partagea le butin au prorata des animaux tués par chacun des pêcheurs, qui, après avoir assommé leur lion, lui avaient fait une marque sur le corps et en avaient entaillé une autre sur leur bâton, à l'instar de l'usage employé par les boulangers sur les chevilles de leurs pratiques.

Somme totale, le nombre des amphibies massacrés par les Esquimaux et leurs deux hôtes blancs s'élevait à deux cent vingt-neuf mâles et trois cents femelles de toutes grosseurs, de toutes forces.

La barque du chef fit plusieurs voyages dans la journée, comme aussi les esquifs des autres habitants de Kamanatignia, et le soir même tout le butin était empilé devant la porte de chaque cabane.

Le lendemain on songea à préparer toutes ces graisses, toutes ces peaux, tous ces lambeaux de chair. Je ne saurais dire à mes lecteurs le supplice enduré par notre odorat, à Tevis et à moi, en présence de la cuisson, de la torréfaction et des *bouille-à-baïsso*, de ces ragoûts imités de ceux des sorcières de Macbeth. Jamais fumée d'asphalte, usine de colle-forte, fabrique de noir animal, n'avaient offensé à un tel point nos nerfs olfactifs.

Aussi, pour fuir cette atmosphère pestilentielle, mon camarade et moi, jetant notre fusil sur nos épaules, nous aventurâmes-nous dans dans les montagnes voisines du village à la poursuite des lagopèdes. Après de nombreuses recherches, nous parvînmes à rencontrer deux couples de ces oiseaux, qui tombèrent sous nos coups de fusil et servirent aux nécessités de notre souper.

J'ajouterai, en passant, que les Esquimaux ne se servent point d'armes à feu pour tuer les lagopèdes. Dès que la neige a couvert le sol, ils coupent des branches de bouleau qu'ils fichent solidement en terre. Ce bâton forme une fourche et sert à étendre les fils d'un piège d'une grande simplicité. Tout autour, en guise d'appât, le chasseur saupoudre la croûte de la neige de graines de genévrier, de bouleau et autres baies dont les lagopèdes sont très friands. Maintes fois les tétras arrivent autour du chasseur pendant qu'il tend ses pièges, et laissent infailliblement sur place leurs plumes et leur vie. Ce spectacle rend souvent plus prudents les autres lagopèdes : ils s'envolent; mais les baies sont tellement engageantes, qu'ils ne tarderont pas à revenir, et aucun d'eux n'échappe à la mort.

Une seule famille des Esquimaux a quelquefois en sa possession plusieurs centaines de pièges, et dans les années favorables ils peuvent prendre de quinze cents à deux mille pièces de gibier. Au printemps, les chasseurs tuent les lagopèdes mâles tout à leur aise, et sans bouger de place. Il suffit pour cela de contrefaire la voix des femelles, *pio-u pio-u,* et ceux-ci ne tardent pas à se présenter et à s'abattre à quelques pas de leur mortel ennemi. A vrai dire, il n'y a que les chasseurs extrêmement avides qui mettent en pratique ce moyen horriblement destructeur.

Maroah, qui nous donna tous ces détails de chasse pendant la veillée, nous raconta encore que l'on pratiquait la pêche aux lions de mer à l'aide de filets; mais que, comme on avait reconnu les inconvénients de ces engins, qui effrayent les amphibies et diminuent par conséquent les produits de la pêche, on l'avait totalement abandonnée.

Au mois de mars, lorsque la glace se brise et que les banquises de Terre-Neuve et du Labrador flottent devant Kamanatignia, les pêcheurs s'aventurent encore à la poursuite des lions de mer qui se reposent alors sur des glaçons.

Il y a quelques années, les Esquimaux faisaient aussi la pêche des lions de mer à l'époque où l'animal monte sur la glace pour y faire ses petits. Le principal but de cette pêche était la capture du jeune lionceau, dont la peau molle et blanche se vendait à un très bon prix; mais la pêche d'hiver offrait des dangers réels. A vrai dire, ni les larmes de leur famille, ni la crainte de la mort qui les menaçait souvent, à chaque instant, pendant la pêche, ne retenaient les habitants de Kamanatignia. Accoutumés au péril, ils n'avaient devant les yeux que les avantages de leur entreprise. On les voyait partir en traîneaux, emportant avec eux tous les instruments et les provisions nécessaires. Après deux à trois jours de marche, ils commençaient leurs opérations sur une vaste baie qui s'étend au nord à trente milles de Kamanatignia. Cette vaste nappe d'eau congelée était la demeure d'un très grand nombre de lions de mer, dont les femelles, afin de faire leurs couches, cherchaient à pratiquer un trou dans la glace avec leur chaude haleine. Une fois le jour obtenu, elles montaient sur la glace pour y déposer leurs petits, qu'elles laissaient ainsi exposés à la merci des pêcheurs.

En plusieurs circonstances, tandis que les Esquimaux étaient occupés à la poursuite de leur proie, la glace sur laquelle ils se trouvaient se brisait, et ils se voyaient emportés, avec leurs traîneaux et leurs chevaux, sur de vastes banquises. Qu'on s'imagine un pauvre diable flottant ainsi au gré du courant et attendant une mort imminente. Le glaçon sur lequel il se trouve, rongé par l'eau, diminue de jour en jour, d'heure en heure.

Ordinairement la banquise s'ébranle si doucement, que l'homme ne peut s'en apercevoir. C'est son cheval qui, le premier, lui donne le signal du danger en renâclant et en frappant du sabot. Afin de se convaincre du mouvement du glaçon, le pêcheur esquimau y fait un trou et y enfonce un bâton, à l'extrémité duquel il a attaché une corde à laquelle est suspendue une pierre. Si la ligne perpendiculaire change de direction, le pêcheur abandonne son traîneau, monte sur son cheval et s'élance au galop vers le bord. D'autres fois il se jette à la mer; au cas où le glaçon n'est pas éloigné du rivage, et quand le cheval, qui a noblement et vaillamment traversé l'abîme à la nage, parvient à la banquise incrustée et amarrée au rivage, le pêcheur s'élance sur le glaçon et aide à sa monture à sortir de l'eau. Il est arrivé pourtant que, le glaçon étant trop éloigné de la rive, le pêcheur avait dû se résigner à attendre un secours inespéré. Après avoir épuisé toutes ses provisions, il s'était vu forcé à tuer son pauvre cheval et à se nourrir de sa chair.

Pendant mon séjour aux États-Unis, quelques mois après ma visite chez les Esquimaux, un navire de Liverpool ramena à New-York un de ces chasseurs égarés qu'il avait trouvé en pleine mer,

vers le 47e degré de latitude, dans la direction des îles Féroé. Le pauvre diable n'avait plus que la peau sur les os. Il se trouvait à jeun depuis trente-six heures. Depuis quinze jours il naviguait ainsi à la merci des courants, et trois fois la banquise sur laquelle il se trouvait avait roulé sur elle-même. A quelle horrible mort n'avait-il pas échappé !

Mais cette terrible leçon ne suffit souvent pas à un Esquimau pour résister à la tentation d'une nouvelle pêche en pleine mer; oubliant les dangers passés, l'amour du lucre l'entraîne, et, s'attelant lui-même au traîneau, si ses moyens ne lui permettent pas de racheter un autre cheval pour remplacer celui qu'il a... mangé, il court à une nouvelle proie et à de nouveaux périls. Toutefois le dénouement de ces pêches n'est pas toujours aussi heureux que celui arrivé à l'Esquimau dont je viens de parler. Au lieu de rencontrer en mer quelque navire hospitalier, les pêcheurs de lions de mer périssent de faim ou de froid; d'autres se noient, ou sont écrasés par les glaces qui s'entre-choquent.

Je n'importunerai pas mes lecteurs en leur racontant une chasse à l'ours et une battue aux caribous que nous fîmes, Tevis et moi, en compagnie de nos hôtes de Kamanatignia. Ces deux excursions aux montagnes boisées du sommet desquelles on plongeait sur la baie du fleuve Saint-Laurent, n'offrirent rien de très caractéristique ni de fort intéressant, et ne rapportèrent que deux ours et cinq caribous aux chasseurs de Kamanatignia.

Cinq jours après notre arrivée au milieu des Esquimaux, nous reprenions, Tevis et moi, le chemin d'Halifax, où j'arrivai juste à temps pour faire mes adieux à mon excellent camarade de chasse et m'embarquer à bord du steamer Cunard *l'Asia*. — Vingt-quatre heures après, j'avais repris à New-York mes fonctions de journaliste, et je publiais *in extenso* une narration en anglais de ce que j'avais vu chez les Esquimaux de la baie des îles Saint-Jean.

Cet article, ayant eu les honneurs de la reproduction dans tous les journaux de l'Amérique du Nord, m'a paru bon à être publié en français dans mon pays natal. Puisse-t-il trouver le même accueil parmi mes compatriotes !

XIV

LE SERPENT DE MER

Le lit de l'Océan est, par sa structure et la bizarrerie des accidents de sa surface, exactement semblable à certaines parties de la terre ferme qui, à cette époque moderne, ont manifestement appartenu au bassin océanien, et présentent encore des vestiges irrécusables de leur origine.

Les moindres îles de la mer ne sont que des crêtes de montagnes dont la base pose sur des vallées offrant par intervalles des ondulations peu sensibles, des gouffres, des escarpements rocailleux aussi élevés, aussi irréguliers, aussi abrupts que ceux qui frappent nos regards sur la terre.

La ligne de sonde fait découvrir des éminences, des montagnes, des vallées, séparées par des abîmes, et dont l'agencement n'est pas moins varié ni moins étonnant que celui que nous remarquons dans la figure géologique de la terre.

Les vallées immergées sont couvertes d'une végétation drue et peuplées d'innombrables races nomades, auprès desquelles quelques-unes de nos grandes espèces, l'éléphant, la girafe, le rhinocéros, l'hippopotame, sont tout au plus des pygmées.

Le niveau moyen de la totalité de la terre ferme au-dessus du niveau de la mer est de 304 mètres, c'est-à-dire qu'en abaissant les montagnes et en élevant les vallées et les bords de la mer jusqu'à une hauteur uniforme, la surface que l'on obtiendrait par ce nivellement serait de 304 mètres au-dessus de la surface de l'Océan. En effet, le niveau moyen, en Asie, est de 350 mètres; celui de l'Afrique n'est pas connu; celui de l'Europe est de 204 mètres, et celui de l'Amérique est de 292 mètres (le niveau moyen étant, pour l'Amérique du Nord, de 230 mètres, et pour l'Amérique du Sud, de 344 mètres). D'un autre côté, la profondeur de l'Océan et de son bassin, si l'on en nivelait le fond, serait d'environ 6,776 mètres ou environ sept kilomètres.

On a constaté dans l'Océan des profondeurs de onze kilomètres environ, et l'on a reconnu que ses eaux couvraient les trois quarts de la surface du globe. Conséquemment, si la croûte de la terre pouvait être détachée et jetée dans la mer, les montagnes les plus élevées ne suffiraient pas à combler la profondeur des plus grandes dépressions du bassin et resteraient au-dessous du niveau de 3,047 mètres, et la masse totale de la terre se trouverait submergée à une profondeur de 1,600 mètres au moins.

Qu'y a-t-il donc d'étonnant que dans ces vallées profondes, inconnues, insondables, il existe des poissons gigantesques, des êtres fantastiques qui ne remontent à la surface de la mer que dans des circonstances toutes particulières?

Les anciens, plus favorisés que nous sous le rapport des apparitions de ces monstres marins, nous ont transmis des documents bien souvent traités de fables, mais qui, selon moi, étaient basés sur la réalité. Dans le nombre de ces êtres informes, géants et habitants de la mer dont l'existence est constatée par des témoignages auxquels on peut ajouter foi, le *kraken,* vulgairement appelé « poisson montagne », est peut-être le plus remarquable de la création, soit à cause de sa taille extraordinaire, soit à cause de ses proportions inconnues. Il est vrai que souvent la tradition change la vérité en mensonges, et les mensonges en de nouveaux mensonges; mais ceux qui aiment le merveilleux peuvent bien admettre l'existence d'une autorité traditionnelle qui s'est maintenue et a survécu à tous les sarcasmes, depuis les temps les plus reculés jusqu'à nos jours. D'après cette tradition, lorsque ce polype gigantesque paraît à la surface de l'Océan, il ressemble plutôt à une île ou à un récif qu'à un poisson, et s'il nage sous les eaux, les navires qui le rencontrent et le touchent de leur quille reçoivent des secousses qui font croire à des commotions sous-marines souvent expliquées par une éruption volcanique. La tradition prétend encore que le kraken est immortel, quoique la nature lui ait refusé la faculté de propager son espèce : il serait, en effet, difficile à l'Océan, malgré son étendue immense, de nourrir dans ses eaux une race nombreuse de ces monstres gigantesques. Il faut donc croire que le nombre des krakens se maintiendra tel qu'il a été dès le commencement de ce monde.

Il est bon toutefois de ne pas onblier un seul instant que toutes ces assertions ne sont que des suppositions fondées sur des probabilités. La nature ne renferme-t-elle pas une infinité d'êtres encore inconnus à la science humaine?

Néanmoins, si tous les faits qui paraissent tenir de l'impossible et du merveilleux n'avaient pour origine que les témoignages exagérés des marins et des pêcheurs, on pourrait, sans y mettre plus de façons, les reléguer au nombre de ces contes inventés à plaisir pour amuser les enfants; mais il faut le dire, puisque cela est, plus d'un naturaliste digne de foi a confirmé et corroboré, à quelques modifications près, ces vérités populaires que la tradition nous a léguées.

Dans le nombre infini des contes répandus dans le public, qui se sont propagés au sujet de ce monstrueux polype, je citerai ceux-ci. Vers la fin du xviiie siècle, les habitants de la côte de Terre-Neuve, située entre le 48e et le 50e degré de latitude au delà de Pine-Light, remarquèrent que l'air était empoisonné à un tel point, toutes les fois que le vent soufflait de la mer, que leur pays paraissait être menacé de la peste.

Après maintes recherches, on finit par découvrir que la cause de cette odeur nauséabonde et dangereuse venait du cadavre d'un immense kraken échoué sur les récifs qui bordaient la rive en deçà du ressac. Je n'ai pas été à même d'approfondir quels furent les moyens employés par les habitants de Terre-Neuve pour se débarrasser de ce dangereux et putride voisinage; j'ignore quels procédés ils mirent en usage pour assainir l'air; mais toujours est-il que la peste ne se déclara pas, et que, soit à l'aide des oiseaux de mer qui dépecèrent ce cadavre, soit grâce à un autre moyen providentiel que la tradition ne nous a pas transmis, le kraken disparut et le pays échappa au fléau.

J'ai lu aussi quelque part qu'un évêque de Norwège ayant été informé par des pêcheurs qu'une île nouvelle venait de surgir dans la baie de Bergen, résolut d'y célébrer la messe. Le sol était visqueux et mou; mais, grâce à un bateau chargé de sable, on put élever un autel à pied sec et célébrer le service divin, à la suite duquel on planta une croix de bois entre deux monticules comblés au moyen de sable et de pierres, pour prendre possession de l'île nouvelle. Au moment où l'évêque et son clergé s'embarquaient pour retourner sur le continent, l'île entière se mit en mouvement et disparut sous les eaux. On reconnut alors que cette terre supposée n'était rien autre chose qu'un kraken de la plus énorme espèce.

Un capitaine américain, que j'ai beaucoup connu à New-York, m'a raconté qu'en 1836, se trouvant dans les atterrages des îles Lucayes, son navire avait été attaqué par un kraken qui, étendant ses bras gigantesques, avait atteint et entraîné deux hommes de son équipage dans la mer. En vain leurs camarades avaient-ils cherché à arracher ces deux malheureux à la mort; tous leurs efforts furent inutiles. L'équipage avait cependant remporté une victoire partielle; car d'un coup de hache le timonier en chef avait tranché un des bras du polype. Cet appendice monstrueux mesurait trois mètres et demi de long, et sa grosseur était celle du corps d'un homme. J'ai vu ce curieux spécimen d'histoire naturelle dans le muséum de M. Barnum, à New-York, où il est contenu, racorni et replié sur lui-même, dans un énorme bocal rempli d'alcool.

S'il faut en croire un ex-voto qui subsiste dans la chapelle de Notre-Dame-de-la-Garde, à Marseille, et que j'ai vu dernièrement encore appendu contre une des parois de l'enceinte vénérée, des marins furent attaqués, sur la côte de la Caroline du Nord, par un kraken, qui, se cramponnant aux mâts du bâtiment, s'efforçait de l'attirer à lui et de l'entraîner au fond de la mer. Il y serait parvenu si les marins n'avaient pas réussi à couper un de ses bras.

Si nous remontons plus loin dans les âges, nous trouvons dans Pline la description d'un énorme poisson tué sur les côtes d'Espagne, qui pesait, assure-t-il, plus de sept mille livres, et avait des bras si gros et si longs, qu'un homme ne pouvait pas en embrasser la circonférence. La conformité de ces récits anciens avec ceux d'époques postérieures ne permet pas de mettre en doute l'existence de cet animal, dont la grosseur est antédiluvienne. Il n'y a donc plus à se poser que cette question : Les témoins de ces rencontres du kraken n'ont-ils point exagéré? La peur terrifiante produite par cette vue n'a-t-elle pas fait ouvrir démesurément les yeux aux marins qui se trouvaient en présence du monstre? L'horreur n'a-t-elle pas troublé le jugement du spectateur en lui faisant prendre des centimètres pour des mètres? Ce serait l'effet des bâtons flottants, qui « de loin sont quelque chose et de près ne sont rien ».

Mais non! tout cela est bien vrai; tous ces récits ne sont point des contes à plaisir. De nos jours les savants reconnaissent l'existence du kraken; seulement ils ont doté le monstre marin d'un nom scientifique : cela s'appelle un *céphalopode.*

Qu'on se figure un sac musculeux, épais, mollasse, visqueux, sphérique chez les uns, cylindrique ou en fuseau chez les autres, et de couleurs changeantes comme le caméléon, contenant des organes de respiration aquatique, un appareil circulatoire, un tube digestif, y compris un estomac comparable au gésier des oiseaux; qu'on place sur ce sac une tête ronde munie de deux gros yeux situés latéralement, entre lesquels débouche un petit tube représentant non pas le nez, mais l'anus; sur le sommet et au milieu de cette tête placez une bouche formée d'une lèvre circulaire, armée de deux mâchoires verticales cornées (un véritable bec de perroquet), et garnie à l'intérieur d'une langue hérissée de pointes cornées; tout autour de cette bouche, implantez une couronne d'appendices charnus, souples, vigoureux, rétractiles, quelquefois beaucoup plus longs que le corps, et le plus souvent armés sur leur face interne de deux rangs de suçoirs : vous aurez une idée approximative des céphalopodes, ainsi nommés depuis Cuvier, parce qu'ils ont les pieds sur la tête; car les appendices qu'on vient de décrire sont des pieds ou des bras, comme on voudra, vu qu'ils servent indifféremment à la préhension et à la locomotion.

Les céphalopodes sont des mollusques du plus haut rang. Les ganglions nerveux, groupés autour de l'œsophage, dans leur tête percée du haut en bas, tendent à se confondre en une seule masse, ce qui est un trait de ressemblance avec les animaux vertébrés; cet infime cerveau est protégé par un cartilage, rudiment de squelette, sur lequel s'insèrent les principaux muscles; la circulation a du rapport avec celle des poissons; chez quelques-uns, les yeux sont presque des yeux de vertébrés; chez tous, les sexes sont séparés, etc. Ces caractères leur assignent le premier rang parmi les mollusques. La noblesse d'une origine antique ne leur manque pas davantage : ils datent, sur le globe, des premiers temps de la vie.

Tous sont marins et carnassiers; les uns habitent la haute mer, les autres ne s'écartent point des côtes. Les côtes de la Méditerranée, celles de la Grèce surtout, en sont infestées. Ils font un grand massacre de crustacés et de poissons; leur domicile se reconnaît aux débris d'êtres vivants qui en jonchent les approches. Ils nuisent doublement aux pêcheurs en leur faisant concurrence, et en faisant fuir les animaux pour qui leur voisinage est malsain. Les pêcheurs se vengent d'eux en les mangeant : vengeance de mauvais goût, culinairement parlant.

Voulez-vous vous représenter les céphalopodes rampant, nageant ou saisissant leur proie, renversez la figure que nous en avons donnée : la bourse redressée verticalement, la tête en bas, les bras étendus vous donnent le poulpe; les calmars et les seiches se tiennent horizontalement. Ils rampent en appliquant sur le sol leurs bras armés de ventouses; c'est de la même façon qu'ils saisissent leur proie; leur étreinte est irrésistible; la victime enlacée et comme aspirée a bientôt senti la morsure de ce redoutable bec de perroquet, dont ces longs appendices sont les pourvoyeurs. Il y a des exemples d'hommes morts de ce supplice. L'abondance des poulpes sur certains points du littoral de la Grèce en rend la fréquentation dangereuse pour les baigneurs; dans les îles de la Polynésie, ils sont l'effroi des plongeurs. C'est que leur taille est souvent très grande. Le *poulpe commun* de la Méditerranée est long d'environ deux pieds, et il en existe une espèce trois fois aussi grande dans l'océan Pacifique.

Mais il existe des céphalopodes dont la taille dépasse de beaucoup celle que les traités de zoologie assignent aux plus grands d'entre eux. Ainsi, Péron a rencontré, dans les parages de la Tasmanie, un calmar dont les bras avaient sept à huit pouces de diamètre, et six à sept pieds de long; MM. Quoy et Gaymard ont recueilli dans l'océan Atlantique, près de l'équateur, les débris d'un mollusque de la même famille, dont ils évaluèrent le poids à plus de cent kilogrammes. Dans les mêmes eaux, Rang en a rencontré un de couleur rouge, qui était de la grosseur d'un tonneau. M. Streenstrup, de Copenhague, a publié d'intéressantes observations sur un céphalopode auquel il a donné le nom d'*architeuthis dux,* et qui fut rejeté, en 1853, sur le rivage de Jutland; le corps, dépecé par les pêcheurs pour servir d'amorce à leurs lignes, fournit la charge de plusieurs brouettes; le pharynx, qui a été conservé, a le volume d'une tête d'enfant; un tronçon de bras montré à M. Duméril a la grosseur de la cuisse. Enfin, tout dernièrement (en 1860), M. Harting a décrit et figuré diverses parties d'un animal gigantesque du même genre qui se trouve dans le musée d'Utrecht. Mais toutes ces observations le cèdent de beaucoup en intérêt à celle qui a été communiquée l'hiver dernier à l'Académie des sciences.

Le 30 novembre de l'année 1861, à deux heures de l'après-midi, l'aviso à vapeur *l'Alecton,* commandé par M. Bouyer, lieutenant de vaisseau, se trouvant entre Madère et Ténériffe, à quarante lieues dans le nord-est de cette dernière île, fit la rencontre d'un poulpe monstrueux qui nageait à la surface de l'eau.

Cet animal mesurait cinq à six mètres, sans compter les huit bras formidables de cinq à six pieds de long, et couverts de ventouses, qui couronnaient sa tête. Sa couleur était d'un rouge brique. Ses yeux, à fleur de tête, avaient un développement prodigieux et une effrayante fixité. Sa bouche, en bec de perroquet, pouvait offrir un demi-mètre. Son corps, fusiforme, mais très renflé vers le centre, présentait une masse dont le poids a été estimé à plus de deux mille kilogrammes. Ses nageoires, situées à l'extrémité postérieure, étaient arrondies en deux lobes charnus et d'un très grand volume.

M. Bouyer, se trouvant en présence d'un de ces êtres bizarres que l'Océan extrait parfois de ses profondeurs comme pour porter un défi à la science, résolut de l'étudier de plus près et de chercher à s'en emparer.

Il fit stopper aussitôt. En toute hâte, des fusils furent chargés, un nœud coulant disposé, des harpons préparés. Malheureusement une forte houle qui imprimait à l'*Alecton*, dès qu'elle le prenait en travers, des roulis désordonnés, gênait les évolutions, en même temps que l'animal, quoique presque toujours à fleur d'eau, se déplaçait avec une sorte d'intelligence, et semblait vouloir éviter le navire; mais celui-ci le suivait toujours.

Aux premières balles qu'on lui envoya, le monstre plongea, passa sous le navire, et ne tarda pas à reparaître à l'autre bord en agitant ses grands bras. On le frappa d'une dizaine de balles. Plusieurs le traversèrent inutilement. L'une d'elles produisit plus d'effet; car il vomit aussitôt une grande quantité d'écume et de sang mêlé à des matières gluantes qui répandirent une forte odeur de musc.

Ce fut alors qu'on parvint à l'*accoster* d'assez près pour lui lancer le harpon avec un nœud coulant; mais la corde glissa le long du corps élastique du mollusque, et ne s'arrêta que vers l'extrémité, à l'endroit des deux nageoires. On tenta de le hisser à bord. Déjà la plus grande partie du corps se trouvait hors de l'eau, quand l'énorme poids de cette masse fit pénétrer le nœud coulant dans les chairs et sépara la partie postérieure, qui, amenée à bord, pesait une vingtaine de kilogrammes.

Officiers et matelots demandèrent au commandant de l'*Alecton* à faire amener un canot, pour aller garrotter de nouveau l'animal et l'amener le long du bord. On y serait peut-être parvenu; mais le capitaine craignit que, dans cette rencontre corps à corps, le monstre ne lançât ses longs bras armés de ventouses sur les bords du canot, ne le fît chavirer et n'étouffât peut-être quelques matelots avec ses fouets redoutables.

Il ne crut pas devoir exposer la vie de ses hommes pour satisfaire à un sentiment de curiosité, cette curiosité eût-elle la science pour

base, et, malgré la fièvre ardente qui accompagne une pareille chasse,
il dut abandonner l'animal mutilé, qui, par une sorte d'instinct,
semblait fuir avec soin le navire, plongeait et passait d'un bord à
l'autre quand on cherchait à l'aborder.

Cette poursuite n'a pas duré moins de trois heures.

J'ajouterai encore que les céphalopodes ne sont pas les seuls monstres
marins qui attaquent l'homme et poursuivent les embarcations.

Certains journaux ont parlé d'une
nouvelle espèce de poisson, armé ou
orné de bras comparables aux bras
humains, qui aurait été découvert par
M. Onfroy de Thoron, dans le Pacifique, à six ou sept milles du rivage;
ce monstre marin s'éleva lentement du
fond de la mer et vint se placer à côté
de l'embarcation (une baleinière). Sur
l'ordre de M. Onfroy, on cessa de ramer, et celui-ci s'arma d'un sabre,
pour se tenir prêt à la défense en cas
d'attaque de ce singulier animal.

« Monsieur, c'est la *manta*, lui dit
le pilote; si elle se saisit de l'embarcation, coupez-lui les mains. »

Voici, d'après M. l'abbé Moigno, le
signalement de cet amphibien. Ses
bras étaient blancs et longs d'environ
un mètre et demi; mais ils étaient très
grêles, comparativement à leur longueur et à l'ampleur de son
corps; en outre, ils étaient articulés comme les nôtres, c'est-à-dire
au poignet, vers leur milieu, mais d'une façon plus arrondie que
notre coude, et à la naissance de l'épaule. Ses mains, petites et
légèrement recourbées, loin d'être blanches, avaient une couleur de
vieux parchemin, ce qui leur donnait l'air de mains sales, et ses
doigts, effilés et mal accusés, étaient probablement palmés; mais
M. Onfroy ne put s'en assurer, parce que l'animal les tenait collés
les uns aux autres. La tête de la manta était aplatie dans le sens
horizontal; elle était de forme triangulaire, et allait en s'évasant de
plus en plus vers les épaules; enfin à la base elle avait plus de deux
pieds de largeur, et sa gueule, qu'elle tenait fermée, avait toute l'am-

plitude de la tête; son corps, qui n'avait que quelques centimètres d'épaisseur, avait plus de quatre pieds de large, et son dos était plat, d'une largeur uniforme, au moins quant à la portion visible hors de l'eau, laquelle mesurait environ trois mètres de long.

La Manta resta pendant quelques minutes la tête hors de l'eau, le regard fixé sur M. Onfroy, un bras étendu sur l'eau et l'autre un peu plus élevé, et comme disposé à saisir l'embarcation.

M. Onfroy, durant ce temps, tenait toujours le sabre levé, prêt à frapper. Mais l'animal jugea prudent de se retirer; ce qu'il fit lentement, en se laissant descendre au fond de l'eau, sans faire un seul mouvement.

M. Onfroy signale à l'Académie des science le nouvel amphibie, et réclame la priorité de la découverte. — Rien de plus juste s'il s'agit d'un animal autre que l'*ange de mer,* avec lequel la manta offre de singuliers points de ressemblance, si nous en croyons la description ci-dessus et une figure de l'ange marin, que nous avons entre les mains.

Moi qui vous parle, ami lecteur, j'ai souvent interrogé de vieux pêcheurs canadiens au sujet des céphalopodes, et ils m'ont déclaré avoir vu plusieurs fois, vers la haute mer, de grands calmars rougeâtres de deux mètres et plus de long, dont ils n'avaient osé s'emparer.

En résumé, on ne saurait nier que la mer ne renferme des secrets sans nombre dans ses vallées incommensurables. Ce serpent de mer, qui paraît et disparaît plusieurs fois par an, et dont on décrit la forme comme ressemblant à celle d'une quantité de tonneaux liés à la suite les uns des autres, ne serait-ce pas un kraken, un céphalopode? Qui ne se souvient des sirènes [1], moitié femmes, moitié pois-

---

1 Comme on le sait, ou comme on ne le sait pas, la femme marine se divise en deux classes :

La sirène et la néréide.

La sirène, c'est le monstre antique, à tête de femme et à queue de poisson. Ce sont les filles de Parthénope, de Ligée et de Leucosie. S'il faut en croire les auteurs du XVI°, du XVII° et même du XVIII° siècle, les sirènes ne sont point rares. Le capitaine anglais John Smith vit en 1614, dans la Nouvelle-Angleterre et aux Indes occidentales, une sirène ayant la partie supérieure du corps parfaitement semblable à celle d'une femme. Elle nageait avec toute la grâce possible lorsqu'il l'aperçut au bord de la mer. Ses yeux grands, quoiqu'un peu ronds, son nez bien fait, quoiqu'un peu camus, ses oreilles d'une jolie forme, quoiqu'un peu longues, en faisaient une personne fort agréable, à laquelle de longs cheveux verts donnaient un caractère d'étrangeté qui n'était pas sans charmes. En ce moment la baigneuse fit la culbute, et le capitaine John Smith s'aperçut qu'à partir du milieu du corps cette femme devenait un poisson ayant une double queue au lieu et place des jambes.

Le docteur Kircher constate, dans un rapport scientifique, qu'une sirène fut prise dans le Zuyderzée, et disséquée à Leyde par le professeur Pierre Paw ; et, dans le même rapport,

sons, qui, réputées comme fables, sont pourtant de nos jours à moitié avouées, surtout si l'on ajoute foi à la description qu'un célèbre navigateur anglais, Georges Anson, nous fait de ce poisson des îles Philippines, nommé *pere-mujer* (presque femme) par les Espagnols, et qu'il assure ressembler en tous points, sauf le chant,

il parle d'une sirène qui fut trouvée en Danemark, et qui apprit à filer et à prédire l'avenir. Cette sirène avait une longue chevelure, formée non de poils, mais de filets charnus. Elle avait le visage agréable, les bras plus longs que ceux des hommes, les doigts des mains joints par un cartilage en forme de pattes d'oie, la peau couverte d'écailles si blanches et si fines, que de loin on pouvait les prendre pour une peau blanche et grasse. Elle racontait que tritons et sirènes forment une population sous-marine qui, tenant pour l'adresse du singe et du castor, se construisent, dans des lieux inaccessibles aux plongeurs, des grottes de rocailles, où ils étendent des lits de sable sur lesquels ils se reposent.

Jean-Philippe Abelinus rapporte, dans le premier volume de son *Théâtre de l'Europe,* qu'en l'an 1619, des conseillers du roi de Danemark naviguant de la Norwège à Copenhague virent un homme marin se promenant dans la mer et portant une botte d'herbes sur sa tête. On lui jeta un appât qui cachait un hameçon. L'homme marin se laissa prendre au morceau de lard, y mordit, et fut attiré à bord du vaisseau. Mais à peine fut-il sur le pont, qu'il se mit à parler le plus pur danois et à menacer le bâtiment de sa perte. Aux premières paroles qu'il prononça, les matelots, comme on le pense bien, furent fort étonnés; mais quand des simples paroles il passa aux menaces, leur étonnement se changea en épouvante. Ils se hâtèrent de rejeter l'homme marin à la mer en lui faisant toutes sortes d'excuses.

Il est vrai que, comme c'est le seul exemple d'homme marin qui ait parlé, les commentaires d'Abelinus prétendent que ce n'était point un triton, mais un spectre.

Johnston raconte qu'en 1403 on prit une femme marine dans un lac de Hollande, où elle avait été jetée par la mer. Elle se laissa habiller, s'accoutuma à manger du pain et du lait, apprit à filer, mais resta muette.

Enfin, pour finir comme un feu d'artifice, c'est-à-dire par le bouquet, Dimas Bosque, médecin du vice-roi de l'île de Manara, raconte, dans une lettre insérée à l'*Histoire d'Asie* de Barthole, qu'étant à se promener au bord de la mer avec un jésuite, une troupe de pêcheurs vint tout courant inviter le père à entrer dans leur barque pour voir un prodige. Le père se rendit à cette invitation, et Dimas Bosque l'accompagna.

Dans cette barque se trouvaient seize poissons à figure humaine, neuf femelles et sept mâles, que les pêcheurs venaient de prendre d'un seul coup de filet. On les tira sur le rivage et on les examina minutieusement. Leurs oreilles étaient éminentes comme les nôtres, cartilagineuses et couvertes d'une peau mince. Leurs yeux étaient semblables aux nôtres par la couleur, la forme et la situation : ils étaient enfermés dans des orbites cachés sous le front, étaient garnis de paupières et n'avaient pas, comme ceux des poissons, différents axes de vision. Le nez, un peu aplati, ne différait du nez humain qu'en ce qu'il était légèrement fendu comme celui du bouledogue. La bouche et les lèvres étaient parfaitement semblables aux nôtres. Les dents étaient carrées et serrées l'une contre l'autre. Ils avaient la poitrine large, et couverte d'une peau extrêmement blanche qui laissait apercevoir les vaisseaux sanguins.

Les femelles avaient des mamelles, et sans doute quelques-unes nourrissaient; car, en prenant leurs mamelles, on en faisait jaillir un lait très blanc et très pur. Leurs bras, longs de deux coudées, plus pleins que les nôtres, étaient sans jointures; les mains étaient attachées au cubitus. Enfin le dessous du ventre, à commencer aux hanches et aux cuisses, se partageait en une queue double pareille à celle des poissons.

On comprend qu'une pareille prise fit grand bruit. Le vice-roi traita de ce coup de filet avec les pêcheurs, et fit cadeau, en la détaillant, de toute cette société de tritons et de sirènes à ses amis et connaissances.

Le résident hollandais reçut pour sa part une sirène, qu'il adressa à son gouvernement, lequel la retourna au musée de la Haye, où on la voit encore... empaillée.

aux sirènes des anciens? Suivant Anson, ces poissons ont une très grande force, et pour les prendre les naturels emploient des filets dont la corde est de la grosseur du petit doigt, lorsqu'ils ne les tuent pas à coups de flèches.

De nos jours, une sirène a fait son apparition dans l'Océan équinoxial, s'il faut en croire les journaux d'Amérique dans lesquels j'extrais le passage suivant :

« Le journal de bord d'un navire ayant fait le trajet du port Trinitad (Mexique) aux îles Sandwich vient de remettre en question l'existence, tantôt affirmée, tantôt controversée par les naturalistes, de la sirène ou femme marine.

« C'est aux abords d'une petite île faisant partie du groupe de Sandwich, l'île des Oiseaux, située sur le parallèle du Cancer, qu'aurait eu lieu la rencontre d'une sirène par l'équipage du navire américain.

« Le 31 mars dernier, à huit heures du matin, six hommes formant l'équipage du bâtiment en question avaient quitté le bord, et se dirigeaient en canot vers une baie, dans l'intention de se livrer à la pêche, lorsqu'ils virent paraître, à quelques mètres de leur embarcation, une femme ayant la moitié du corps hors de l'eau et se livrant à des ébats de natation, tantôt disparaissant, tantôt se montrant à la surface.

« L'étonnement et la frayeur dont furent saisis les matelots ne peuvent se décrire. Ils stoppèrent immédiatement, et attendirent quelque nouvelle évolution de la femme marine pour prendre un parti. Celle-ci, nullement intimidée, se montra plus près du canot, et les matelots purent se convaincre que c'était, en effet, une femme parfaitement conformée qu'ils avaient devant eux.

« C'était une sirène d'une grande beauté. D'après le rapport, elle ne le cédait en rien aux plus belles femmes. Elle avait des cheveux bleus qui flottaient sur ses épaules ; sa peau était légèrement bistrée ; ses mains étaient fourchues ou palmées, et elle exprimait la surprise qu'elle éprouvait de voir ces hommes par des cris aigus.

« La partie inférieure du corps répondait peu à la conformation de la partie supérieure. En effet, à partir de la région ombilicale, le corps de cette femme, qu'on distinguait entre deux eaux, était terminé par une queue large et fourchue.

« Un matelot, placé sur la proue du canot, ayant jeté une orange à la sirène, celle-ci s'en saisit avidement, exprima sa joie par des cris, et, portant à l'aide de ses deux mains le fruit à sa bouche, laissa voir une magnifique rangée de dents jaunâtres et croqua rapidement l'orange.

« Le maître timonier ayant donné l'ordre de ramer, le canot se dirigea vers la sirène, qui, se voyant en danger, plongea rapidement et disparut quelques minutes, pour se montrer de nouveau sur le sillage de l'embarcation. On lui jeta des oranges, qu'elle saisit et qu'elle mangea ; mais à chaque mouvement du canot tendant à se rapprocher d'elle, elle disparaissait.

« Retourner à bord du navire sans avoir raison de ce phénomène, parut chose puérile aux matelots, et l'un d'eux, encouragé par ses camarades, profitant d'un instant où la distance existant entre la femme marine et le canot était de dix mètres au plus, s'élança vers elle. Mais ce fut inutilement que l'intrépide nageur fit force de bras pour accoster la sirène. Celle-ci semblait se faire un jeu des efforts désespérés du marin, évitait son approche, tournait autour de lui, disparaissait et se montrait, tantôt devant, tantôt derrière lui, et disparut définitivement, blessée, pense-t-on, gravement à la figure par un coup de feu que lui tira le patron de la barque. »

Le *Journal de Paris* fait observer que des récits antérieurs et revêtus d'une certaine authenticité ont signalé des apparitions de même nature en 1430, en 1614, en 1660 et 1672, à l'île de Ceylan, aux Antilles et sur les côtes du Mexique.

Enfin, d'après l'inventaire des objets d'histoire naturelle qui figuraient dans la galerie de la bibliothèque de l'abbaye de Sainte-Geneviève à Paris, au xvie siècle, on remarquait dans cette collection fort curieuse la main d'une sirène, provenant d'un port de la Hollande où une femme marine avait été capturée.

La voix sévère de la science ne s'est point encore prononcée pour éclaircir un fait que l'amour du merveilleux accepte volontiers au sujet du kraken ou du serpent de mer; mais je me rappellerai toujours qu'en 1846, me trouvant à Newport pendant le mois d'août, à l'époque de la saison des bains de mer, j'entendis raconter à table d'hôte qu'un baleinier arrivé la veille au soir assurait avoir heurté, dans les eaux de l'île de Nantucket, un énorme serpent de mer qui avait plongé à l'instant pour reparaître à 500 mètres plus loin, visible de toutes parts, et offrant les plus effroyables proportions d'un monstre incommensurable. La peur avait empêché les marins de pourchasser ce kraken-serpent; mais on l'avait suivi des yeux autant que le télescope l'avait permis : il avait enfin disparu dans la direction du cap Cod. Cette histoire me parut tout d'abord un *canard*, d'autant plus que le journal de Newport l'avait reproduite *in extenso*, et que le rédacteur de l'article annonçait qu'un *steamboat* était frété pour aller chercher le kraken-serpent et le combattre à outrance.

Naturellement ami du merveilleux, je sortis de l'*hôtel de l'Océan* et me rendis au bureau du journal, où je trouvai le rédacteur de l'article occupé à faire ses préparatifs de départ. Il allait à la pêche du serpent de mer, et lorsque je me fus nommé, il m'engagea à l'accompagner. Inutile d'ajouter que j'acceptai cette proposition, qui me souriait de toute manière. Un quart d'heure après, j'étais prêt à m'embarquer sur ce *steamboat*, à bord duquel se trouvaient près de deux cents amateurs, armés de *rifles* de toutes sortes et de tout calibre. C'était le soir; le soleil, qui se couchait, empourprait l'horizon au moment du départ. Une foule immense encombrait le *wharf* lorsque nous quittâmes la rive à toute vapeur. Du quai, on nous souhaitait un heureux voyage et une bonne chance. Je n'oublierai jamais de ma vie ce spectacle à la fois imposant et burlesque. Bientôt les côtes s'amoindrirent, la nuit se fit, et nous songeâmes au repos. Nous ne devions arriver au cap Cod qu'à la pointe du jour. Chaque héros s'arrangea de son mieux pour passer la nuit : les plus heureux dans un hamac, ceux qui étaient arrivés les derniers sur les banquettes, sur le plancher, où ils pouvaient.

Peu à peu les conversations animées, les forfanteries sans nom des Américains s'éteignirent les unes après les autres; rien ne scintillait, si ce n'est la lampe de l'habitacle et les fanaux placés sur les tambours des roues. Tout autour de nous il faisait nuit noire.

Sur le pont, où j'étais resté un des derniers avec mon confrère le journaliste, l'obscurité était si profonde, que nous n'y voyions pas à deux pas devant nous. Nous éclairions notre promenade par la lueur de nos cigares.

La mer moutonnait autour de notre navire; une phosphorescence éclatante sillonnait la cime dentelée des vagues. La pensée du danger auquel nous courions de gaieté de cœur, pour satisfaire notre plaisir, fut entre l'Américain et moi le texte d'une conversation qui se prolongea jusqu'après minuit. A cette heure seulement nous regagnâmes la cabine que le capitaine, avec la déférence qui caractérise les Yankees pour le journaliste, avait mise à notre disposition.

Mon camarade dormait depuis longtemps et m'en donnait des preuves sonores; moi j'étais encore éveillé, pensant au serpent de mer et à tous les Régulus américains qui allaient, dans quelques heures, me disputer l'honneur d'être le seul héros de la victoire. Le crépuscule me surprit plongé dans ces réflexions orgueilleuses. Ma toilette et celle de mon ami furent vite achevées, et nous étions les premiers sur le pont, notre fusil à la main, un télescope dans l'autre, interrogeant l'horizon à travers la brume qui nous dérobait la vue.

Peu à peu le tillac se couvrit de tous les amateurs de ce sport d'un nouveau genre; il ne manquait que des dames pour rendre la fête complète, et l'on se serait alors cru à bord d'un *steamboat* parti pour une de ces excursions de pêche (*fishing excursions*) si célèbres aux États-Unis. Tous étaient prêts au combat. Il s'agissait de vaincre ou de mourir... sous le ridicule.

Deux heures se passèrent dans une attente pleine d'impatience. On désespérait déjà de rencontrer le moindre cachalot, le plus petit marsouin, la plus mince bonite, lorsque tout à coup une voix s'écria :

« *Good God! I see him!* (Bon Dieu! je l'aperçois!) Voyez, voyez, là-bas vers le nord, dans la direction du cap Cod, cette masse mouvante qui ressemble à une file de tonneaux attachés ensemble par chaque bout!... Voyez! voyez! »

D'abord, je l'avoue, je crus à une mystification. Les narrations fantastiques du *Constitutionnel* et de plusieurs journaux américains me revinrent à la mémoire et obscurcirent ma myopie. Cependant je voulais voir. Je cherchai à découvrir le monstre à l'aide d'un excellent binocle de Chevalier, qui ne m'avait jamais quitté dans toutes mes excursions de chasse... Enfin, dans la direction indiquée par le pêcheur aux yeux perçants, j'aperçus, conforme à la description qui en avait été donnée, un immense poisson se tordant comme un S sur une mer assez calme.

A n'en pas douter, c'était un kraken, un serpent de mer. Le monstre n'était pas un mythe, c'était une horrible réalité.

Notre capitaine dirigea le navire sur cette masse mouvante, et fit faire force de vapeur.

Un quart d'heure après, nous avions gagné sur le serpent; nous pouvions mesurer approximativement sa longueur et distinguer ses formes, qui étaient celles d'une anguille gigantesque, mais très large

sur le milieu du corps, pourvue de nageoires fort longues, et pareilles à des bras. La tête seule disparaissait sous l'eau, et comme elle était la partie la plus éloignée de nous, il était impossible de saisir l'ensemble de la forme.

Nous n'étions plus qu'à une portée de caronade du monstrueux serpent, lorsque tout à coup un des chasseurs qui se trouvaient à l'avant du *steamboat* eut la maladresse de faire feu sur lui.

Ce mauvais exemple fut le signal d'une fusillade générale; mais bien avant que chacun de nous eût pu décharger son arme, le kraken disparaissait à tous les yeux, s'enfonçant dans la mer et ne laissant derrière lui qu'un sillage qui s'aplanit au bout de quelques secondes.

Cinq heures durant, notre *steamboat* sillonna la mer du cap Cod et suivit les méandres situés entre toutes les îles et les récifs de la côte du Massachusets-State; mais ce fut de la vapeur dépensée en pure perte : le serpent avait repris la route des vallées profondes, tapissées d'algues touffues, où le calme règne toujours. Il nous fallut songer au retour, et nous tournâmes notre proue du côté de Newport,

Honteux et confus;
Je jurai, *pour ma part,* qu'on ne m'y prendrait plus !

Il était heureusement deux heures du matin lorsque notre navire arriva au quai. Grâce à la nuit, il fut facile à chacun de nous de regagner son domicile respectif. Quant à moi, je rentrai à l'*hôtel de l'Océan,* j'acquittai ma dépense, et avant le lever des pensionnaires de M. Beaver, *landlord* de ce caravansérail hospitalier, j'étais sur le chemin de fer qui conduit de Boston à New-York. Là du moins j'étais sûr de ne pas avoir à subir des railleries sans fin, des plaisanteries amères adressées à celui qui avait *vu* le serpent de mer, mais qui ne l'avait pas *mis à terre.*

XV

ANGE OU DIABLE

Un des poissons les plus extraordinaires de la création est, sans contredit, le *diodon,* appelé par quelques naturalistes le « vampire des mers » (*cephaloptera vampirus*), et par d'autres d'un nom plus fantastique encore, quoique très usité de nos jours surtout : « le diable. » Ce dauphin, monstre bizarre que l'on nomme également l'*ange,* appartient à la famille des raies.

Voici la description exacte de ce géant de la mer. Vingt à vingt-cinq pieds de long, de la naissance du cou à celle de la queue ; un appendice caudal de six pieds de long, ce qui fait un total de dix-sept pieds du bout du museau à l'extrémité de la terminaison flexible du corps ; quant à la circonférence, elle est de six à sept pieds, et l'épaisseur de trois à quatre. La forme de la queue ronde, pareille au fouet d'une vache, mobile comme celui d'un chien, est par conséquent munie d'une membrane contractile. Les dents sont pour la plupart petites, placées par sept ou huit rangées dans la mâchoire inférieure, tandis que celles de la mâchoire supérieure sont à peu près, pour ne pas dire tout à fait, invisibles. Tout le corps du céphaloptère est d'une nature flexible, et l'une des particularités les plus saillantes de ce poisson est d'avoir, entées au-dessus des deux yeux proéminents, une paire de cornes ou plutôt de « barbes » d'une longueur de deux à trois pieds, dont il se sert, comme le fait un éléphant de sa trompe, pour couper et porter à sa bouche les algues de la mer.

Comme je viens de le dire, la longueur de ce dauphin gigantesque est habituellement de vingt-cinq pieds, et quoique le Vaillant ait écrit, dans un des chapitres de son *Voyage en Afrique,* qu'il avait pêché des diables longs de cinquante pieds, je dois dire que le plus grand diable que j'aie jamais vu n'avait que dix-huit pieds de longueur, et qu'il me parut « assez grand » tel qu'il était.

Les écailles du diable sont de couleur bleue, brillantes comme des saphirs, disposées en mosaïque. Cet azur miroitant s'étend de la tête à la queue sur l'échine, dont le sommet est presque noir. Trois bandes noires étagées se détachent diagonalement du sommet du dos, et vont se perdre dans la blancheur des écailles du ventre.

Les diables — ou les anges — quittent les profondeurs de l'Océan, et se répandent dans les baies de la Caroline du Sud pendant les mois de juillet, d'août et de septembre. On les voit alors nager à la surface des eaux et s'élever de temps à autre tout droits, à l'aide de deux grandes ailes qui les font ressembler à d'immenses chauves-souris. Les céphaloptères-vampires déploient dans leurs exercices une grâce de mouvements tout à fait particulière; lorsqu'ils ne sont pas blessés, leur douceur est semblable à celle d'un mouton. Il arrive bien souvent qu'après avoir cherché inutilement un seul de ces poissons, le pêcheur ou plutôt le chasseur en découvre autour de lui un troupeau qui paraît à la surface de la mer, inopinément, comme une poignée de champignons au-dessus des herbes d'une prairie.

A peine le poisson a-t-il été transpercé, qu'il s'élance avec une rapidité sans pareille, entraînant quelquefois avec lui jusqu'à quarante brasses de corde, et emportant alors le bateau et ceux qu'il contient plus vite qu'il n'est prudent de voyager. Dans le cas où les *sportmen* sont en nombre et montés dans trois ou quatre bateaux, la seconde embarcation s'attache à la première, la troisième à la seconde, et ainsi de suite; puis la flottille court ainsi une ou deux bordées en faisant contre fortune bon cœur. Si le céphaloptère est atteint par trois ou quatre harpons à la fois, il se débat comme un vrai diable, et le volume d'eau qu'il déplace autour de lui à l'aide de ses ailes est vraiment extraordinaire. Que l'on ne s'imagine pas que la chasse et la pêche de ce poisson monstre soient un jeu bénin, un sport sans danger. Bien loin de là, et il est nécessaire que l'homme qui tient le harpon dans ses mains ait à la fois une main sûre et un sang-froid sans pareil. Car, si par malheur il perd sa présence d'esprit, si ses pieds s'enchevêtrent dans la corde dépliée avec la rapidité de la foudre, il peut être entraîné et noyé sans qu'on puisse lui porter aucun secours.

Les embarcations généralement employées pour la course aux diables sont longues, très légères, et guidées par six ou huit rameurs. On se sert encore de bâtiments plats : car, pour être prêt à l'attaque aussi bien qu'à la défense, il est bon d'avoir sous la main

une nacelle facile à manœuvrer. Le pêcheur de céphaloptères parvient quelquefois à en atteindre un, deux ou trois dans la même chasse ; mais bien souvent aussi il rentre « bredouille » à l'habitation ; et alors il sert de plastron à ses amis, qui ne manquent pas de lui dire qu'il a perdu son temps à « tirer le diable par la queue », ou bien encore « que sa pêche ne vaut pas le diable ».

Dans les eaux qui baignent les côtes de la Caroline du Nord, comme aussi sur les rivages de la Caroline du Sud, où le pêcheur fait la chasse à ce poisson monstrueux, il n'est pas rare d'en rencontrer des bandes composées de cent à cent cinquante individus.

Sur les côtes de France, le diable est un poisson rare. C'est à peine si, tous les deux à trois ans, les pêcheurs de la Bretagne et ceux du littoral de la Manche parviennent à s'emparer d'un « diodon ». Tout aussitôt les journaux contiennent un article pareil à celui-ci :

« Le 25 avril dernier, à la poissonnerie d'Évreux, la curiosité publique était éveillée par l'exhibition d'un poisson assez bizarre : monstre marin dont la grosseur et la fabuleuse hideur étaient fort remarquables. Il s'agissait d'un *diable,* phénomène ichtyologique vraiment digne de ce nom, à cause de sa gueule armée de dents innombrables. Callot avait rêvé quelque chose de semblable lorsqu'il grava sa *Tentation de saint Antoine.*

« Ce diable avait été pêché à Trouville, où les échantillons de son espèce sont l'objet de l'animadversion des pêcheurs, à cause de la voracité et de la quantité de poissons qu'ils détruisent. Cependant il n'ingurgite pas directement ses victimes : deux orifices placés aux côtés de la tête lui servent à engloutir sa pâture, qui pénètre par deux larges conduits entre ses mâchoires vigoureusement armées. »

Les naturalistes prétendent que les diables se nourrissent à la fois d'algues flottantes vulgairement appelées orties de mer, et de tout le menu fretin de l'Océan qui passe à leur portée. Leur chair est mauvaise à manger; mais on en retire une huile excellente. On raconte des faits relatifs à la force de ce poisson dont la légende fantastique est vraiment incroyable.

La pêche de ces poissons occupe particulièrement les loisirs des planteurs qui vivent dans le voisinage du détroit de Port-Royal.

C'est surtout à Bay-Point, près de Wilmington, que ces amateurs du sport se donnent rendez-vous. Pourvus de lances et de harpons, on les voit, montés sur de légères embarcations mises en mouvement par les bras vigoureux de trois ou quatre nègres, s'aventurer à la marée haute à l'entrée d'une anse, en quête des céphaloptères que leurs habitudes bien connues amènent dans les parages où croissent les orties de mer et où grouille le menu fretin. Comme les diables se retirent avec la marée, il est important de trouver le troupeau pendant les quelques heures où l'Océan bouillonne sur les rives de Bay-Point. Leurs mouvements sont extrêmement rapides et semblables à ceux d'un oiseau. Il arrive parfois qu'on parvient à s'emparer de ces poissons dans une baie aux eaux basses, et cela sans coup férir; mais le cas est rare, et le meilleur moment pour lancer le harpon est celui où, après avoir plongé pour aller chercher sa nourriture, le céphaloptère, suffisamment repu, songe à retourner dans les profondeurs de la mer. Dans ce moment, il remonte à la surface de l'Océan, comme pour reprendre haleine, et il se livre à diverses cabrioles très favorables aux harponneurs. Lorsque, par hasard, il ne découvre pas tout à fait son corps, et reste ce qu'on appelle entre deux eaux, on reconnaît sa présence à une sorte de remous ressemblant fort aux bouillons d'une marmite chauffée à

blanc; alors le harponneur atteint quelquefois sa proie à dix à douze
pieds dans l'eau.

J'ai vu, devant l'habitation d'un planteur de la Caroline bâtie au
bord de la mer, un banc de ces méchants diables porté par le ressac
vers une haie formée de longs épieux enfouis dans le sable à la marée

basse, afin d'empêcher les envahissements de la mer. Ils arrachèrent
un à un les troncs d'arbres dont cette haie était formée et les entraî-
nèrent en pleine mer.

M. Stiltman, propriétaire de la plantation, témoin de cette destruction imprévue de l'une des *fences* de sa terre, résolut de se venger
en se donnant en même temps le plaisir de sa vengeance. En conséquence, il donna l'ordre à quelques-uns de ses nègres de préparer
la chaloupe destinée à l'usage de la pêche, et, dès que tout fut prêt,
nous nous embarquâmes, lui, moi et trois nègres, à bord de la pé-
niche américaine.

« Allons, Pluton, disait le maître à l'un de ses esclaves, attention, mon habile harponneur, fais en sorte de choisir le plus gros poisson au milieu de cette bande de diables, le chef, en un mot, et ne va pas le manquer au milieu des autres.

— Oh! comptez sur moi, massa, répondait Pluton, qui, debout sur l'avant de la chaloupe, le trident en main, ressemblait à s'y méprendre au dieu de la mythologie son homonyme. J'espère vous donner du plaisir, au squire votre ami et à vous. Gare aux diables! je suis plus fin qu'eux. »

Et, ce disant, maître Pluton assumait un air à la fois belliqueux et narquois qui nous faisait sourire.

Les deux autres nègres ramaient avec énergie; mais dès qu'ils nous eurent fait sauter par-dessus le ressac, ils se mirent à nager plus doucement, puis tout d'un coup ils s'arrêtèrent d'un commun accord.

C'était Pluton qui avait donné à ses camarades le signal de la halte.

Notre esquif se trouvait au milieu d'un banc de diables. Soudain ce harponneur émérite s'élança en avant hors du bateau, et nous le vîmes tomber sur l'échine d'un énorme poisson au milieu de laquelle pénétra le trident, dont la force avait été centuplée par la pesanteur du corps du pêcheur nègre. A ce trident attenait un câble fort long; aussi, sans s'occuper davantage de ce qu'allait devenir sa victime, Pluton revint à la nage vers la chaloupe. Saisissant le bordage et se soulevant par la force de ses bras musculeux jusqu'à la hauteur de sa poitrine, il fut réintégré à notre bord par ses deux camarades.

Pendant que tout ceci se passait sous nos yeux, le poisson harponné fuyait devant nous comme un cheval lancé au galop. Le câble, enroulé dans la chaloupe, se dévidait avec la rapidité de l'éclair. Bientôt, quand toute la corde eut été lâchée, notre barque se trouva remorquée en dedans du ressac. Le diable ne pouvait aller bien loin; il rencontra le sable, et, donnant un suprême coup de queue, il alla échouer sur la rive. Là, malgré les sauts et les soubresauts auxquels le poisson monstre se livrait, nous le vîmes perdre son sang et retomber sans vie au milieu d'une flaque d'eau.

Notre diable, ou plutôt celui dont Pluton avait été l'heureux vainqueur, mesurait dix-huit pieds de la tête à la queue : ses barbes avaient environ quatre-vingt-quinze centimètres de long, et son aspect général offrait un ensemble colossal et fantastique qui me remplissait à la fois de répulsion et d'étonnement. C'était, il est vrai, le premier diable que je voyais de si près.

Dès le lendemain, nous retournâmes à la pêche : M. Stiltman ayant été averti que huit diodons avaient été aperçus au moment où ils entraient dans la baie de Hilton-Head, à deux milles de sa demeure, il fut résolu sur-le-champ que nous irions encore leur donner la chasse.

Pluton était naturellement notre pilote obligé.

Nous voilà donc partis par le même chemin sur la route liquide. Nous avancions très vite, grâce aux efforts de nos deux rameurs vigoureux; mais, une fois arrivés sur les lieux, à notre grand désappointement, la surface de la mer nous apparut, depuis l'île Pinkney jusqu'au cap Skull, aussi lisse que le bassin des Tuileries lorsque les cygnes se sont retirés dans leurs petites cabanes badigeonnées de couleur verte.

Tout à coup Pluton, dont la vue rapprochait les objets mieux que ne l'eût fait un télescope, poussa un cri guttural suivi de ces mots : « Hurrah ! Là-bas, voyez-vous ce grand diable? » Et, en effet, au milieu de la baie, un énorme poisson venait de hisser son échine, laquelle ressemblait à s'y méprendre à un rocher surgissant tout d'un coup du fond de la mer par suite d'une boursouflure volcanique.

Je priai M. Stiltman de vouloir bien me laisser essayer le harpon, au risque de manquer le diable et d'empêcher sa prise.

Pluton, qui doutait plus que personne de mon habileté, hésitait à me confier l'instrument meurtrier; mais un coup d'œil que lui décocha son maître suffit pour le décider, et le fourbe consentit même à m'adresser un de ses plus gracieux sourires, à sa manière. Sans dire un mot, il me tendit le trident et me céda la place sur la proue de la chaloupe.

Je m'installai de mon mieux, le jarret tendu, l'œil en feu, le harpon à la main, — dans la pose du Romulus de David, — et j'attendis le moment favorable. Mon cœur palpitait avec violence; on l'entendait battre dans ma poitrine, car nous observions le plus profond silence, et la mer était calme et limpide : on eût dit les eaux d'une lagune.

J'apercevais le poisson à vingt pas devant nous; mais tout d'un coup il s'enfonça mollement dans l'eau et disparut à mes yeux. La chaloupe s'arrêta, et chacun de nous cherchait à sonder la profondeur de la mer pour y découvrir ce diable maudit qui se dérobait ainsi à nos regards.

« Ah! m'écriai-je à mon tour, le voici à tribord! »

Et les rames, un instant suspendues, retombèrent doucement dans l'eau. La chaloupe tourna sur elle-même.

J'étais prêt au combat : brandissant mon harpon, je le lâchai soudain, et, le lançant de toute ma force, je le vis disparaître dans la mer

Hélas ! j'avais frappé le diable à la queue, et je l'avais manqué : le poisson gigantesque, sans paraître faire aucune attention à notre présence dans ses eaux, cabriolait autour de la chaloupe, nous montrant tantôt son échine azurée, et tantôt son ventre argenté.

Les deux nègres rameurs faisaient tourbillonner le frêle esquif, tandis que Pluton, le sourire sur ses lèvres épatées, retirait de l'eau le harpon, et enroulait de nouveau la corde sur les planches du tillac.

J'avais repris ma position, résolu d'avoir ma revanche et de mettre fin aux sarcasmes silencieux du moricaud Pluton. J'attendais donc le moment propice, lorsque tout à coup j'aperçus devant moi, à quinze pas, l'échine noire du diable. Aussi rapide que Jupiter lorsqu'il lança la foudre, j'avais jeté mon harpon, qui siffla dans l'air et s'enfonça à l'endroit même où, plus rapide que la pensée, mon poisson venait de disparaître à ma vue.

« Encore manqué ! s'écria M. Stiltman.

— Mais non, regardez plutôt, » dis-je à mon tour.

En effet, le câble se déroulait avec rapidité, et notre embarcation filait comme si elle avait été entraînée par un courant irrésistible. Après avoir ainsi parcouru près de deux milles en pleine mer, notre chaloupe s'arrêta tout d'un coup en vue d'un îlot appelé *Paris-Island* (l'île de Paris).

Le diable était mort, selon toute probabilité; il s'agissait de revenir à notre point de départ. Peter et Jack, les deux nègres, reprirent les rames sur l'ordre de Pluton, et nagèrent avec vigueur du côté de la terre ferme.

Au bout de quinze minutes, nous ensablions notre barque près d'une lagune de terre appelée dans le pays *Baye-Cape* (le cap de la Baie), et, sautant tous sur le rivage, nous nous attelâmes au câble pour amener le poisson hors de la mer.

Une secousse imprévue nous jeta soudain par terre. Par bonheur, nous n'avions pas abandonné la corde, et, quoique entraînés dans l'eau, nous tenions bon : moi, surtout, je faisais des efforts surhumains. Je voulais mon diable mort ou vif. Il me le fallait à tout prix.

Percé d'outre en outre par le harpon, le poisson perdait tout son sang; mais un reste de force lui donnait le pouvoir de faire voler l'eau en nappes immenses qui nous inondaient le corps. Cette agonie

devait cependant avoir une fin, et, quand le diable toucha le sable
de la baie, il avait cessé de vivre.

Sans être aussi énorme que celui que Pluton avait harponné la
veille, il n'en mesurait pas moins quinze pieds. C'était un assez
joli coup de trident, surtout pour un novice.

Je le confesse en toute humilité, la
joie de mon triomphe m'avait transporté. Je me trémoussais comme doit
le faire un possédé du diable, et, pour
compléter le tableau, emporté par les
élans de ma démence passagère, je
saisis le trident d'une main et je m'élançai debout sur le ventre de l'énorme
diodon, assumant la même position,
— assurait M. Stiltman, — que celle
de l'archange saint Michel lorsqu'il ter-
rassa le diable.

O Raphaël ! divin Sanzio ! je n'étais
que ton plagiaire !

Enfin la raison me revint : je pus
examiner à loisir cet immense poisson
qui gisait à nos pieds.

> *Jacet ingens littore truncus,*
> *... Et sine nomine corpus.*

Mais une particularité qui me frappa
surtout, ce fut de voir, pareils à des
sangsues, une demi-douzaine de *sucking
fishes* (remora), vulgairement appelés « pilotes », attachés au ventre
du diodon.

Pluton et M. Stiltman se chargèrent de m'expliquer que ces poissons suceurs vivaient en parasites au milieu des troupes de diables,
se nourrissant des débris abandonnés par les grands poissons, et
usant de leur faculté aspirante pour se fixer sur le corps de leur
énorme camarade, afin sans doute de ne pas le perdre de vue, de
profiter de sa société et des bénéfices y annexés.

Quelques jours après la pêche merveilleuse dont j'avais été l'heureux vainqueur, M. Stiltman, le pêcheur le plus « endurci » que j'aie
jamais connu, dans « l'ancien » comme dans le « nouveau monde »,
me proposa, après déjeuner, d'aller encore chasser une troupe de

diables qui paissaient les algues marines dans les environs du cap de la Baie. Un nègre de sa plantation, en revenant de la pêche aux crabes et aux huîtres pour la provision de la table du maître, avait aperçu les diodons et s'était hâté de nous en prévenir. Rien n'était plus facile cette fois que de nous transporter avec rapidité vers l'endroit désigné. Le nègre avait laissé la barque amarrée au rivage, et n'avait fait que courir pour arriver plus vite.

Un wagon fut attelé sur-le-champ; on y entassa l'un sur l'autre Pluton, son camarade et un autre moricaud, porteur du harpon et du câble. M. Stiltman s'empara des guides; je pris place à ses côtés, et nous partîmes avec la vélocité d'une machine à vapeur. Dix minutes suffirent aux chevaux pour nous conduire à l'anse où la chaloupe nous attendait, et, en moins de temps qu'il n'en faut pour le raconter ici, nous étions embarqués, la proue tournée vers une dizaine de diables qui folâtraient à un demi-mille devant nous.

L'atmosphère était brumeuse, et le soleil faisait de vains efforts pour percer des nuages épais qui voilaient par intervalles ses rayons. Malgré l'humidité, en dépit des vagues clapotantes, nous avancions vers le but; les diables paraissaient nous attendre. Tout à coup un brouillard épais à ne pas y voir à trois pas devant soi nous enveloppa comme par enchantement. Nul ne s'était aperçu des pronostics ordinaires de ces phénomènes atmosphériques. Nous nous trouvions enveloppés de toutes parts, comme Vénus et le dieu Mars dans les filets de Vulcain, position fort embarrassante, quoique diamétralement opposée. Pour comble de malheur, nous n'avions pas de boussole à bord, et, malgré notre bon désir à tous, aucun de nous ne pouvait deviner de quel côté se trouvait le rivage.

Inutile de dire que le brouillard nous avait fait perdre les diables de vue. Les eussions-nous même aperçus, je ne crois pas qu'aucun de mes camarades eût songé à les harponner. Il s'agissait de notre salut, et non pas de notre plaisir.

Sur les côtes de la Caroline du Nord, un brouillard subit comme celui qui nous enveloppait de ses rideaux moites et glacés est ordinairement le précurseur d'une bourrasque, d'une tempête même. Nous n'avions donc qu'un parti à suivre, celui de regagner le bord le plus rapproché.

M. Stiltman et Pluton tinrent conseil : chacun d'eux se baissa le long du bord; on arrêta la chaloupe, les rames restèrent suspendues en l'air, afin d'examiner de quel côté venait la vague, et par conséquent d'où soufflait le vent. Après quelques instants d'hésitation,

M. Stiltman fit virer de bord, et les deux nègres se mirent à ramer avec toute l'énergie que donne la peur d'un danger.

Tout paraissait donc aller pour le mieux : l'espoir était revenu dans notre âme, et, à part moi qui éprouvais de fâcheux symptômes d'un malaise passager occasionné par le mouvement de la barque, rien ne semblait devoir troubler notre sécurité.

Mais, hélas! j'en frémis encore quand j'y songe, nous avions compté sans l'imprévu, cette épée de Damoclès que la Providence tient toujours suspendue sur la tête des hommes.

Au moment où nous y songions le moins, un bruit insolite se fit entendre à bâbord. On eût dit un monstre de taille gigantesque qui soufflait à pleins poumons, et dont le corps énorme déplaçait un volume d'eau qui augmentait le remous et redoublait en même temps mon mal de mer.

De quel côté venait le danger? Quel était ce danger? Telles étaient les questions que nous nous adressions les uns aux autres. Le bruit redoublait; le péril était imminent, notre anxiété sans pareille, lorsque tout à coup M. Stiltman s'écria :

« Oh! mon Dieu! nous sommes perdus! Un steamer, là, près de nous; ils ne nous voient pas. C'est fait de nous! prions! »

En effet, devant nos yeux, à quelques brasses, la proue menaçante d'un navire à vapeur se hissait : masse énorme qui allait retomber sur nous pour nous briser comme l'eût fait un marteau d'un brin de paille.

J'avais mentalement recommandé mon âme à Dieu, songé à ma mère et à tous ceux qui m'étaient chers. Je me sentais perdu! Je fermai les yeux, afin de ne pas voir la mort de trop près.

Tout à coup une voix me rendit à moi-même; c'était celle d'un matelot qui criait en anglais :

« Ohé! de la barque! où allez-vous? Butors! imbéciles! vous n'y songez donc pas! voulez-vous donc être écrasés! »

Et en même temps M. Stiltman, Pluton et ses deux camarades hélaient le navire et demandaient secours. Il était temps : notre chaloupe, frôlée par le steamer, n'avait rien de brisé, mais la vague l'avait remplie d'eau; nous allions sombrer.

Heureusement le capitaine du steamer était un homme compatissant; il avait fait arrêter la machine et virer de bord.

Pendant ce temps-là, une embarcation était jetée à la mer en toute hâte; elle nous accostait quelques minutes après, et, non sans difficulté, nous étions arrimés le long du navire à vapeur, et enfin hissés à bord.

Le capitaine du steamer nous prodigua tous les soins que réclamait notre position : on nous donna des habits secs et du grog brûlant, et quand, après nous être remis de nos émotions diverses, M. Stiltman demanda à notre sauveur quelle était la destination de son navire, grande fut notre stupéfaction en entendant dire à M. Danielson qu'il allait à la Havane.

« Ah! répondit froidement M. Stiltman; mais ne vous arrêtez-vous pas en route?

— Si fait, à Key-West.

— Bon! très bien! je descendrai dans ce port de mer. Quel est le nom de votre steamer, capitaine? ajouta mon hôte.

— *Le Diodon*, pour vous servir.

— Ah! bah! c'est drôle! Allons, fit M. Stiltman en riant de bon cœur, je n'eusse jamais cru, moi qui suis le plus grand ennemi des diodons de Hilton-Head, qu'un diodon me sauverait la vie. C'était écrit : Dieu est grand! »

XVI

LES GOUJONS AVEUGLES

L'Amérique du Nord, ce pays primitif où la nature affecte des proportions qui tiennent à la fois du sublime et de l'impossible, n'avait aucune merveille qui pût être comparée à la cataracte du Niagara, lorsque, en 1840, des mineurs occupés à extraire du sel de nitre dans une des nombreuses caverne de l'État du Kentucky s'égarèrent au milieu de ces méandres inexplorés jusqu'alors, et demeurèrent ainsi, pendant soixante-dix heures, séparés du monde, ensevelis loin de la lumière du jour et sequestrés du reste des vivants. Grâce aux recherches de leurs camarades, on retrouva ces malheureux, qui, une fois remis de la frayeur que leur avait occasionnée cet ensevelissement terrible, décrivirent les admirables découvertes qu'ils avaient faites pendant leur séjour dans les entrailles du rocher, et stimulèrent le désir de leurs auditeurs à s'aventurer avec eux sous les parois de la caverne, munis d'un fil d'Ariane au moyen duquel ils éviteraient les ennuis et les craintes d'une exploration inconnue. C'est à ces hardis pionniers dans les régions souterraines des « grottes de Géants » (*Mammoth Caves*) que l'on doit les descriptions exactes de cette incomparable merveille qui devint, dès ce jour-là, le but de promenade de tous les habitants du comté. A mesure que la renommée propagea au loin la nouvelle de cette découverte, tous les voyageurs touristes de l'Union affluèrent dans le Kentucky, et pendant quatre années successives les chambres, les corridors, les boyaux de ce souterrain géant ne désemplirent pas. On organisait des trains de plaisir pour aller visiter les grottes, et comme il fallait au moins trois jours et deux nuits pour tout voir dans ce labyrinthe, on amenait des ânes chargés de provisions et de lumières, afin de ne pas être pris au dépourvu.

Quant à moi, comme tous les autres touristes, je m'étais promis de visiter un jour ou l'autre ces *Mammoth Caves,* et je me tins « ma parole » un beau jour, en compagnie de trois des plus charmantes dames de Lexington, de leurs frères et de leurs père et mère, famille hospitalière à laquelle j'avais été chaudement recommandé par des amis communs.

Au dessert de l'un des excellents dîners auxquels j'étais convié chez M. et mistress Rush, on vint à parler d'histoire naturelle, d'animaux, d'oiseaux et de poissons, et l'un des fils de la maison s'écria :

« Vous ne connaissez pas, j'en suis certain, Monsieur, des poissons sans yeux.

— Non, répondis-je, et je voudrais voir ce phénomène pour y croire.

— Rien n'est plus facile, ajouta M. Edmond Rush, et, mieux que cela, vous en mangerez de frits sur place, au bord du lac où on les pêche. Pour cela il faut pénétrer au milieu des *Mammoth Caves,* et je vais organiser pour demain une excursion dans cette merveille du monde, la plus extraordinaire qui existe, je le dis bien haut, sans crainte d'être taxé de forfanterie américaine. Voilà qui est convenu, n'est-ce pas? nous irons tous en famille; tous, y compris les domestiques pour nous servir. Je ferme ma maison, et j'emporte la clef dans ma poche. »

M. Rush passa le reste de la journée à veiller aux préparatifs de notre voyage ; car il y avait six lieues de la maison de campagne où nous nous trouvions jusqu'à l'entrée des gottes des Géants, et notre personnel, composé de dix personnes, y compris les deux domestiques, nécessitait l'emploi de trois véhicules.

Le lendemain matin à la pointe du jour, nous partîmes de *Rush-Bee-Hive,* la « ruche de M. Rush », jeu de mots américain sur le nom du propriétaire, et deux heures après, ayant traversé un pays accidenté, sillonné par une route des plus pittoresques tracée au pied des monts Cumberland, le long des cours sinueux du Green-River, nous parvînmes à l'orifice des *Mammoth Caves,* placé au centre d'une masse de rochers calcaires et dénudés.

Tout d'un coup, comme si le sifflet d'un machiniste eût fait changer le décor, ces rochers s'abaissent et forment une vallée couverte de chênes, de noyers et d'ormeaux que l'on dirait presque alignés et plantés par la main de l'homme. Là s'élève un hôtel splendide, meublé avec goût, tenu avec le plus grand soin, où le voyageur, à son arrivée et au retour de son excursion, trouve un confort très agréable.

L'orifice de ces grottes se montre béant à nos yeux à deux cents

pas de l'hôtel, vers l'extrémité d'un « gleen » ombragé par des pins et des mélèzes, auxquels s'entrelacent les vrilles de la vigne sauvage et des lianes flexibles. Nous trouvâmes en approchant des monceaux de cendres, et sur la droite, au détour d'une roche, un courant d'air frais nous annonça que l'ouverture était devant nous, sombre et silencieuse comme l'est l'antre de Delphes, maintenant qu'il ne rend plus d'oracles.

Un ruisseau coule sans bruit au pied des cent marches abruptes taillées dans le roc par la main de l'homme, et ses eaux disparaissent dans un abîme creusé par le grand architecte du monde.

Là commença pour nous tous cette série d'émotions qui devait durer pendant trois jours et les deux nuits que nous devions séjourner dans les grottes américaines. Les trois guides qui dirigeaient notre marche dans ce labyrinthe souterrain allumèrent des torches de résine, et les distribuèrent à la ronde. Le premier endroit où ils nous conduisirent fut la salle où, en 1823, les mineurs de salpêtre découvrirent le squelette d'un géant dont la taille avait dû être fort remarquable, alors qu'il était revêtu de chair et plein de vie; car ses os mesuraient huit pieds et demi de longueur. Longtemps ils demeurèrent exposés hors de leur tombe; mais les craintes superstitieuses de ces travailleurs engagèrent le chef de l'entreprise à faire enterrer profondément ces restes curieux, que le temps a maintenant réduits en poussière.

A quelques pas plus loin s'offrit à notre vue une porte vermoulue, quoique encore solide, qui, tournant sur ses gonds, laissa échapper un tel courant d'air, que nos torches s'éteignirent : c'était là, à vrai dire, la véritable ouverture de la grotte.

Nous suivîmes en entrant le vestibule étroit qui conduit à « l'avenue d'Audubon », murailles de pierres polies comme du marbre, sans fissure, sans autre ornement naturel qu'une corniche à longues baguettes superposées. C'était jadis un « champ de repos », et les naturels qui occupaient le pays avant la colonisation y ensevelissaient cette race de géants disparue de nos jours. « L'avenue d'Audubon » est longue d'un kilomètre et demi, et à son extrémité se trouve un puits, profond de vingt-cinq pieds, où sourd une eau limpide comme du cristal, et autour duquel s'élèvent des colonnes dont les volutes vont se perdre dans les ténèbres de la voûte; à droite se trouve la « chambre des Chauves-Souris », fausse appellation, car on n'en trouve pas dans les grottes.

En revenant sur nos pas, nous pénétrâmes dans la « Grande Galerie », vaste tunnel de seize mètres de largeur sur autant de hauteur, qui conduit aux « Kentucky Cliffs », ainsi nommés par leur ressemblance avec les montagnes perpendiculaires qui bordent la rivière Kentucky. Là, en descendant environ une vingtaine de marches, nous trouvâmes une vaste salle que sa forme et son architecture font ressembler à une église dans laquelle près de cinq mille personnes pourraient se réunir. Sur une des parois la nature a modelé une chaire où l'on parvient par une galerie latérale. Déjà ce lieu a été plusieurs fois témoin de cérémonies religieuses, et l'acoustique y est si extraordinaire, qu'un orateur parlant de sa voix naturelle produit autant d'effet que s'il criait à pleins poumons. Une torche plantée à la place de l'autel suffit pour éclairer cette église; car la flamme, en s'élançant, frappe de lumière les pointes diamantées des stalagmites et des stalactites, qui reproduisent cet éclat comme le font les facettes d'un miroir de Venise.

Quelques Américains excentriques ont donné des concerts dans cette enceinte, et l'on assure que jamais salle construite exprès pour la musique n'a réuni aussi bien que celle-ci toutes les conditions requises.

En sortant, de cette grotte, les guides nous montrèrent la plus

grande mine de salpêtre du monde entier, mine dont la richesse est inépuisable.

A quelques pas plus loin, « l'avenue Gothique », ainsi nommée par son aspect quelque peu ressemblant à l'architecture du moyen âge, frappa nos regards par sa distribution grandiose. Là, cinq ans auparavant, se trouvaient encore deux momies enveloppées de peaux de daim, tatouées et peintes en blanc. L'une d'elles, appartenant au sexe féminin, était d'une haute stature et de formes très correctes. L'examen des objets qui entouraient ces débris humains, tels que quatre paires de mocassins, deux sacs de grandeur différente, cinq ornements de tête faits avec des plumes d'une couleur éclatante, sept aiguilles à coudre en os, des sifflets et grand nombre d'ustensiles de ménage, prouvèrent à ceux qui découvrirent ces squelettes dans le sépulcre de forme carrée où ils étaient couchés, que tous les deux appartenaient à la race indienne. L'un fut transporté au muséum de Cincinnati, et disparut dans l'incendie qui détruisit cette collection; quant à l'autre, il se voit encore de nos jours au musée Britannique.

A quelques pas de « l'avenue Gothique », le guide nous montra une cloche suspendue, qui, frappée au moyen d'un bâton, produit un son argentin. Un vandale de Philadelphie s'était amusé, quelques mois auparavant, à briser cette curiosité, qui était peut-être unique dans son genre. On passa ensuite dans le lieu nommé le « Berceau de Louise », puis à « la Forge de Vulcain », et enfin dans la « chambre des Souvenirs », où chacun de nous, au moyen de la fumée de notre torche, traça son nom sur les parois de la voûte, étincelantes de blancheur.

Nous pénétrâmes, après avoir suivi un long corridor, dans la « salle des Stalagmites », un des monuments les plus remarquables de ces « grottes des Géants ». L'imagination ne peut se faire une idée des beautés que la nature a créées à cent mètres au-dessous du sol. Les facettes de diamants, les colliers de perles brillantes, les losanges d'émeraudes les plus finement taillées, toutes les merveilles de l'atelier d'un lapidaire ont été enchâssées dans la voûte, sur les parois et les sveltes colonnes de cette salle. On croirait, à l'aspect de ces stalactites alignées et d'une grandeur égale, se retrouver sous le toit de Notre-Dame, alors qu'elle sortit achevée des mains de son architecte.

Plus loin, les guides nous firent asseoir dans la « Chaise du diable », pilier massif au sommet duquel se dresse un fauteuil de pierre. Nous visitâmes après les « Redoutes de Napoléon », — la « Tête d'éléphant », — le trou profond appelé le « Saut des amoureux », — le « Pilier de cristal », — la « cave des Sels », et enfin le « Dôme d'Annetti », où l'on rencontre une admirable cascade dont les eaux se perdent dans un puits profond.

De la « Grande Galerie » nous pénétrâmes dans la « salle de Bal », vaste dôme de forme elliptique, au centre duquel s'élève une rotonde à colonnettes que la nature semble avoir destinée à contenir un orchestre. Le sol, lisse et horizontal, y est fort propice à la danse. La magie de ce lieu, les échos qui répètent chaque son, tout semble inviter au plaisir. A quelques pas plus loin, nous baignâmes nos pieds dans la « source des Willis », autour de laquelle les mineurs parquaient les bœufs dont ils se servent dans leurs labeurs, et qui vivaient là depuis six ans, forts et vigoureux, sans avoir jamais revu la lumière du jour depuis l'heure où on les avait introduits dans ce souterrain.

En continuant notre route sur la droite, nous trouvâmes le « mausolée du Géant », rocher monumental qui ressemble à un sarcophage, et dont les quatre coins sont crénelés comme une tourelle du moyen âge. Puis nous pénétrâmes dans le « Grand

Coude », tunnel arqué, orné de stalactites multiformes, qui, éclairé par les feux de Bengale dont s'était muni M. Rush, offrit à nos yeux le plus magique spectacle. A gauche se trouvent les « chambres des Malades », ainsi nommées de leurs propriétés curatives pour ceux qui sont attaqués de la consomption. Il y a là une cinquantaine de cellules toutes meublées, où les malades sont quelquefois réunis au nombre de quinze à vingt. Nous trouvâmes à cette époque des infirmiers et un médecin qui habitaient avec les patients, et leur prodiguaient les soins nécessaires.

A quelques mètres au delà de la dernière cellule, nous entrâmes dans la « chambre des Étoiles », enceinte immense offrant à l'œil un effet d'optique inimaginable. La voûte, fort élevée en cet endroit, semble constellée de tous les diamants du ciel, et lorsque la flamme de nos torches fit briller leurs facettes polies, nos paupières furent forcées de s'abaisser devant l'éclat de ces lueurs incandescentes.

Au milieu de cette salle, les Indiens avaient jadis exposé le corps d'un de leurs chefs, et l'on retrouve encore les longues perches au sommet desquelles le cercueil était alors placé.

Nous parcourûmes ensuite les passages à la voûte desquels des substances salines se balançaient en longs flocons et retombaient comme de la neige en poussière au moindre souffle, au plus léger mouvement. Nos habits étaient couverts de cette poussière blanche, au point que nous paraissions tous être enfarinés.

Au pied de la « Cataracte », grande nappe d'eau qui s'engouffre dans un entonnoir à l'orifice béant et terrifique, nous nous assîmes tous pour dîner. Ce lieu, consacré à cet usage, est vraiment très bien approprié à cette agape souterraine; tout semblait nous convier à ce repas, les bancs et la table que la nature a préparés, et la fatigue qui depuis le matin avait aiguisé notre appétit.

Du reste, les provisions apportées par notre hôte étaient exquises, et notre bande y fit grand honneur. Pendant ce repas, j'interrogeai de nouveau M. Edmond Rush au sujet des poissons aveugles.

« Patience, cher Monsieur, nous avons encore trente-six heures à passer dans ce souterrain avant d'arriver au lac où on les pêche. Mais vous ne perdrez rien pour attendre. »

Je me tins pour averti, et ne parlai plus, ce jour-là, des phénomènes ichtyologiques.

En poursuivant cette exploration, nous arrivâmes à la « chambre enchantée du Solitaire », sorte d'Alhambra mauresque où les stalagmites réunies aux stalactites assumaient des formes admirables de grâce et de délicatesse.

De là nous passâmes dans « le Temple », rotonde immense, bien plus large que la grotte célèbre d'Antiparos, et que quelques voyageurs enthousiastes trouvent d'un aspect bien plus grandiose que le dôme de Saint-Pierre de Rome, ou celui de la mosquée de Sainte-Sophie à Constantinople.

C'est là que les caravanes qui explorent les « grottes des Géants » font habituellement leur première halte pour passer la nuit : chacun s'enveloppe dans une couverture, et l'on s'endort bientôt d'un sommeil profond.

Le maître de « Rush-Bee-Hive » avait eu plus de précaution. D'ailleurs nous avions des dames qui se fussent très mal trouvées de coucher sur la dure, et, pour pourvoir à « leur confort », le mari et le père avaient fait charger sur les deux ânes quatre hamacs de fil d'aloès, que l'on appendit à des clous solidement fixés dans les parois de la grotte du « Temple ».

Rien n'est plus fatigant que ces excursions souterraines, et la bonne mistress Rush, quoique très bien portante, réclamait impé-

rieusement son lit. On s'occupa d'abord d'elle, puis de ses trois filles, et ensuite chacun songea à lui-même.

A l'exemple de mes camarades de voyage, je m'enveloppai dans une couverture de laine et m'étendis sur un amas de feuilles sèches, de l'espèce des fougères, qui formait un matelas très douillet. Je ne tardai pas à m'endormir, et ne me réveillai que le lendemain matin à six heures, lorsque les guides nous avertirent qu'il était temps de nous remettre en route.

Le café avait été préparé à l'avance, et dès que le « lunch » matinal eut été apprécié par nous tous, on reprit la marche.

Nous passâmes d'abord dans la grotte appelée la « Sébile », à cause de la forme de son sol, qui est creusé en rond et ressemble à un de ces augets de bois qui servent aux usages de la cuisine.

Puis nos pas se portèrent dans les « Salles désertes », dont le silence de mort n'est troublé que par le bruit des torrents qui roulent de tous les côtés leurs eaux avec fracas. A l'aide d'échelles solidement fixées nous montâmes dans une autre salle fort curieuse, appelée le « Dôme de Gorin », que les lueurs de la flamme de Bengale éclairèrent comme s'il était à ciel ouvert. C'est à l'extrémité de ce lieu enchanteur que l'on parvient au « Maëlstrom », gouffre dont la forme ressemble à celle d'un fer à cheval, et au milieu duquel s'avance un rocher en forme de cap. Le guide alluma des brindilles et des torches de papier qu'il jeta dans cet abîme, où nos yeux les perdirent bientôt au milieu de l'obscurité.

Un des guides nous raconta que six mois auparavant un jeune homme de Louisville résolut de descendre dans ce gouffre. Il fixa autour de son corps un câble enroulé autour d'un cabestan confié aux soins de deux amis, qui devaient obéir à différents signaux convenus à l'avance. Muni d'une lanterne, d'un briquet et d'allumettes soufrées, il se lança dans l'abîme sans se laisser émouvoir par les bruits terrifiants qui se faisaient autour de lui, bruits causés par les éboulements de terre et de roches.

Parvenu à une quarantaine de pieds de profondeur, le hardi touriste posa les pieds sur une sorte de plate-forme où aboutissaient quatre avenues percées dans les parois des rochers. A cent mètres au-dessous, un torrent se précipitait dans l'abîme avec un fracas infernal.

L'audacieux ne continua pas moins son exploration, et il descendit encore le long de la cataracte. Un moment sa lanterne vacilla et faillit s'éteindre, l'écume lui jaillit au visage; mais, sans céder au moindre sentiment de terreur, le jeune homme descendit encore et toucha le fond de cet abîme.

Devant lui se trouva une galerie circulaire de treize pieds de circonférence, où aboutissait un couloir exigu qui le conduisit dans une petite chambre dont le sol, formé d'un cailloutis très noir, était constellé de pierres aussi blanches que l'ivoire. Les eaux de la cataracte tombaient dans l'entonnoir de la première pièce, d'où elles s'échappaient par de nombreuses fissures naturelles. Où se rendaient-elles? Où s'engloutissaient-elles? C'est encore là le secret de Dieu.

Quelles que fussent les recherches du jeune Américain, il ne trouva pas d'autre issue, et quand il voulut remonter, il lui fallut répéter très longtemps ses signaux avant de se faire comprendre. Ses amis devinèrent enfin, et l'ascension rétrograde recommença.

Quand l'explorateur arriva à la hauteur de la première plate-forme, il s'y arrêta pour mieux l'examiner. Dans ce but, il détacha la corde de son corps pour pouvoir circuler librement; mais un faux pas lui fit lâcher à la fois le bout de la corde et la lanterne. Par bonheur cette dernière ne s'éteignit point; mais la corde, entraînée par sa pesanteur, avait repris sa perpendiculaire et flottait au-dessus de l'abîme.

Le jeune homme comprit le péril dans lequel il se trouvait, et, sans perdre la tête, il s'ingénia pour pouvoir ressaisir son câble, le fil d'Ariane de son exploration dangereuse. S'accrochant aux fissures des rochers à l'aide de ses mains, il parvint enfin à rattraper la corde à l'aide de son pied. Il était sauvé, et, pour ne pas tenter de nouveau la Providence, il attacha solidement sa corde à un rocher basaltique. Puis il s'aventura dans l'avenue composée d'immenses arcades de rochers au milieu desquels régnait un silence de mort. A une distance d'environ deux cents mètres, l'avenue était fermée par une muraille, ou plutôt par l'éboulement d'une roche lézardée et presque à jour; car il sentit un courant d'air violent à travers ces fissures. Les trois autres avenues n'avaient rien de plus curieux que la première.

L'explorateur de Louisville songea alors à remonter près de ses amis, qui l'attendaient avec une vive impatience brisée d'émotion, tandis que lui souriait et montrait un courage et un sang-froid sans pareils. Un des Achates du hardi visiteur s'évanouit en le revoyant sain et sauf près de lui.

Le guide qui nous avait fait ce récit ajouta que pendant l'ascension du jeune homme la corde avait pris feu, par suite du frottement contre le cabestan autour duquel elle s'enroulait, et que les amis de ce fou héroïque avaient eu toutes les peines du monde à éteindre l'étoupe enflammée.

La visite qu'avait accomplie le citoyen de Louisville n'a pas été depuis renouvelée, et, quelle que soit mon audace dans les aventures de tout genre, j'avoue très humblement que cette folie n'eût pas été de mon goût.

Un pont jeté sur cette crevasse nous conduisit au lieu appelé « avenue de Pontico », tunnel de quatre kilomètres de long, affectant dans son architecture la forme gothique aux ogives élancées, à l'extrémité de laquelle on trouve le « Buisson d'ananas », superbe stalagmite dont les contours offrent la forme de ce fruit estimé. Nous suivîmes ensuite les « zigzags », passages losangés, étroits et bifurqués, qui aboutissent à la « Halte du bandit ». On désigne par ce titre un rocher conique au sommet duquel le guide monte pour produire un effet théâtral. De là, au moyen de cordes à nœuds, à travers des fentes resserrées et presque impénétrables, nous parvînmes au sommet du « Dôme géant », où l'on prit le repas du soir et où l'on passa la seconde nuit.

Je glisse encore sur les incidents de cette soirée, qui ressembla en quelque sorte à celle de la veille, à cela près que mon ami Edmond Rush me promit, de la façon la plus solennelle, que le lendemain matin il me ferait déjeuner avec des goujons aveugles. Je m'endormis donc avec cette douce pensée, caressée plutôt par ma curiosité que par ma gourmandise.

Je ne me doutais pas, en me livrant au sommeil, que je me trouvais si près, — à une portée de fusil tout au plus, — d'un lac poissonneux placé à plus de trois cents mètres au-dessous de la surface du sol, et considéré à juste titre comme une des plus grandes curiosités du globe.

Quelques minutes après nous être mis en marche, nous nous trouvâmes sur le bord de la « mer Morte », vaste nappe liquide, laquelle ne paraît avoir aucun courant, mais dont les eaux doivent indubitablement s'écouler et se renouveler par des conduits inconnus. Une barque était là, amarrée au rivage. Quatre personnes de notre compagnie, — deux des demoiselles Rush, un des guides qui ramait et moi, — nous montâmes sur cet esquif, tenant des torches à la main pour notre plaisir comme pour celui des amis restés sur la rive de ce lac infernal. On eût dit, à nous voir, que la mythologie n'était point une fable. C'était Caron traversant le Styx avec trois ombres ayant versé dans ses mains le tarif obligatoire. Les lueurs des torches qui brûlaient sur les bords donnaient encore à ce tableau un aspect tout à fait satanique.

Il va sans dire qu'on avait apporté, pour la pêche promise, un filet carré formant poche dans le milieu, à l'aide duquel, à trois reprises différentes, nous réussîmes à pêcher, sans aucune difficulté, deux cents et quelques goujons en tout pareils au plus gros de nos rivières, avec cette seule différence bizarre que le Créateur les a privés d'yeux.

Je pris plusieurs de ces poissons, les uns après les autres, dans les mains, pour les mieux examiner, et je m'extasiai en contemplant cette excentricité de la nature, qui, peuplant un lac souterrain, avait jugé avec raison que l'organe de la vue était inutile aux êtres doués de nageoires qui devaient l'habiter. A part cela, les goujons de la « mer Morte » des *Mammoth Caves* étaient allongés, ténus, la tête

camuse, terminée par une bouche ornée de deux barbes de deux
centimètres de longueur.

Tandis que j'examinais cette curiosité d'histoire naturelle, nos
guides avaient allumé du feu et mis la poêle sur le charbon. Le beurre
grésillait, les poissons cuisaient, et lorsqu'on nous les servit tout fu-
mants sur la nappe étendue sur le sable, près de la rive, je pris un

vrai plaisir à goûter à ces goujons exceptionnels, dont le goût me
parut exquis et la chair très savoureuse.

Les goujons du *Dead Sea* ne se conservent pas : quelques heures
après avoir été pêchés ils sont gâtés, si on ne les a point employés. C'est là une autre particularité de cette espèce unique au
monde.

Il nous fallut partir dès que le déjeuner fut terminé; car il s'agissait de sortir des cavernes avant la fin du jour, afin de ne pas être
forcé de coucher encore sous ces rochers. Nous longeâmes alors un
courant rapide nommé la « rivière Écho », coulant sous une voûte
haute seulement de trois pieds, et qui, en cas d'orage subit, lorsque
les eaux s'élèvent au-dessus du niveau habituel, ont souvent forcé
ceux qui se trouvaient au delà à attendre patiemment l'écoulement

de leur crue subite. Depuis un an, on a découvert un passage supérieur que son exiguïté a fait nommer le « Purgatoire ». Une des plus grandes curiosités de la grotte des Géants est sans contredit la quantité de ces courants, qui n'ont aucune issue extérieure, et dont la source comme l'écoulement n'ont point encore été découverts.

Des passages appelés « El-Ghor », — « avenue Sillyman », — « galerie Wellington », nous parvînmes, au moyen d'une échelle de deux cent trente pieds, à « l'Élysée », à l'entrée duquel coule une source d'eaux sulfuriques, dont les parois sont couvertes de stalactites semblables à des pampres ornés de leurs grappes; ce qui a fait donner à ce lieu le nom de la « Vigne de Marie ».

Un peu plus loin nous visitâmes le « Saint-Sépulcre », imitation parfaite de la tombe du Christ en Judée. Là les stalactites ont pris, sur les côtés, la forme de longues draperies arrangées avec élégance, et au plafond l'aspect de lampes pareilles à celles que l'on voit suspendues dans la chapelle sainte.

Le « cabinet de l'antiquaire Cleveland » est, aux yeux de tous les visiteurs, la plus admirable merveille de cette grande merveille du Kentucky. Là mon imagination féconde me fit retrouver sans difficulté des panoplies, des tableaux, des bas-reliefs, des curiosités de toutes sortes, vrai musée pareil à celui que Pierre Revoil, mon père, fondateur et directeur de l'École de peinture de Lyon, avait autrefois assemblé à grands frais, et qu'il vendit, en 1829, au roi Charles X.

Dans la salle des « Boules de neige », dont le sol est couvert de stalagmites rondes et blanches comme l'albâtre, nous entrâmes dans la « cave des Montagnes rocheuses », ou d'énormes morceaux de granit superposés représentent le chaos, et à l'extrémité de laquelle nous passâmes dans la « salle Crogham », la plus extrême partie encore explorée de la grotte des Géants.

Là se terminait notre excursion. M. Rush, qui commandait nos guides, s'était entendu avec eux pour que nous revinssions sur nos pas par le plus court chemin; or, comme nous n'avions plus rien à visiter et que l'on pouvait suivre, à peu de chose près, une ligne droite au lieu de tourner et de retourner sur ses pas, il nous fallut seulement quatre heures pour rejoindre la première salle et repasser sous la voûte béante par laquelle nous avions pénétré dans les « grottes des Géants ».

La vue du soleil resplendissant nous réjouit tous au suprême degré. Nos yeux, d'abord éblouis, se firent bientôt à ce grand éclat de la lumière céleste, et si nul parmi nous ne regrettait le temps qu'il avait passé sous terre, je dois ajouter qu'aucun ne désirait recommencer le voyage. Nos guides seuls, — et pour cause, — eussent repris leur bâton de voyage et rebroussé chemin.

Une bonne nuit passée à « Mammoth Caves Hotel »; une charmante journée écoulée dans les environs, dont le paysage est des plus pittoresques, nous rendirent à tous, mesdames, MM. Rush et moi, notre gaieté quelque peu émoussée dans les ténèbres, et le soir, autour de la table, en sablant quelques bouteilles de pur moët, nous buvions à nos santés respectives et à la bonne chance que nous avions eue de sortir sains et saufs de cette vaste caverne.

J'ose espérer que mes lecteurs m'auront suivi sans ennui à la pêche dans ce souterrain naturel, qui n'a rien d'égal sur les deux hémisphères, grottes uniques dans leur genre, que la main des hommes n'a jamais souillées de son contact, et qui s'offrent aux yeux des touristes avec la pureté virginale d'une fleur à peine entr'ouverte aux fraîcheurs de la brise. Les *Mammoth Caves* contiennent deux cent vingt-six passages, quarante-sept chambres ou salles, huit chutes d'eau, trois lacs et vingt-deux rivières ou torrents.

J'ajouterai, comme complément à cette peinture fidèle, que la merveille du Kentucky ne contient ni reptiles ni animaux nuisibles, que l'air y est si pur, que la décomposition et la putréfaction des corps n'y ont jamais lieu, et enfin que le feu y est toujours aisément entretenu. La température de la grotte des Géants, hiver comme été, est de cinquante-neuf degrés Fahrenheit.

XVII

LES ALLIGATORS DE LA LOUISIANE ET DU TEXAS

L'Amérique septentrionale avec ses forêts impénétrables, ses fertiles prairies, ses lacs profonds, ses hautes montagnes, ses cataractes et ses grands fleuves, est certainement une des contrées les plus riches et les plus pittoresques du monde. Presque toutes ces merveilles de la nature sont aujourd'hui des lieux de pèlerinages scientifiques et artistiques. Elles sont d'ailleurs si nombreuses et si variées, qu'il est difficile de décider quelle est celle à laquelle on doit accorder le plus d'admiration. Quant à moi, je ne connais rien qui doive être comparé au Mississipi [1], et je crois que mes lecteurs partageront mon opinion quand ils se représenteront la prodigieuse fécondité que communique ce fleuve à la vallée qu'il arrose en l'immensité de son cours majestueux.

Presque tout le pays que traverse le Mississipi est un sol d'alluvion composé d'un terreau noirâtre et vierge qui, par la prodigieuse

---

[1] Le nom de *Mississipi* est une corruption de celui que les Indiens donnent à ce fleuve, et que l'on a poétiquement traduit par « le Père des eaux ». Nous pensons qu'une version littérale eût été meilleure et plus caractéristique. En général, les noms indiens sont éminemment *descriptifs*. Celui-ci vient de *missah* et de *sippah,* racines du dialecte de la nation de Choctaws, qui jadis occupa presque tout le littoral du fleuve, et dont il reste encore des tribus, au nord, dans l'Ohio, et au sud, dans les Florides. La réunion de ces deux mots signifie « vieux, gros, fort ».

végétation dont il se couvre, semble appeler la main du cultivateur. On y chercherait vainement une seule pierre, si ce n'était vers les sources. Ce sol d'alluvion forme sur les bords de faibles jetées qui suffisent à retenir les eaux, au moins pour quelque temps, car il n'est pas de fleuve plus capricieux que celui-ci. Il a un cours tellement sinueux, que la boussole d'une embarcation qui le descend se dirige successivement vers tous les points de l'habitacle ; et il change si souvent de lit, qu'à chaque voyage les plus habiles bateliers ont peine à reconnaître les rives.

Loin de suivre avec soumission les nombreux détours que la nature semble lui avoir imposés pour retarder l'impétuosité de ses eaux et l'empêcher de se précipiter vers la mer sans avoir accompli sa mission de fertilisation, il lutte avec une énergie toujours croissante contre les faibles digues qu'il s'est lui-même formées, les renverse souvent et se coupe, à travers la plaine, un nouveau chemin où il doit rencontrer des obstacles nouveaux et quelquefois capables de le faire refluer vers un autre point de son ancien lit. Ces nouvelles directions s'appellent dans le pays des « traverses ». Il arrive par là que des terrains considérables sont entraînés et détruits, que d'autres, situés jadis près du fleuve, en sont aujourd'hui distants de plusieurs lieues, et que tel village qui se trouve sur la rive droite était naguère sur la rive gauche. Ces terrains, qui passent ainsi d'un bord à l'autre, se nomment « des rognures ».

Le courant, en faisant ces « traverses », emporte à la surface de ses eaux des monceaux d'arbres immenses, débris des forêts primitives, qui dansent sur les vagues comme autant de brins de paille, jusqu'à ce qu'une pointe de terre les arrête. Ils s'y agglomèrent pour y pourrir à loisir, et couvrent ainsi quelquefois une étendue de plusieurs milles. On voit les branches noires et colossales s'élever au-dessus des eaux comme d'énormes serpents à l'agonie ; cela forme une scène de désolation difficile à décrire. Ces masses d'arbres flottants et entrelacés ont reçu le nom de « radeaux ».

D'autres arbres s'accrochent au fond de la rivière par les racines ou par les branches et conservent pourtant assez de liberté pour obéir alternativement à la force du courant, qui tend sans cesse à les coucher au fond, et aux lois de la pesanteur spécifique, qui tend à les maintenir à moitié hors de l'eau dans une position perpendiculaire. Il en résulte un mouvement de va-et-vient aussi curieux que redoutable ; l'arbre (et ce sont des arbres de quatre-vingts à cent pieds de haut), après avoir été abaissé jusque sous la surface, se relève lentement de manière à se trouver presque droit, puis incline de nouveau sa tête chauve avec une grâce qui ne messiérait pas à un courtisan du vieux monde.

Les bateliers ont donné à ces arbres terribles le nom pittoresque de « scieurs de long ». De grosses barques passent quelquefois sur les « scieurs » en descendant le fleuve, et les retiennent sous l'eau jusqu'à ce que le courant et le vent les aient mises à l'abri de tout danger ; mais si, en remontant, quelque enfant du génie de Fulton se laisse saluer de trop près par l'exquise politesse d'un « scieur de long », il sera trop heureux d'en être quitte pour une avarie grave, un mât fracassé ou une roue brisée, tandis que le « scieur » se relève, secoue l'eau de sa tête branchue, et se replonge gaiement comme s'il se réjouissait d'avoir ainsi manifesté sa puissance.

Il y a encore des arbres qui se fixent solidement au fond, et dont les troncs allongés, dépourvus de branches, offrent à la navigation un des plus dangereux obstacles. Un rocher taillé en pointe et placé là à dessein ne serait pas un plus formidable écueil que ces « chicots ». Qu'un fort vaisseau mette ses bossoirs en contact avec un « chicot », il aura infailliblement les flancs déchirés comme s'ils étaient de papier ; on le verra alors frissonner comme un être animé qu'on frapperait au cœur, puis s'enfoncer.

L'étendue du Mississipi dépasse toute croyance. Prenant sa source dans un pays couvert de neiges éternelles, il peut porter le voyageur jusqu'aux contrées où la chaleur est accablante. Il passe donc par presque tous les climats. En outre, il reçoit dans son sein les tributs de quatre grandes rivières, l'Arkansas, le Red, l'Ohio et le Missouri, dont les longueurs, réunies à celles de nombreux affluents, forment plus de trois mille lieues. Toutes ces énormes masses d'eau sont comme englouties dans le golfe du Mexique, en passant à travers les douze canaux qui lui servent d'embouchures, et dont trois peuvent donner passage à des vaisseaux de guerre du plus grand tonnage.

Je descendais un matin le fleuve Mississipi, de Natchez à Bâton-Rouge, à bord de l'une de ces maisons flottantes que l'on appelle *steamboats*. Nous longions le rivage du côté de la rivière Rouge, lorsque mes yeux, qui suivaient les méandres du fleuve, tombèrent sur le premier alligator que j'eusse jamais vu. L'animal, fort propre, contre l'habitude de ses pareils, courait sur un banc de sable, au soleil, comme pour faire sécher sur ses écailles rugueuses l'eau mêlée à la boue du fleuve.

Je poussai un cri de surprise qui réveilla de son apathie un homme étendu sur un des bancs cloués le long du bastingage du bateau à vapeur.

« Qu'est-ce donc? fit-il.

— Un crocodile! répondis-je.

— Non, c'est un alligator. — Bah! la belle affaire; mais dans toutes les flaques d'eau, lagunes ou bayous qui croupissent aux environs de la Nouvelle-Orléans, comme aussi sur les bords de la rivière Rouge ou du fleuve Arkansas, vous verrez des alligators en bandes, accroupis sur l'échine de quelque « chicot » flottant à la

surface des eaux, qui chauffent leurs écailles fangeuses aux rayons du soleil. »

J'écoutais de mes deux oreilles mon interlocuteur, qui continua ainsi son discours :

« Ici l'on aperçoit de jeunes caïmans cramponnés sur le dos de leurs mères, d'autres qui se battent entre eux, poussant des beuglements que l'on pourrait comparer à ceux d'un troupeau de bœufs. Le fleuve Red et la rivière des Arkansas ont été pendant longtemps peuplés de myriades d'alligators. Sur les bords de ces deux courants, ils étaient si nombreux qu'ils couvraient le sol; mais depuis que la navigation y est établie, depuis que les bateaux à vapeur effrayent même les poissons et les oiseaux par leur bruit insolite, le nombre de ces animaux est prodigieusement diminué. Il y a en outre une cause qui a hâté, aussi bien que la civilisation, la disparition des alligators; c'est la mode américaine, qui existait il y a peu de temps encore, de ne porter que des chaussures de cuir d'alligator et de ne faire des selles qu'avec la dépouille de cet ovipare. Cette branche de commerce occupait, il y a cinquante ans, plus de trois mille personnes. Bientôt on s'est aperçu que la peau de l'alligator était bien plus pénétrable à la pluie et à l'humidité que celle du bœuf et du cheval, et la chasse a cessé. Le seul mérite de ces cuirs était leur souplesse et la facilité qu'avait le corroyeur à les gaufrer et à les couvrir de figures ineffaçables. Avec les procédés actuels, tous les cuirs sont devenus propres à cet usage.

— Vous me paraissez très au fait de tout ce qui a rapport aux alligators, dis-je à mon Américain, et je suis persuadé que vous avez fait une étude spéciale de leurs mœurs. Vous êtes chasseur, sans doute ?

— Oui, me répondit-il, et j'ai passé des journées entières à étudier la vie de ces horribles reptiles. Je me plaisais à voir les alligators se reposer ou sur des troncs d'arbres au milieu de bayous, ou sur les berges d'une lagune ou d'une rivière. Souvent aussi, à l'époque où les femelles font leur nid, je me suis surpris à demeurer accroupi sur une berge, caché sous le feuillage touffu d'un raisinier, dans le but d'examiner les moyens employés par ces reptiles pour déposer en sûreté les fruits de leurs amours. Les nids des alligators se trouvent habituellement sur les bords de l'eau, au milieu des roseaux ou des ronces. Figurez-vous un amas de branches et de feuillage superposés et façonnés en forme de navette. La femelle pond dans ce trou fangeux de cinquante à soixante œufs gros comme ceux d'une dinde, qu'elle a soin de recouvrir des mêmes matériaux. Seulement au-dessus de ce nid elle apporte de la terre, qu'elle pétrit, et au moyen de laquelle elle forme un cône si solide, qu'on peut le piétiner sans parvenir à l'écraser. L'incubation dure de trente à quarante jours, pendant lesquels la femelle ne quitte son nid que pour aller chercher sa nourriture. A cette époque, il est très dangereux de se trouver sur son passage. Les œufs d'alligator éclosent tous à la fois le même jour, et à peine les jeunes caïmans, vifs et sémillants comme des lézards, sont-ils sortis de leur coquille, nettoyés et lustrés par leur mère, qui les lèche avec sa langue râpeuse, qu'elle les mène dans les mares les plus éloignées de l'œil de l'homme; mais là pourtant, malgré la vigilance maternelle, ils deviennent la proie d'oiseaux pêcheurs de toutes sortes.

— Voilà vraiment des détails fort intéressants, dis-je à mon narrateur. Mais de quoi se nourrit un alligator? de poisson ou de chair? Est-ce le jour ou la nuit qu'il se met en chasse?

— Les alligators ne rôdent que la nuit pour chercher leurs aliments, qui consistent généralement en tortues, grenouilles, oiseaux et jeunes cochons-pécaris égarés ou surpris au moment où ils viennent s'abreuver dans les eaux où vit l'alligator. J'ai maintes fois remarqué que les allures de cet amphibie sont assez vives dans un courant profond; mais une fois à terre ses courtes jambes, pareilles à celles d'un chien basset, se refusent à soutenir sa longue queue et la masse de son corps. Il se traîne, il rampe plutôt qu'il ne marche, et sa queue trace dans la vase un long sillon qui ressemble à celui de la charrue dans un guéret. L'alligator, dans son élément, au milieu d'un fleuve ou d'un lac, ne craint pas la poursuite du chasseur. Au besoin, il plonge et nage entre deux eaux, de manière à échapper à la mort qui le menace. Mais dès qu'il est sorti sur le rivage, à quelque distance des bords, aussitôt qu'un bruit inaccoutumé se fait entendre, ou qu'un être qui lui est inconnu, homme ou animal, dirige ses pas de son côté, loin de chercher à se défendre et à attaquer, il se blottit et reste aplati sur le sol, ne perdant pas de vue l'objet de sa crainte, mais conservant la plus grande immobilité. Si l'ennemi s'approche, alors il paraît reprendre un certain courage, il s'enfle comme la grenouille de votre bon la Fontaine, souffle et fait sortir de sa gueule des sons pareils à ceux d'un ibis brun ou d'un soufflet de forge. A le voir ainsi, long de cinq à six pieds, découvrir une double mâchoire hérissée de dents aiguës, j'ai souvent frissonné de tout mon corps, j'ai maintes fois hésité à livrer combat; mais peu à peu je me rassurais, car je savais que pour vaincre je n'avais qu'à éviter les atteintes de la queue de l'alligator, dont un seul coup eût suffi pour me briser les jambes. Cet appendice est à la fois sa défense et son attaque. Les nègres sont les seuls, ajouta mon chasseur d'alligators, qui aient à craindre la dent de ces animaux [1]. Je ne sais à quoi cela tient, si c'est à l'odeur musquée de la race de Cham ou à toute autre cause inexplicable et inexpliquée, mais la chair d'un homme de couleur est toujours préférée par l'animal amphibie. J'ai souvent été témoin des frayeurs éprouvées par les esclaves de la Louisiane, du Missouri, de la Floride, de l'Arkansas et autres États, dans les eaux desquels vivent les alligators, lorsqu'ils se trouvent en présence de leur ennemi. Il en est peu qui montrent du courage; aussi il n'est sorte d'embûches qu'ils ne tendent, de pièges qu'ils ne dressent pour s'emparer de ces animaux et les détruire. L'engin le plus souvent mis en usage est une sorte de grappin fabriqué au moyen de quatre morceaux de bois branchus, auxquels le chasseur nègre fixe une corde longue d'environ trente mètres, dont l'autre extrémité est attachée à un arbre du rivage. Un hameçon en fer est fixé entre les branches de la machine, et ils l'amorcent avec un morceau de viande de pécari. Le tout est suspendu à un pied de hauteur au-dessus de la surface de la lagune ou du fleuve. Une fois cet engin préparé, le nègre prend soit une planche de sapin, soit une écaille de tortue, soit encore une assiette de faïence, et au moyen d'un marteau de bois il frappe en cadence. Bientôt l'on aperçoit la tête de l'alligator sortir de l'eau. Il s'avance graduellement vers la proie qui l'attire, l'examine avec une sorte de défiance; mais peu à peu devenant plus hardi, ou plutôt se laissant emporter par sa gloutonnerie, il se précipite sur l'appât, tire avec force et se trouve pris. »

Ce récit, plein de charme pour un chasseur aussi enthousiaste et aussi intrépide que moi, avait excité mon imagination. Je causai longtemps avec le *trapper* américain que le hasard m'avait fait rencontrer, et avant de rentrer à Bâton-Rouge il était convenu que nous passerions ensemble une semaine à parcourir les environs de cette ville. Dès le lendemain nous avions fait, M. Salters — c'était

---

1 L'alligator n'est redoutable pour l'homme blanc qu'au printemps. Les mâles se livrent alors entre eux des combats terribles, et leur audace envers l'homme s'accroît en raison du paroxysme de leur passion. C'est aussi l'époque où la proie est plus rare, les animaux et les oiseaux moins nombreux dans la partie sud des États-Unis, et alors, de même que la faim fait sortir le loup du bois, de même l'appétit de l'alligator le fait sortir de... ses habitudes.

le nom du chasseur — et moi, nos préparatifs de départ, et le soir même nous étions en route. Le soleil allait disparaître à l'horizon, à la fin d'une magnifique journée d'automne : les rayons doraient les eaux fangeuses d'un bayou voisin du Mississipi, au milieu duquel se jouait un banc de poissons de toutes grosseurs. Ce bayou, entouré d'une verdure luxuriante, paraissait promettre à mon compagnon de chasse et à moi un *sport* animé. De tous côtés, nos chiens faisaient partir des poules d'eau, des canards, des oies sauvages qui tombaient sous nos coups de fusil répétés. Soudain un de nos chiens se mit à hurler, et, serrant la queue entre les jambes, il recula lentement en regardant à quelques pas devant lui. Son maître m'appela, et avec le canon de son fusil il me montra, accroupi dans la boue, un alligator énorme dont les yeux glauques suivaient tous nos mouvements. A l'instant, et sans nous consulter, nous déchargeâmes tous deux sur l'animal nos quatre coups de fusil. Il était mort, et lorsque nous eûmes amené sur la berge ce gibier d'un nouveau genre, oubliant canards, oies et autre menu fretin, je restai en extase devant cet amphibie, dont la gueule béante laissait échapper une bave visqueuse, fortement imprégnée d'une odeur de musc. Un nègre qui nous servait de porte-carnier chargea l'animal sur ses épaules, et le transporta jusqu'à notre canot.

Je vois encore sous mes yeux, comme si j'y étais, cette scène fantastique, et le monstre ballottant sur le dos du noir, qui ne paraissait pas être fort à son aise, quoique l'alligator ne fût plus dangereux pour lui. A cette heure, l'ovipare empaillé est encore suspendu au plafond de la sucrerie d'un riche planteur du Mississipi, à qui mon camarade et moi nous en avons fait don.

Le lendemain, au moment où nous longions, M. Salters et moi, une des lagunes de la rivière Red, vers laquelle nous avions dirigé notre excursion, nous fûmes témoins d'un combat à outrance entre un alligator femelle et un aigle de la grosse espèce, qui offrait à nos yeux de chasseurs le plus admirable tableau. Barye ou Mène, ces sculpteurs célèbres, eussent trouvé là pour s'inspirer un modèle sans pareil. Qu'on se figure le caïman entouré de ses petits, au-dessus duquel un aigle colossal, long d'environ quatorze pieds de la penne extrême d'une aile à l'autre, déployait la vaste envergure de ses ailes. Les serres ouvertes, le bec acéré, le roi des oiseaux planait au-dessus de son ennemi, dont la gueule béante attendait, pour se refermer, qu'elle eût pu saisir une portion quelconque de l'oiseau. Un crépitement fébrile se faisait entendre, produit par le

mouvement des ailes de l'aigle et par le sifflement de la langue de
l'alligator. L'oiseau et le reptile s'observaient des yeux, l'un prêt
à fondre sur l'autre. Le reptile jetait du feu par les yeux, et les
petits caïmans, ignorant le danger réel, mais effrayés par le bruit
qui se faisait autour d'eux, se rangeaient sous le ventre de la mère

et laissaient à peine passer l'extrémité de leur tête à la surface de
l'eau. J'étais à quarante pas de ce groupe avec mon ami, armé comme
lui d'un fusil à double canon. L'instant était solennel, l'occasion
unique. Aucun de nous n'osait remuer les lèvres; mais nous nous
entendions des yeux.

Tout à coup ce drame à la fois aquatique et aérien fut terminé
par une double explosion. L'aigle était frappé à l'aileron, et, se
relevant avec peine, il allait tomber à une petite distance du
rivage, où bientôt mon camarade et moi nous mettions fin à son

agonie, tandis que l'alligator, délivré de cette poursuite, s'éloignait avec sa progéniture dans les méandres hérissés de joncs du marécage.

Depuis cette excursion avec M. Salters, il m'est souvent arrivé de me promener sur les bords des bayous de la Louisiane et d'y rencontrer des alligators par centaines, sans avoir souvent d'autre arme qu'un bâton [1], et si par hasard je portais un fusil avec moi et que, par désœuvrement, je fisse feu sur un de ces animaux, tous les autres plongeaient à l'instant, pour reparaître à quelques minutes d'intervalle aussi peu effrayés qu'avant l'explosion.

Les nègres des États du Sud de l'Union américaine, race très facétieuse en général, s'amusent souvent à enfler des vessies de cochon, et à les jeter ainsi au milieu d'un bayou peuplé d'alligators. Rien n'est plus amusant que les efforts et les tentatives infructueuses de ces monstres aquatiques pour saisir le corps léger qui fuit devant eux et paraît éviter tout contact. On les voit se livrer à une lutte d'adresse et d'agilité qui est maintes fois prolongée, et finit par lasser leur voracité.

Au lieu de vessies, on jette quelquefois des bouteilles bien bouchées qui surnagent, et qui, saisies par l'alligator et broyées entre ses formidables mâchoires, déchirent sa gueule de telle sorte, que l'eau est teinte de son sang.

J'ai vu des nègres s'emparer des caïmans au *lazo,* de la même manière qu'un taureau ou qu'un cheval sauvage. On m'avait raconté qu'au moyen de la pile électrique on faisait souvent sauter comme une mine des alligators déjà pris par un hameçon accroché à l'extrémité d'un fil de fer, et terminé par un appât muni dans l'intérieur d'une machine infernale autour de laquelle le fil de fer conducteur était enroulé. Je n'avais point vu cette explosion fantastique; mais j'étais persuadé de la véracité du récit, car j'ajoutais une foi pleine et entière au chasseur qui m'avait narré le fait. Je résolus d'en faire l'essai, et je me passai un jour cette fantaisie, comme on le verra tout à l'heure.

La nombreuse fabrication des machines mues par la vapeur a,

---

1 Audubon assure qu'à coups de bâton on peut assommer un alligator. J'avoue en toute humilité que je n'ai jamais osé essayer un duel de ce genre. Les bouviers et les muletiers américains se hasardent quelquefois, afin de raccourcir la route qu'ils ont à parcourir, à traverser, avec les troupeaux qu'ils conduisent, les lagunes et les rivières où vivent les alligators. Rarement, pour protéger leur bétail et eux-mêmes, sont-ils obligés d'avoir recours à un coup de carabine : un long bâton leur suffit si l'animal glouton ose mordre un bœuf ou un cheval, et le bétail, malgré son effroi, se tire toujours fort bien du danger. Il y a peu d'exceptions à cette règle générale.

depuis quelques années, ravivé l'ardeur du chasseur américain pour la chasse aux alligators. On a découvert que la graisse huileuse de ce reptile est préférable à l'huile de baleine pour graisser les rouages, et je pourrais citer à New-York, comme dans plusieurs grandes villes des États-Unis, plusieurs maisons de commerce qui ont ajouté à la nomenclature des huiles vendues dans leur magasin celle appelée par eux *alligator's oil*.

Pendant la saison torride de l'été, lorsque les lagunes et les bayous sont desséchés, les alligators se réfugient dans les rivières, et souvent les pêcheurs qui relèvent leurs filets le matin trouvent, au lieu d'un poisson, un caïman pris dans les mailles.

Dès que la froide saison se fait ressentir, les alligators abandonnent les eaux, et, comme les marmottes, se blottissent sous une racine d'arbre, dans un trou profond. Souvent encore ils s'enterrent dans la vase, où ils se laissent aller à une torpeur ressemblant fort à une inanimation complète.

Les nègres employés pour la chasse aux alligators élèvent une *log cabin* dans les parages les plus giboyeux, et souvent dans sa journée un seul d'entre eux peut tuer à coups de hache une douzaine de caïmans. On les dépèce sur-le-champ, et, les faisant bouillir dans une grande cuve pleine d'eau, on extrait ainsi toute l'huile que contient leur chair.

Un célèbre voyageur anglais, Waterton, raconte, dans un ouvrage peu connu du public, la manière dont il s'empara d'un alligator qui avait été pris à l'hameçon par des nègres.

Ces pauvres noirs n'osaient pas approcher, et proposaient de terminer l'agonie de l'animal en lui envoyant une grêle de flèches ou quelques balles; mais le but du chasseur naturaliste était de s'emparer de son sujet sans trop l'endommager. Il songea à lui enfoncer dans la gueule le mât de son canot en guise de baïonnette.

En conséquence, il ordonna à ses nègres de tirer le monstre à la surface de l'eau. C'était une bête énorme, dont les mâchoires, crépitant l'une sur l'autre, paraissaient offrir un assez grand danger. Sans écouter ces justes craintes, M. Waterton donna de nouveau l'ordre de tirer l'alligator sur le rivage, et voici comment il raconte lui-même la fin de cette aventure.

« L'alligator se trouvait à cinq mètres de moi; je vis aisément qu'il n'était pas fort à son aise, et, sans plus faire de façon, je jetai le mât que j'avais à la main et je sautai sur le dos de l'animal. Je glissai d'abord sur ses écailles humides; mais je parvins bientôt à me placer dans une position assez confortable. Saisissant alors ses pieds de devant, je les ramenai sur le dos et m'en servis comme d'une bride.

« L'énorme caïman, revenu peu à peu de sa stupéfaction, et comprenant que ma compagnie n'était pas tout à fait celle d'un ami, se démenait comme un beau diable, faisant voler le sable avec sa queue. Heureusement, placé comme je l'étais près de la tête, je me trouvais hors de son atteinte; mais j'éprouvais une extrême difficulté à me maintenir en équilibre. C'était vraiment un spectacle extraordinaire pour les spectateurs désintéressés. Mes nègres hurlaient de joie, et, n'ayant jamais vu pareil trait d'audace, ils manifestaient ainsi leur étonnement. Je leur commandai alors de tirer encore davantage l'alligator sur le sable; car je craignais, au cas où la corde viendait à se rompre, de tomber dans l'eau avec ma monture. Là eût été le vrai danger; car je n'étais point, comme Arion, monté sur un dauphin :

Delphini insidens vada cærula sulcat Arion.

« On nous tira donc à environ vingt pas de l'eau, et là je mis fin à l'agonie de mon alligator. C'est la première et la dernière fois que je suis monté à cheval sur un caïman. »

Jamais, je dois le dire, je n'ai été témoin d'une scène aussi émouvante pendant mon séjour aux États-Unis; mais j'ai souvent entendu raconter à des *trappers* émérites qu'ils avaient assisté à des actes d'audace semblables à celui de Waterton, ce qui fait que je ne me permets point d'appeler cette anecdote une gasconnade.

Sur les côtes du Texas, aux environs du lac Sabine et de la Pass, vastes marécages salins de cette partie de l'Amérique du Nord, et non loin de cette partie de la Louisiane que l'on nomme la *Prairie tremblante* [1], les alligators abondent, et leur taille compte parmi les plus

---

[1] La Prairie tremblante, qui occupe un espace considérable de la Louisiane sur les limites du Texas, a, si nous devons nous en rapporter aux théories de la science, une origine semblable à celle des jets d'eau artésiens. Ce que l'eau fait dans un cas, la terre le fait dans l'autre. L'eau se précipite des profondeurs du puits artésien, et jaillit sous la pression des strates par lesquelles elle était comprimée. Les parcelles terreuses qui constituent la Prairie tremblante montent par l'action de la dynamique géologique à la surface des lacs ou étangs. On sait combien est dangereuse cette prairie, couverte d'une végétation perfide. Cependant elle pourrait être conquise à la culture. On trouve à environ vingt milles au-dessous de la Nouvelle-Orléans, sur la même rive que la ville, une prairie tremblante aussi vaste que l'État du Delaware, et s'étendant, à l'est du fleuve, jusqu'à la baie du Chandelier, au lac Borne et au détroit du Mississipi.

Sur un parcours de quatre-vingts milles, le Mississipi coule à quelques centaines de pas de cette prairie, emportant au golfe du Mexique le dépôt sédimentaire qui consoliderait le sol mouvant. La nature a déjà tracé des canaux qui coupent la prairie, et circulent entre des

démesurées du monde entier. Dans quelque direction que l'on jette les yeux, on aperçoit ces reptiles immondes se chauffant au soleil, sur la vase, au milieu des touffes de jonc, s'ébattant, hurlant, et paraissant là comme chez eux, tout à fait *at home*.

Depuis un grand nombre d'années, une compagnie de chasseurs fait la guerre à ces reptiles, dont les peaux et le musc se vendent à de très bons prix; car la dépouille de l'alligator se tanne et devient

rives formées par des forces mystérieuses. Il faudrait peu de chose pour compléter l'œuvre ébauchée par la nature : creuser un système de *colmates,* aqueducs qui introduiraient dans la prairie tremblante l'eau troublée du fleuve et y apporteraient la matière sédimentaire; ne point brûler, comme c'est l'usage, les végétations qui croissent sur la prairie. Avec cette double condition, on obtiendrait bientôt un sol ferme et fécond.

La prairie dont nous venons d'indiquer les limites a reçu le nom de « Louisiane malaise », en raison de ses habitants. Ce sont des coolies de la race malaise, échappés jadis de la Jamaïque et des Indes occidentales. Ils ont trouvé la paix, sinon la sécurité, dans ces dangereux marais dont ils occupent les intersections solides, et où ils vivent de gibier et de poisson. Ils demeurent dans des espèces de tentes de feuilles de latanier construites en forme d'éventail. On voit çà et là quelques bouquets d'arbres, groupant les particules terreuses autour de leurs racines et attestant la possibilité de substituer des champs cultivables à ces fondrières. Un voyageur audacieux a découvert dans ces régions un tertre indien chargé de chênes verts, et dominant comme une île la plaine humide et fangeuse. Sous un de ces chênes, déraciné par le vent, il a reconnu un atelier de poterie indienne, vestige d'un autre âge. Si le sol était plus rare, cette vaste prairie qui constitue la « Louisiane malaise » ne tremblerait plus; elle serait consolidée sous les pas de l'homme, et se revêtirait chaque année de splendides moissons.

un cuir imperméable, et les glandes qui sécrètent la liqueur empestée se vendent jusqu'à cinq dollars la livre aux pharmaciens de Galveston. On se sert de ce musc comme de celui de la civette et autres animaux possesseurs de cette odeur infecte, — à mon goût du moins, — pour parfumer, je dirai pour empester les sachets, les pastilles du sérail et autres articles fort en vogue parmi les *Marcos* du nouveau et de l'ancien monde. Ce qu'il y a de certain, c'est que pour ceux qui, comme moi, se sont trouvés sur le passage de l'alligator vivant ou tué de leurs mains, soit avec un fusil, soit à coups de hache, l'odeur musquée est aussi nauséabonde que celle de l'assa fœtida.

Je me trouvai certain jour vers les parages de la Pass, sur le bord de la mer, dans une taverne, attendant le passage du bateau à vapeur qui retournait à la Nouvelle-Orléans, et je fis la connaissance d'un chasseur du nom d'Allen, résidant d'ordinaire sur les bords de la rivière Angolina, mais qui venait régulièrement chaque année, à dater du mois de novembre jusqu'à celui d'avril, consacrer son temps à la destruction productive des alligators.

Ce Nemrod texien avait pour compagnon un certain métis nommé Jim, qui appartenait à la race des Indiens Bolaxis, et deux heures de chasse suffisaient au maître et à l'engagé pour occuper leurs loisirs. Pendant tout le reste de la journée, ils écorchaient leurs victimes, ou bien faisaient sécher leurs sacs à musc au soleil.

Jim était bien plus habile chasseur que son patron; car, pour faire passer de vie à trépas un de ces monstres, il n'avait besoin que d'un *lazo* et d'un *bowie-knife,* tandis qu'Allen recourait tout simplement à son fusil rayé ou à sa carabine à deux coups, et, pour arriver à ses fins, il lui fallait souvent user plusieurs dés de poudre et pas mal de lingots de plomb.

Jim, lui, n'avait pas besoin de tant de façons, et il s'y prenait de la manière suivante pour atteindre sa victime. Apercevait-il sur la berge d'une lagune un alligator au repos, il rampait cauteleusement jusqu'à lui, le lazo en main; puis, après avoir bouclé le reptile, il le maintenait avec l'aide d'Allen en se tenant toujours à une bonne distance. Tout à coup, sans prêter la moindre attention aux menaces de la bête, qui faisait claquer ses mâchoires et balayait le sol de sa queue, il s'élançait et plongeait sa lame dans la carapace de l'alligator, qui se débattait pourtant encore un peu, mais finissait bientôt par retomber inerte sur le sol rougi par son sang. Il ne restait plus, après cela, qu'à procéder à l'écorchement, et Jim s'acquittait à merveille de cette besogne.

Le mauvais temps me retint quelques jours de plus que je ne le voulais à la taverne de la Pass, et comme j'avais emporté dans mon bagage un fusil et des munitions, je m'amusais à chasser le cerf et les sauvagines des marais, qui grouillaient dans les lagunes comme des poulets dans la basse-cour d'une ferme de l'Alabama.

Un matin, à mon retour de la chasse, je rencontrai Allen et son engagé occupés, sur le rebord d'un fossé, à débarrasser de sa cotte de mailles un alligator qui ne mesurait pas moins de dix-huit pieds de longueur, du museau à la pointe de la queue. Je m'arrêtai pour surveiller l'œuvre des écorcheurs, qui m'offrirent, avec toute la bonhomie américaine, l'hospitalité de leur cabane, et m'engagèrent même à partager avec eux leur simple déjeuner. Il va sans dire qu'en chasseur affamé j'acceptai, et que, tout en savourant une tranche de venaison et en dégustant une tasse de café, je questionnai mes deux hommes sur les différentes opérations de leur industrie. Je terminai même mon *speech* insidieux en leur demandant si l'amphibie qu'ils venaient d'écorcher n'était pas un des plus monstrueux qu'ils eussent jamais rencontrés.

« Oui et non. Dans toute autre lagune que celle de la Pass, nous pourrions appeler un alligator pareil à celui que Jim a tué ce matin le géant du bayou; mais ici c'est bien autre chose, et le reptile dont les restes sont là-bas et la peau dans notre magasin est simplement un crapaud, une vraie grenouille, comparé à ceux qui s'ébaudissent sous les nénuphars et les sagittaires des grands marécages. Oh! ces alligators fantastiques ne viennent ici que par accident, lorsqu'ils poursuivent un gros poisson ou veulent se refaire le palais dans l'eau salée. Ils habitent généralement les marais d'eau douce ou saumâtre. Pour rencontrer les alligators dont je parle, il faudrait aller dans le bayou où Jim et moi nous avons pêché il y aura un an à la Noël prochaine. N'est-il pas vrai, Jim? fit Allen, comme pour forcer le moricaud à affirmer par un mot, sinon par un geste, ce qu'il venait de me raconter.

— *Yes! yes!* répondit l'engagé.

— Et où se trouvent ces marais? demandai-je, pour pousser mon vieux chasseur jusque dans ses derniers retranchements; car on m'avait assuré qu'il était fort hâbleur, pour ne pas dire menteur, quand il consentait à raconter ses chasses. Sont-ils éloignés de votre cabane?

— Non, pas très loin, reprit-il, surtout si l'on pouvait s'y rendre directement et à pied sec. Ils se trouvent là-bas, fit-il en désignant le nord-ouest, à dix milles plus haut, tout droit, comme si une abeille volait sans s'arrêter. Du reste, si vous n'êtes pas pressé, je puis vous raconter ce qui nous est arrivé, à Jim et à moi.

— Mais, je vous en prie, cher monsieur Allen, j'aurai grand plaisir à vous écouter.

— Bien. Dans ce cas, mon bon Jim, rallume le feu, place dessus la marmite avec le « fricot » pour ce soir; donne-nous du tabac, et allons-y. Voici deux halbrans qui seront tendres comme des pigeonneaux. Nous disions donc, mon hôte, que vous vouliez savoir ce qui s'est passé, il y a un an, au Bayou-Taylor. Très bien. Vous connaissez sans doute le squire Smith, qui demeure là-bas, près de la passe du sud?

— Oui, répondis-je, et cela d'autant mieux que c'est à sa taverne que j'ai fait élection de domicile.

— Très bien, je commence. Certain jour, il y a onze mois, le squire m'envoya prier de passer à son magasin, là où il vend des habillements et des provisions de bouche pour nourrir et vêtir tous les bûcherons de Natchez et de la Sabine.

« — Bonjour, mon cher Allen, me dit-il; comment est la santé?

« — Bonne.

« — J'en suis enchanté; je voudrais bien savoir jusqu'à quel endroit du Bayou-Taylor vous avez pénétré.

« — Jusqu'à dix à douze milles en avant, lui répondis-je aussitôt : ce qui était vrai.

« — Avez-vous exploré l'extrême pointe?

« — Non; car à l'endroit où je me suis avancé l'eau est aussi profonde qu'à l'entrée, dans le chenal où elle se jette au milieu du lac.

« — Je m'en doutais, fit-il. Maintenant, mon cher monsieur Allen, jetez les yeux sur cette carte. Vous voyez le Bayou-Taylor bien indiqué, commençant à l'ouest et se terminant vers le nord, par ces deux cornes qui paraissent se réunir vers le lac à dix à douze milles environ.

« — Oui, oui, je comprends, observai-je : je n'avais jamais fait ces remarques-là; mais avec ces dessins il n'y a pas moyen de se tromper.

« — Voyez maintenant, continua le squire, cette lagune d'eau courant vers le sud-ouest et se jetant dans East-Bay, non loin de Galveston; c'est le Bayou aux alligators. Vous apercevez là, sur la carte, ces deux lagunes courant dans la même direction et se jetant ensemble dans la baie. Je voudrais savoir s'il y a une communication de l'une à l'autre. Je ne sais pas si cette carte est exacte, car peut-être n'a-t-on jamais régulièrement levé le plan de ce pays, topographiquement parlant; mais j'ai tout lieu de penser qu'il n'y a pas de trop grandes imperfections. A bien considérer cette partie du pays, en examinant la nature du sol vaseux, des prairies submergées, je suis porté à croire que ces deux courants sont comme qui dirait des drainages du grand marais supérieur : dans ce cas, je pense que ce serait une route plus directe pour se rendre du lac Sabine à la baie de Galveston. Et maintenant, mon maître, je vais vous apprendre pour quel motif je vous ai fait dire de venir causer avec moi. Vous êtes le seul homme en qui j'aie confiance pour explorer cette route liquide; et si vous et votre engagé consentez à tenter les hasards de cette entreprise en passant dans votre bateau à travers le Bayou aux alligators, je vous donnerai cinquante dollars, et, qui plus est, un vêtement complet et une couverture mexicaine. Quant à ces derniers objets, je vous les accorde, que vous réussissiez ou non, pourvu que vous cherchiez à trouver la passe. Eh bien! cela vous va-t-il? voudrez-vous m'être agréable et *vous l'être* aussi?

« — Ma foi, mon cher squire, j'accepte, » répondis-je; et, du reste, du coin de l'œil, je voyais que mon engagé Jim ne demandait pas mieux, car il était couvert de haillons et avait besoin de se nipper à nouveau.

« — Et quand partirez-vous? me demanda encore le squire.

« — Demain matin; aujourd'hui même, si cela vous va.

« — Soit, demain matin. Employez le reste de la journée à faire vos préparatifs, et moi je vais vous remplir un panier de café et de tabac, sans oublier le brandy et les munitions. »

« Il va sans dire, mon cher monsieur, que le lendemain dès l'aube, comme cela était convenu, nous nous trouvions Jim et moi, jouant des rames dans le bayou. A huit heures du matin nous avions déjà franchi dix milles.

« Comme toutes les lagunes des marais de notre pays, celle sur laquelle nous naviguions était profonde et très étroite, quoique cependant nous pussions facilement faire mouvoir nos rames sans toucher les bords. De tous côtés des myriades d'oiseaux aquatiques se levaient au bruit fait par notre embarcation et obscurcissaient l'espace. Leurs cris, le crépitement de leurs ailes, tout ce mouvement, toute cette vie offraient un spectacle étrange pour nos oreilles et nos yeux, accoutumés au calme dans la passe. Jamais, je l'atteste, je n'avais aperçu plus de canards, de milouins, de sarcelles, de grèbes, de judelles, de hérons, de butors, de bécassines, de courlis, de flamants, etc., dans aucun des pays où j'avais porté mes pas pendant ma vie errante.

« Je continue mon récit : nous ramâmes ainsi, mon engagé et moi, jusque vers midi, et nous parvînmes enfin au confluent des deux lagunes dont le squire avait voulu connaître la position. Or, comme il y avait là une sorte de terrain d'alluvion couvert de roseaux et assez élevé pour se trouver à pied sec, nous résolûmes, Jim et moi, de déjeuner en faisant rôtir un ou deux canards et en avalant un peu de café noir.

« Nous avions bien remarqué, à droite et à gauche, tout en remontant le bayou, des alligators couchés çà et là sur la vase ou faisant la planche à la surface de l'eau; mais ils se tenaient tranquilles, et d'ailleurs nous n'étions pas venus là pour leur faire la chasse. Nous nous contentions donc, en passant, de les écarter gentiment de notre route à grands coups de gaffe; car ils étaient d'une innocence tellement primitive, que la vue du bateau, le bruit des rames et l'aspect de l'homme ne leur causaient pas la moindre frayeur.

« Lorsque notre repas fut cuit à point et dûment savouré, nous continuâmes notre route dans le chenal le plus large en suivant la direction du sud-ouest. La chaleur avait donné de l'animation à ces « vermines » que le diable confonde! et, au bout d'un mille de parcours, nous nous trouvâmes entourés de tous côtés par ces maudits reptiles. Et sur mon honneur, mon cher monsieur, il y avait là plus d'alligators que d'eau. Gras, dodus, énormes, ils étaient les plus monstrueux que j'eusse jamais rencontrés, à tel point que celui que vous avez vu dépouiller ce matin ressemblerait à un lézard à côté de ceux dont il s'agit.

« A coups de rames et de gaffe, nous réussîmes à avancer encore. Jim était d'avis que nous étions tombés là dans un nid de caïmans, et que probablement, à une certaine distance, nous trouverions le passage libre. Mais il se trompait; plus nous faisions de chemin, plus nous nous trouvions entourés, si bien qu'à la fin nous nous vîmes au beau milieu d'un troupeau de ces horribles « quadrupattes ». Ni les uns ni les autres ne paraissaient disposés à l'attaque. Seulement de temps à autre un alligator semblait vouloir sauter dans le bateau pour se reposer, comme l'eût fait un nageur fatigué de la pleine eau. Plus loin, quelques jeunes reptiles se hissaient sur le dos de leurs mères et cherchaient à mieux voir les étrangers aventurés dans ces parages. Il est, je crois, inutile de dire, ajouta Allen en manière de réflexion, que notre position était loin d'être fort amusante.

« A un moment donné, lorsque la chaleur du soleil devint intolérable pour des chrétiens comme Jim et moi, les alligators usèrent de plus de licences, et leur curiosité à notre égard augmenta. Il nous sembla clair et certain qu'ils songeaient tous à prendre possession de notre bateau, comme l'eussent fait des pirates. Il va sans dire qu'une pareille insolence nous parut intolérable; aussi mon engagé m'aida-t-il de toutes ses forces à punir l'audace de nos curieux indiscrets. Avant tout, notre embarcation était trop petite pour y admettre *personne*, et puis ceux qui voulaient faire route avec nous n'étaient pas assez... « jolis garçons » pour nous plaire. Dans le nombre de ces sauriens, il y en avait un d'un sans-gêne qui méritait une leçon; car le drôle, dans un clin d'œil, passa sur l'épaule d'un de ses « camarades », et happa d'un coup de dent un cygne et deux beaux cols-verts que j'avais abattus pour notre souper. Jim ne lui pardonna point ce tour de passe-passe; il se précipita tout à coup, le bowie-knife au poing, et parvint sans effort à plonger une lame acérée au beau milieu du cœur du glouton. Celui-ci, quoique frappé à mort, n'avait pas voulu lâcher sa proie, et nous eûmes la douleur de voir disparaître dans son gosier infernal les trois oiseaux destinés à notre repas du soir.

« Ce fut en ce moment-là que le danger commença à poindre pour nous. La vue, l'odeur et le goût du sang rendirent les alligators enragés, et à grands coups de queue ils nous aveuglaient d'eau et de boue, tandis que leurs aboiements convulsifs remplissaient l'espace et nous brisaient le tympan. J'avais bien souvent, avant ce jour-là, rencontré en pleine prairie des troupeaux de bisons, rassemblés autour d'un des leurs, — un jeune veau, — abattu et à moitié dévoré par les coyotes, faisant entendre des beuglements prolongés, agitant leur queue, frappant le sol de leurs sabots et paraissant déplorer la perte de ce rejeton chéri. En changeant la nature du site et celle des animaux, ce qui se passait sous nos yeux était la reproduction de la scène du désert américain. Il se faisait autour de nous un bacchanal à rendre fou l'homme le plus calme de tous les États-Unis. Et partout, dans le marécage, les *hous-hous!* des alligators se répondaient comme auraient pu le faire les cris des chouettes dans un bois.

« — Damnation! s'écria tout à coup Jim, qui avait exploré l'horizon. Je veux être croqué vif si ces infâmes coquins ne se donnent pas les uns aux autres le signal d'alarme pour venir nous attaquer. »

« Mon engagé avait deviné juste : dans quelque direction que je me tournasse, j'apercevais les horribles mâchoires et les queues gigantesques des sauriens, s'agitant et crépitant, tandis qu'à l'aide de leurs pattes ils faisaient force de rames pour nous atteindre.

« Je n'avais jamais ni tremblé ni eu peur; mais quand je découvris cet effroyable spectacle, je me mis à réfléchir sur le sort qui m'était réservé : être dévoré par des alligators, mourir d'une mort terrible, et cela sans pouvoir être vengé. Je repris pourtant courage, et je jurai de défendre ma vie. Notre embarcation était solide, et j'étais certain qu'elle résisterait aux coups de queue de nos ennemis. Il fut donc convenu que Jim et moi nous allions jouer du couteau à droite et à gauche, et ce qui avait été décidé fut mis à exécution. Tous les alligators qui levaient leur museau pour nous voir avaient le nez coupé et souvent la poitrine traversée.

« Nous en tuâmes ainsi une cinquantaine, et je vous avoue que nous ne nous arrêtâmes pas pour faire l'addition de nos victimes : nous nous contentions de les voir s'empiler les unes sur les autres au-dessus de l'eau. Chose étonnante! plus nous en tuions, plus nous en voyions accourir vers notre bateau.

« A la fin cependant Jim conçut un projet qui eut toute mon approbation, et j'ajouterai en passant, cher monsieur, fit Allen en me regardant, que pour un métis mon engagé n'a pas moins d'imagination qu'un Yankee.

« — Maître, me cria-t-il, car il lui fallait crier à pleins poumons pour se faire entendre, grâce au bruit infernal de ces caïmans du diable; maître, tâchez de me donner ce *lazo* qui est près de vous, et tenez-vous ensuite prêt avec la gaffe et votre fusil.

« — A quoi diable songes-tu? lui dis-je tout en lui faisant passer le cordon.

« — Vous allez le savoir. Regardez là-bas. Voyez-vous cet alligator à la noire carapace, qui se tient sur le bord du bayou comme s'il voulait nous happer au visage? Eh bien! c'est lui qui va nous tirer d'embarras.

« — Mais...? »

« Je n'eus pas le temps d'en dire davantage. Le *lazo* ayant été lancé par Jim d'une main sûre, nous éprouvâmes une telle secousse, que je tombai à plat ventre sur le plancher de l'embarcation, le visage enfoui dans la boue liquide qui en remplissait le fond.

« Je me relevai aussi vite que possible, et quand il me fut donné de pouvoir distinguer ce qui se passait, savez-vous ce que je vis? Jim tenant d'une main le harpon et aiguillonnant, à l'aide du fer, la queue de l'alligator retenu par le *lazo* que mon habile engagé lui avait passé autour du cou, et qu'il avait fixé à l'un des angles de la proue de notre esquif.

« L'alligator nous servait de remorqueur.

« Nous descendîmes ainsi, combattant à droite et à gauche, harcelant notre « haleur » jusqu'à ce que nous fussions parvenus au milieu du courant, loin du champ de bataille, où les alligators massacrés avaient formé une véritable barricade.

« En ce moment-là Jim alla tirer le filin afin de rapprocher la tête du saurien de notre bateau, et, sur sa recommandation, le reptile qui nous avait ainsi arrachés à la mort, — je rougis de l'avouer, — reçut en plein crâne une balle qui lui ôta pour jamais le goût de la chair humaine.

« Pour achever mon histoire, je vous dirai, mon cher hôte, que nous rentrâmes vers minuit à la Pass, où nous attendait impatiemment le squire Smith, à qui j'appris enfin qu'il existait un passage entre les deux bayous. J'ajoutai seulement que le lit du courant d'eau devait être obstrué par une barricade d'alligators. Je crois cependant, lui dis-je, qu'il sera facile de nettoyer cela avec un ou deux bateaux montés par des hommes courageux, et je lui expliquai le sens de cette remarque.

« Il va sans dire que nous reçûmes, Jim et moi, les vêtements promis et la somme convenue.

« Je ne vous engagerai pas, mon cher monsieur, à aller explorer le bayou aux alligators sans vous faire accompagner de deux ou trois solides gaillards, et sans être bien muni de provisions de toutes sortes, y compris de la poudre et du plomb. Du reste, si le cœur vous en dit, voilà Jim qui ne demandera pas mieux que de vous servir de pilote. Je vous le recommande.

— Grand merci, maître Allen, répondis-je à mon Nemrod, je me soucie peu de la partie de plaisir que vous me proposez. Demain ou après-demain je serai de retour à la Nouvelle-Orléans, et dans huit jours je me trouverai en plein Kentucky, occupé à chasser le cerf et les dindons sauvages.

— Heureux mortel! que ne puis-je vous accompagner! s'écria le Yankee.

— Libre à vous, mon cher maître.

— Eh bien, ça y est. Il m'est impossible de partir avec vous; mais, parole d'honneur! j'irai vous rejoindre. »

Nous nous quittâmes sur ces mots, après nous être donné une bonne poignée de main. Je rentrai à la taverne du squire, et, deux heures après, le bateau à vapeur me hélait et m'emportait au lieu de ma destination.

Pendant un séjour de deux mois dans le Kentucky, j'attendis inutilement Allen, à qui j'avais donné mon adresse. J'ai appris depuis que cet infortuné était mort' misérablement, un matin, dans une tourbière, noyé dans la boue. Jim avait cherché à sauver son maître, et peu s'en était fallu qu'il n'eût perdu la vie avec lui. Un hasard providentiel l'avait seul préservé de cette fin terrible.

Voici enfin, pour clore cette série de pêches aux alligators, un dernier épisode qui est, comme chez Nicolet, « de plus fort en plus fort. » Mes lecteurs en décideront. Je commence tout d'abord par leur donner ma parole d'honneur que le fait est d'une exactitude scrupuleuse.

Ceci une fois déclaré, j'entre en matière.

Les marécages des districts cotonniers de la Louisiane, du Mississipi et de l'Alabama ont une beauté particulière qui caractérise les paysages des contrées du sud des États-Unis. Lorsqu'on voyage dans ces pays, soit à bord d'un steamboat sur les grandes artères liquides de l'Amérique du Nord, soit dans les wagons des chemins de fer, il faut nécessairement traverser ces solitudes marécageuses, et l'on se trouve ainsi face à face avec la majesté mélancolique de cette contrée déserte.

Dans la Louisiane, le long du Mississipi, dans quelques portions de l'Arkansas et du Tennessee, les terrains les plus élevés ne sont pas à plus de deux cents pieds au-dessus du niveau des eaux du golfe du Mexique. Les fleuves qui donnent leurs noms à ces États et quelques autres tributaires, tels que la Red-River, le Tobingbee et l'Ohio, débordent chaque année, et escaladent les levées destinées à retenir les eaux, pour inonder les champs et les forêts.

Comme il n'existe point de pente qui ramène ces eaux vers le lit d'où elles se sont échappées, elles deviennent stagnantes, et dans ces marais viennent se réfugier les serpents à sonnettes, les mocassins, l'un des plus dangereux reptiles de l'autre monde, et enfin des alligators énormes, monstrueux, mesurant quelquefois quatre mètres de long.

Entre la ville de la Nouvelle-Orléans et le lac Pontchartrain, dans une promenade en voiture sur la route nommée « Shell-Road », la meilleure de toute l'Amérique, le voyageur peut admirer la luxuriante forêt vierge, festonnée de vignes sauvages, capitonnée de mousse espagnole, signes certains du règne de la fièvre dans ces parages. Au pied des arbres, dont quelques-uns ont été endommagés et noircis par le feu, l'eau s'étend calme mais noire comme du porter ou du café, tandis que dans les éclaircies elle paraît plus limpide que dans le lit boueux du Mississipi.

Entre Saint-Louis et Natchez, sur les bords du « Meschascebé », on peut voir encore mieux que partout ailleurs des interminables forêts d'arbres à coton, de cyprès et de chênes verts qui ne sont point exploitées, et deviennent le lieu de rendez-vous des chasseurs qui se livrent à leur plaisir favori, au mépris des plus horribles dangers.

Les nègres seuls peuvent braver les miasmes délétères qui s'élèvent de ces marais putrides; aussi ces lieux sont-ils le refuge préféré de tous les nègres marrons des États du voisinage. C'est là, dans les marais du Diable (*Devil's-Swamp*), que grouillent pêle-mêle avec des bêtes feroces ces carnassiers de la nature humaine, ces *outlaws* farouches, rebut de la société, dans une retraite inviolable; car nul n'oserait venir les chercher au milieu de ces jungles inextricables.

Certains nègres se sont même établis sur les lagunes les moins humides; ils y ont défriché le sol, fait pousser des champs de maïs, et, comme Robin-Hood ou Rob-Roy, prélèvent un tribut souvent considérable sur les troupeaux des planteurs. Mais dès que la poudre et les balles viennent à leur manquer, ces malheureux retombent dans leur dénuement primitif et se rassasient de baies sauvages et de poissons.

Malgré les périls que court un chasseur à troubler dans leur demeure les nègres marrons et les alligators, il arrive souvent que des Européens, plus fous que les indigènes, s'aventurent loin des villes et vont quelquefois, seuls ou en compagnie, se donner le plaisir, — en admettant que c'en soit un, — de tuer des alligators et des oiseaux de marais. Ceci une fois raconté, j'en arrive à mon histoire.

J'avais rencontré fort souvent, chez un habitant de la Nouvelle-Orléans, un mulâtre qui venait s'approvisionner chez lui de spiritueux dont le créole faisait commerce. Miro, tel était le nom de ce quarteron bruni, demeurait sur les bords du « Devil's-Swamp », et y avait construit une vaste cabane sur le passage des troupeaux que l'on conduisait à la ville à travers cette solitude.

Miro avait dans son cellier quatre barriques : l'une de vin, l'autre de gin, la troisième de rhum et la quatrième de brandy; de telle façon que ceux qui entraient chez lui pour se désaltérer pouvaient y être servis selon leur goût et se griser à volonté.

Miro possédait en outre deux excellents canots bien construits, qui servaient aux besoins de sa pêche journalière et aux plaisirs des gentlemen amateurs de chasse, qui accouraient chez lui afin de se livrer à leur plaisir favori et savourer un court-bouillon au piment, goûter à un cuissot de cerf ou à un jambon de pécari.

Le mulâtre, fort bavard de son naturel, avait raconté devant moi certains épisodes de chasse qui m'avaient intéressé au plus haut degré. Il m'avait surtout vanté l'explosion électrique, ou plutôt, comme il l'appelait, le *satanical thunder*, comme un spectacle fort curieux à contempler.

Je demandai à Miro l'explication de cette étrange chasse au tonnerre de Satan, et il me satisfit d'une telle façon, que je résolus de me passer la fantaisie de voir un alligator soumis aux effets de la pile électrique.

Un seul chasseur dans toute la Nouvelle-Orléans possédait, à l'époque où je m'y trouvais, l'appareil nécessaire à cette opération fantastique; c'était, me dit Miro, un nommé M. Dantonnet, premier violoncelle au théâtre français de M. Davis, ayant pour les reptiles à odeur de musc une passion qui aurait pu s'appliquer à un plus digne objet. L'artiste gardait dans son appartement, m'assurait-il, une douzaine d'alligators en vie dans un baquet bien pourvu d'eau tiède, et l'hiver, quand il s'apercevait que l'un d'eux avait trop froid, il emportait ce frileux dans son lit. Souvent même, quand il s'était procuré ou qu'on lui avait donné un alligator de trois à quatre jours, il le gardait sur sa poitrine, entre sa chemise et son gilet de flanelle, et se rendait à ses répétitions et aux représentations avec le petit lézard, dont il voulait faire l'éducation lui-même.

Comment un pareil ami des alligators était-il aussi leur ennemi? C'est ce que Miro ne pouvait point m'apprendre.

Je m'adressai à M. Fiot, alors régisseur du théâtre français.

Le soir même, au café de la Comédie, j'étais présenté par mon truchement au violoncelliste, et lui faisais part de mon désir d'assister à un *satanical thunder*.

Pendant cette soirée, mon nouvel ami m'expliqua les motifs de sa haine et de son amour pour les crocodiles américains.

« Sachez d'abord, mon cher monsieur, que j'ai comme vous en horreur les alligators, les caïmans et tous les sauriens; mais j'ai, par contre, une passion sans pareille pour mon art. Or, si j'aime à faire sauter à l'occasion un vieux crocodile pour me donner le plaisir d'un spectacle étrange, je me plais en toute circonstance à mouvoir mes doigts flexibles sur mon « stradivarius », et à étudier de manière à rivaliser avec les Batta, les Braga, les Bottesini et autres grands maîtres sur le même instrument que le mien. Or j'ai découvert une chose, c'est que, de tous les boyaux avec lesquels on fabrique des cordes à Naples et dans le monde entier, les plus sonores et les plus moelleux sont ceux de jeunes alligators : *inde iræ et amor.* C'est dans ce but harmonieux que je cultive le jeune reptile, qui n'est bon à fournir sa « corde sensible » qu'à l'âge de sept à huit mois. A cette époque, je me charge moi-même de lui « passer le cordon », et, une fois le meurtre commis, de « filer la corde » et de la façonner *con amore.* »

Je félicitai l'artiste de son invention, et nous nous séparâmes au moment où la sonnette du théâtre rappelait les musiciens de l'orchestre à leurs pupitres.

Il avait été convenu que Dantonnet m'accompagnerait le surlendemain chez Miro, en apportant avec lui tout son appareil électrique, les appâts préparés, les fils de fer, etc. etc.

Fidèle au rendez-vous promis, je me trouvai le premier le long de la jetée, sur les bords du Mississipi, attendant Dantonnet, qui ne tarda pas à arriver, suivi d'un nègre portant une grosse caisse de sapin, un sac de nuit et le fusil de son maître.

Tout mon attirail de chasse était déjà placé dans l'embarcation qui devait nous emmener au Devil's-Swamp, et deux nègres engagés pour la circonstance nous invitèrent à y descendre en toute hâte afin de profiter de la marée montante. Nous nous rendîmes à ce bon avis, et cinq minutes après nous étions en plein courant, remontant le fleuve sans trop d'efforts.

Partis à quatre heures du matin, par une belle journée de mars, nous arrivions à onze heures au *cabanage* de Miro, vis-à-vis duquel existaient deux petits ports taillés en pente douce et d'un accès facile, bornés à l'horizon par des montagnes à pic, une forêt impénétrable, et des canniers où je n'eusse point pénétré, m'eût-on promis d'y trouver la toison d'or.

Qu'on se figure un taillis de bambous mollement balancés sur leurs tiges flexibles, secouant en cadence la poussière odorante de leurs aigrettes vertes, des tulipiers aux fleurs rouges et glauques, des magnolias aux boutons pareils à des œufs d'autruche, formant sur le rivage une voûte impénétrable aux rayons du soleil. Qu'on s'imagine des guirlandes de folles lianes, de grenadilles, de vignes vierges, chevelures de ces géants des forêts américaines, lancées par les vents et formant, d'une rive à une autre des ruisseaux, des ponts aériens sur lesquels voltigent des écureuils, où se perchent des perruches, grappes d'émeraudes animées, des cardinaux au poitrail écarlate, des colibris, saphirs aux ailes d'or et à tête de rubis, et l'on aura une idée du panorama qui se développait devant moi au moment où je jetai les yeux hors de la cabane de Miro.

Tandis que nous prenions, Dantonnet et moi, notre large part du déjeuner que nous avait préparé notre hôte, nous entendîmes des cris au milieu du Devil's-Swamp.

« Voyez donc ce canot, là-bas, me dit mon camarade de chasse. Que signifie cela? voilà trois nègres qui se battent ensemble. »

Ces paroles avaient éveillé l'attention de Miro.

« Alerte! gentlemen, alerte! s'écria-t-il en saisissant son fusil. Ces hommes sont en danger, courons à leur secours! »

Nous nous élançâmes, en effet, tous les trois dans la seconde embarcation, pagayant, c'est-à-dire ramant de toutes nos forces, pour rejoindre au plus vite les Yolofs, qui paraissaient dans une position très critique. L'un d'eux frappait à tour de bras sur un objet dont nous ne pouvions encore reconnaître la forme, eu égard à la distance; seulement, grâce au vent qui soufflait dans notre direction, nous pûmes entendre distinctement ces paroles :

« *Largue* donc, voleur! Lâcheras-tu, brigand! »

Et bientôt nous vîmes le canot reprendre sa position naturelle. Le brigand, — un alligator que nous vîmes se débattant sur l'eau, — avait enfin *largué,* ou plutôt lâché le canot de Miro. Dantonnet et moi, saisissant l'occasion de montrer notre adresse, nous visions l'amphibie au moment où il gravissait la berge, et il tombait frappé de deux balles, dont l'une l'avait perforé au cou et l'autre lui avait fracassé le crâne.

La détonation de nos armes à feu réveilla deux autres sauriens endormis au milieu des herbes touffues de la rive, et nous les vîmes fuir dans la lagune où Dantonnet et moi nous devions essayer le *satanical thunder.*

Nous nous hâtâmes de revenir au cabanage de Miro pour y achever notre déjeuner, et pour entendre le récit des trois nègres qui nous avaient dérangés au meilleur moment.

Il paraît que les peaux noires pêchaient tranquillement au filet, lorsqu'un alligator, nageant entre deux eaux, s'était embarrassé dans les mailles de sparterie de l'engin. Non content de tout briser, le saurien avait voulu manger du nègre et s'était accroché des deux pattes avec l'intention bien évidente de dévorer un des Yolofs. Comme aucun des trois moricauds ne se sentait disposé à servir de pâture au caïman, il s'en était suivi un combat à outrance, dans lequel les trois amis s'étaient porté un secours mutuel. Le reptile, comprenant enfin le danger qu'il courait, et auquel il s'était imprudemment risqué, avait cru prudent de fuir; mais son audace lui avait coûté cher, grâce à la carabine de Dantonnet et à la mienne.

Le saurien que nous avions mis à mort mesurait deux mètres soixante centimètres du museau à l'extrémité de la queue. Son dos était de couleur livide; tout le corps couvert d'épaisses écailles, à l'exception pourtant de la tête, sur laquelle la peau collait simplement comme une feuille de parchemin. Je remarquai sur le dos une crête longitudinale destinée à fortifier les écailles, déjà à l'épreuve de la balle et de toute arme tranchante. A cette crête mère venaient se relier un réseau de crêtes plus petites qui protégeaient ses flancs et complétaient une cuirasse formidable. La queue s'arrondissait à partir du dos et s'aplatissait vers son extrémité, de façon à ressembler à une rame. C'était là, en effet, l'usage qu'en faisait notre alligator de son vivant, et qu'en font ses congénères. J'ajouterai, comme dernière touche à cette description peu agréable, que la gueule du saurien était armée d'une série de dents longues et pointues, s'emboîtant les unes dans les autres. Somme toute, l'alligator est un fort vilain animal, qui a pour moi, je l'ai déjà dit, un défaut bien plus grand encore que sa laideur, celui de puer le musc comme une vieille coquette.

Tandis que j'examinais avec un si vif sentiment de curiosité l'alligator dont je viens de faire une description minutieuse, Dantonnet ouvrait sa caisse et préparait les engins nécessaires pour la réussite du *satanical thunder*. La chose était simple comme bonjour : une boîte en fer-blanc, contenant environ un quart de poudre, enfouie dans le ventre d'un canard ou d'un poulet destiné à servir d'appât; un fil de fer d'un centimètre et demi d'épaisseur, dont la pointe était fichée au milieu même de la boîte de poudre.

Dans un des compartiments de la caisse de sapin était disposé un appareil électrique qui, au moment voulu, devait communiquer le feu du ciel au fil conducteur.

Dantonnet ne tarda pas à s'écrier, dans le style américain : *All right, gentlemen!* (Tout va bien, Messieurs!) Et, sur cette exclamation, qui nous prouvait que nous n'avions plus qu'à nous mettre en route, Miro appela un des trois nègres, qui prit dans ses bras la « caisse aux petits pots », comme le mulâtre l'appelait dans son jargon pittoresque, tandis que lui-même se chargeait de trois poules « truffées » et d'un canard étique garni d'un « marron », à l'aide desquels nous devions nous livrer à un sport des plus émouvants.

Sur un signal de Miro, les deux canots avaient été transbordés dans la lagune aux alligators, et nous prîmes place, Dantonnet et moi, dans la première embarcation, conduite par notre hôte, tandis que les trois nègres et deux autres personnes se casaient dans le second bateau, disposés à nous porter secours en cas de danger.

Miro poussa son esquif au milieu du bayou, où Dantonnet jeta, dans quatre directions différentes, les appâts dont il amarra les fils de fer au bordage, à portée de sa machine infernale. Puis, sans faire trop de bruit, nous nous retirâmes à trente mètres, à la distance voulue, ou plutôt à la longueur de nos quatre fils de fer.

Un quart d'heure se passa dans une attente pleine d'une curiosité anxieuse que nos lecteurs comprendront sans doute, attente qui fit durer ces quinze minutes comme un siècle. Enfin, sur la droite, une légère secousse se fit sentir; elle fut suivie d'une commotion si rapide, que notre bateau oscilla à trois différentes reprises.

Approcher le fil conducteur de la « caisse aux petits pots » et le mettre en contact avec l'électricité, tout cela fut l'affaire d'une ou deux secondes, et, *boum!* à vingt mètres de nous l'eau s'ouvrit au milieu d'un remous terrible, lançant par-dessus nos têtes les membres pantelants d'un énorme alligator à travers une pluie de sang mêlé aux eaux de la lagune.

Le *satanical thunder* avait réussi : les huit témoins de ce spectacle étrange poussèrent un cri de joie et d'admiration; Dantonnet lui-même s'applaudissait d'avoir si bien atteint son but.

Deux fois de suite, après une seconde attente de cinq quarts d'heure, bien nécessaires pour laisser le calme régner de nouveau dans le bayou, l'expérience électrique de mon camarade réussit au gré de ses désirs et des miens, à la plus grande joie des spectateurs.

Enfin la nuit vint, et nous abandonnâmes le quatrième fil de fer pour retourner au cabanage, où Miro nous avait devancés pour veiller au souper.

Or savez-vous, ami lecteur, ce que le maître coq mulâtre (le cuisinier) nous avait préparé? Un marcassin cuit dans sa peau; et voici comment ce « Carême » à face de chocolat avait procédé pour réussir dans son opération.

Il avait fait creuser dans le sable un trou d'un mètre et demi de longueur, de profondeur et de largeur, et l'on avait allumé dans ce trou un de ces feux comme on peut seulement en faire quand on a une forêt pour bûcher. Pendant deux heures, sans discontinuer, son engagé avait entretenu le foyer incandescent; puis il avait enlevé les cendres et la braise, et déposé à leur place le marcassin, dans le ventre duquel s'était glissée, à l'insu de la bête, une farce composée de toute espèce d'aromates, tels que feuilles de sassafras, gingembre, citronnelles, gousses d'ail, oignons, citrons coupés par tranches, graines de magnolia, etc. etc., le tout saupoudré de sel, de poivre et de piment. Dès que le gibier avait été ainsi « affalé » dans le trou, on l'avait recouvert des cendres et de la braise retirée de ce four en plein air, de façon à former sur ce cadavre appétissant une tombe ardente sur laquelle on ¦avait soigneusement placé des planches de gazon.

> Je laisse à penser la vie
> Que firent les deux amis.

Ce n'était point sur un « tapis de Turquie » que Dantonnet et moi nous étions assis, mais bien sur une herbe épaisse, et, entre nous deux, sur des feuilles de latanier, Miro nous servit d'abord une soupe au gombo[1], une omelette aux œufs de tortue, un civet d'écureuils, un rôti d'ortolans louisianais (des grassets), et deux plats de patates douces; le tout arrosé d'un excellent « claret », dit Saint-Émilion, dont le bouquet me parut fort délectable.

Enfin parut, sur une planche de sapin, le marcassin rôti à point, fumant dans sa carapace brûlée, mais succulent au suprême degré. Jamais je n'avais rien mangé de pareil, et j'avoue humblement que, ce soir-là, je cédai trop facilement au péché de la gourmandise.

Notre soirée s'écoula paisiblement devant le cabanage, en présence d'un lac de pourpre encadré de vert et écartelé d'or. Nous

---

1 Le gombo est un composé de toutes sortes de viandes, de volailles, d'oiseaux, de gibier, de poisson, etc., cuits à petit feu et dans leur jus, le tout salé, poivré, pimenté et saupoudré d'aromates qui contribuent à faire filer le gombo comme le fromage dans le macaroni. C'est un brouet lacédémonien, à la première inspection; mais, quand on a une fois goûté à cette macédoine de légumes et d'autres victuailles, — *arlequin créole*, — on ne peut plus cesser de l'aimer.

écoutions, silencieux, le frémissement du feuillage, les murmures des fleurs doucement agitées dont la brise nous apportait les émanations parfumées, les chants de l'oiseau moqueur, le sifflement d'une bande de canards ou d'oies sauvages, et enfin ces mille bruits vagues qui s'élevaient de la terre, comme un concert d'adieux servant d'accompagnement à la marche triomphale du soleil lorsqu'il va éclairer un autre hémisphère.

Quand sonna l'heure du repos, Miro nous indiqua deux hamacs suspendus sous un ajoupa, au milieu de la palissade du cabanage.

Le lendemain, au point du jour, nous reprîmes le chemin de la Nouvelle-Orléans, où Dantonnet agitait, le soir même, son archet à l'orchestre du théâtre français, réchauffant dans son sein un jeune alligator, à peine âgé de deux semaines, dont Miro lui avait fait présent au moment où nous nous disposions à quitter le cabanage.

FIN

TABLE DES MATIÈRES

16680. — Tours, impr. MANE.

BIBLIOTHÈQUE ILLUSTRÉE

FORMAT IN-4°, 2e SÉRIE

Tours, impr. Mame.

www.ingramcontent.com/pod-product-compliance
Ingram Content Group UK Ltd.
Pitfield, Milton Keynes, MK11 3LW, UK
UKHW022158120726
13694UKWH00002B/349